PRÉCEPTES

D'AGRICULTURE PRATIQUE.

OUVRAGES DU MÊME AUTEUR

QUI SE TROUVENT

A LA MÊME LIBRAIRIE.

Préceptes d'Agriculture pratique de Schwerz.
PREMIÈRE PARTIE , contenant les préceptes généraux ou relatifs au *climat*, au *sol* et aux *engrais*. 1 vol. in-8 de 340 pages, avec figures.   Prix, 5 fr. et 6 fr. franc de port.

DEUXIÈME PARTIE, contenant la culture des plantes à grains farineux ou céréales et plantes à cosse. 1 vol. in-8 de 476 pages.
                Prix, 6 fr. et 7 fr. 50 c. franc de port.

De la culture du houblon en France , brochure in-8 de 84 pages, avec 4 planches.
                Prix, 2 fr. 25 cent. et 2 fr. 50 c. franc de port.

Imprimerie de Mme Ve BOUCHARD-HUZARD,
rue de l'Éperon, 7.

CULTURE

DES

PLANTES FOURRAGÈRES

FORMANT LA TROISIÈME PARTIE

DES PRÉCEPTES D'AGRICULTURE PRATIQUE

DE

J.-N. SCHWERZ,

DIRECTEUR DE L'INSTITUTION ROYALE WURTEMBERGEOISE
D'EXPÉRIENCES ET D'INSTRUCTION AGRICOLES,

traduits sur la seconde édition

par P.-R. DE SCHAUENBURG,

député du Bas-Rhin, membre du Conseil général et de la Société
des sciences, agriculture et arts du département,
cultivateur à Geudertheim.

—

Paris,

LIBRAIRIE DE Mme Ve BOUCHARD-HUZARD,
7, rue de l'Éperon.

1842.

AVANT-PROPOS.

La terre semble avoir été donnée en partage aux hommes et aux animaux; mais, afin qu'aucun des partageants ne pût usurper la jouissance exclusive de la part réservée à l'autre, la Providence a réglé que l'un ne pourrait jouir de sa part sans le concours de l'autre, et que l'homme, quoique et peut-être parce que le plus puissant, ne pourrait jouir des biens qui lui étaient destinés, sans le secours des animaux; que, sans les animaux, l'homme ne pourrait avoir qu'une nourriture peu substantielle et peu variée, la terre ne pourrait être que mal cultivée et par petites portions, pauvrement fumée et par conséquent peu fertile; que, sans les soins de l'homme, les animaux domestiques, les plus utiles de tous, ne pourraient exister qu'en petit nombre et dans peu de contrées. Admirable enchaînement que ces liens formés de besoins réciproques! ensemble adorable, qui ne saurait être rompu sans préjudice pour chacune de ses parties! C'est ainsi que la providence divine a voulu que de ce qu'elle refusait à chaque partie ressortit le bien-être de toutes.

Il fut pourvu d'abord aux besoins des animaux par les herbes dont la terre se couvrit d'elle-même. Quant à l'homme, il lui fallut pourvoir à ses besoins : pour en mettre les moyens à sa disposition, il trouva sous sa main les animaux, associés à ses besoins et soumis à sa supériorité. Comme il avait été pourvu d'abord à leurs besoins, il n'eut au commencement que peu de soins à leur donner; il put se contenter de jouir d'eux, laissant la Providence continuer de pourvoir pour eux. Cet état de choses put durer tant que les animaux purent jouir de la part entière qui leur avait été primitivement assignée; mais l'augmentation de la population humaine venant à diminuer par la culture l'étendue des pâturages, il fallut, ou que le nombre des animaux diminuât, ou que l'homme leur fît une part dans les produits obtenus par la culture. Dans son ignorance, l'homme prit le premier parti; poussé par le besoin de sa sustentation, il mit la charrue dans les pâturages jusque-là réservés à celle des animaux, sans en chercher la compensation pour eux dans une partie des produits de sa culture. Il diminua ainsi ses troupeaux, tandis qu'il se créait une nécessité de les augmenter, parce qu'il lui fallait une plus grande quantité d'engrais, à mesure qu'il étendait la première culture, celle des céréales.

Il était impossible que le chaume seul, rendu à la terre, pût y entretenir les trésors de force productive que la nature y avait accumulés pendant des siècles, et chaque année de culture devait lui enlever autant que lui avait donné chaque siècle. Il fallait donc rendre à la terre en proportion de ce qu'on lui prenait ; mais la diminution du nombre des animaux, conséquence de la diminution des pâturages, avait rendu cette ressource toujours plus disproportionnée avec les besoins toujours croissants de la terre. Il fallut bientôt resserrer de nouveau les limites de la culture des céréales, que la terre se refusa de produire. Sur trois années, il y en eut une de repos pour la terre, pendant laquelle on la laissa se couvrir de plantes sauvages, que la charrue enfouit dans son sein, lui donnant ainsi une faible compensation de ses efforts productifs pendant les deux autres années : ainsi s'établit la jachère.

Outre l'avantage qu'il y cherchait, l'homme en

trouva deux autres encore dans la jachère : le premier, peu important, celui de donner un peu de nourriture à quelques animaux, d'abord des moutons ; le second, plus important, d'une culture plus parfaite de la terre, de l'ameublissement de sa couche supérieure, de la rendre plus facile à pénétrer pour les racines des plantes, de détruire une grande quantité de plantes parasites. La jachère eut ainsi des résultats moins favorables à la sustentation des bestiaux qu'à la culture des céréales ; mais ces derniers ne furent encore obtenus que dans une mesure très-restreinte, parce que le véhicule capital, celui que les bestiaux seuls peuvent fournir, continua de manquer : les années de disette, si fréquentes encore dans des temps même peu reculés, constatent l'exactitude de cette observation.

Il fallut donc que l'expérience de l'homme lui fît reporter sa pensée vers le bétail, lui fît sentir la nécessité de lui donner plus de soin, pour pouvoir en donner plus à ses champs ; mais il ne voulut pas encore faire une part de leurs produits à ses bêtes, parce qu'il ne voulait encore et, peut-être, ne pouvait pas restreindre sa culture de céréales. La jachère était là et servait de préparation à cette culture; s'il devenait possible de la remplacer par une culture qui en produisît les effets, un double but était atteint à l'avantage de la terre et à celui du bétail. On avait plus de fourrages, on pouvait entretenir plus de bétail, recueillir plus d'engrais, rendre plus de force à la terre et faire produire plus de grains aux deux années de culture des céréales.

Les Pays-Bas furent le berceau de cette grande amélioration. Favorisés par une intelligence spéciale pour l'industrie agricole, par leur aisance, par des circonstances naturelles et accidentelles, les habitants de ces contrées connaissaient déjà, de temps immémorial, la culture et l'emploi de quelques plantes fourragères, particulièrement du trèfle rouge, connaissance à laquelle ils devaient leur richesse agricole. En répandant la désolation dans ce pays, le duc d'Albe fit, sans le savoir, un grand bien à d'autres contrées. Ses habitants, qui y avaient vécu tranquilles jusqu'au temps de la réforme, émigrèrent et vinrent porter leur expérience et la culture du trèfle sur les bords du Rhin, d'où les perfectionnements qu'ils y apportèrent se répandirent en Allemagne et jusqu'en Angleterre. Honneur donc de ce bienfait pour l'humanité aux laborieux habitants des Pays-Bas.

Mais l'exemple donné par un petit nombre ne fructifia que lentement, parce qu'il était bon, et ne marcha pas avec la rapidité propre à l'exemple du mal. Les connaissances en économie rurale n'avaient pas encore fait assez de progrès en Allemagne pour qu'on pût y apprécier convenablement les avantages de la culture du trèfle, et toute la machine agricole y était encore trop faible pour qu'un rouage aussi puissant pût y fonctionner avec toute sa force; d'un autre côté, on n'y disposait pas, comme dans les Pays-Bas, d'un des véhicules de la culture du trèfle, la cendre, et les effets du plâtre étaient encore inconnus : la culture du trèfle fut donc mal jugée lors de son apparition, et quelques-uns seulement y persistèrent. Enfin il y a un peu moins d'un siècle qu'elle fut tirée de l'oubli dans lequel elle était tombée. Vraisemblablement les troupes autrichiennes, souvent attirées sur le sol des Pays-Bas par les agressions de la France, y furent frappées des avantages de cette culture : à leur retour, elle s'étendit en Autriche, en Silésie et dans d'autres contrées, où il faut espérer qu'elle est établie pour toujours.

Un de ces hommes doués d'un zèle infatigable, adonné tout entier à l'étude de l'économie rurale, s'empara de l'idée nouvelle, la défendit contre toutes les difficultés et contre toutes les contradictions, la propagea par ses paroles, ses écrits et son exemple : il habitait la Saxe et se nommait Schubart. L'empereur Joseph II sut l'apprécier, lui donna des lettres de noblesse et ajouta à son nom celui de Kleefeld. Schubart poussa trop loin, peut-être, son enthousiasme pour une excellente chose, mais il n'en fut pas moins un des bienfaiteurs de l'humanité. Léo, disciple de Schubart, s'efforça, après lui, de naturaliser la culture du trèfle sur les bords du Rhin et dans le Palatinat. Schroeder, le père, en apporta les premières graines en Alsace, en 1759; mais il fallut encore vingt ans pour que la culture s'y établît, et surtout que Meyer de Kupferzell y fît connaître l'usage et les effets du plâtre. Telles sont les luttes qu'ont toujours à soutenir ceux qui sont appelés à rendre un service à leurs semblables.

Ce fut le commencement d'une nouvelle ère pour l'agriculture. La jachère improductive, longtemps regardée comme une nécessité, changea de condition du moment qu'on eut de quoi en remplir utilement la durée, et l'esprit humain, une fois entré dans la voie, dut y marcher : une plante fourragère connue, il ne put manquer d'en rechercher et d'en découvrir d'autres. Ce premier pas-fait, il fut suivi par la nourriture du bétail à l'étable, d'abord dans les petites, puis dans les grandes exploitations. On apprit à se passer, de plus en plus, des pâturages; on cessa de craindre de diminuer l'étendue des prairies naturelles, et cette révolution agricole se traduisit en une augmentation de bien-être pour l'homme et pour les animaux, et en une augmentation de force productive pour la terre.

L'incertitude des procédés, résultat d'une expérience encore trop récente, fit bientôt commettre des fautes dans les efforts qu'on tenta pour introduire la culture des plantes fourragères. Par cette culture, on était déjà parvenu, il est vrai, à utiliser le temps de la jachère et à rendre à la terre une force nouvelle au moyen des engrais obtenus. Mais deux graves inconvénients ne tardèrent pas à se manifester : le premier, dont Schubart lui-même fut obligé de reconnaître la réalité, ce fut que le trèfle, revenant dans la même terre à des intervalles trop rapprochés, cessait de produire dans la même proportion,

sans que le plâtre, la cendre ou le sel pussent lui
rendre sa vigueur première; le second, ce fut que la
propreté du sol, qui suivait la jachère, fut remplacée
par l'invasion des mauvaises herbes. Contre le premier inconvénient, qui n'était que l'effet d'une
culture trop étendue du trèfle, on avait un remède
suffisant dans les plantes fourragères, supplétifs naturels du trèfle, telles que les vesces, les pois, le
sarrasin, etc.; contre le second, on n'avait que le
recours, soit à la jachère entière revenant à des intervalles moins rapprochés, soit à des plantes qui,
soigneusement sarclées et binées, en produisaient
l'effet : moyen qu'offraient au cultivateur les plantes
bulbeuses et de commerce. Les premières, pour celui qui ne pouvait encore produire une assez grande
quantité d'engrais; les autres, pour celui qui s'en
trouvait assez abondamment pourvu : ce qui ne diminue en rien le mérite propre aux plantes fourragères seules, de donner au cultivateur le moyen de
produire les dernières, qui, si elles contribuent à
l'augmentation de la masse des engrais, en consom-
ment dans une forte proportion, mais qui en con-
somment moins cependant qu'elles n'en produisent,

quoi qu'en puissent dire certains écrivains ou en croire quelques lecteurs.

Quoi qu'il en soit, d'ailleurs, la palme appartient toujours aux fourragères. Le peu de force dont elles privent le sol, l'ombre bienfaisante dont elles le couvrent, la masse assez considérable de leurs détritus, qui ne peut lui être enlevée, les frais de culture moins considérables, la facilité plus grande de les emmagasiner à l'état de siccité, la plus grande durée de leur conservation, le peu d'embarras que comporte la manière de les présenter aux animaux pour les nourrir, leur propriété d'être un bon précédent pour la plupart des autres cultures, tous ces avantages doivent leur faire donner le pas sur toutes les plantes bulbeuses et tuberculeuses, même sur la pomme de terre.

Toutefois, nous ne contestons en rien l'utilité de ces dernières plantes ; combinées avec la paille, elles sont, pour l'entretien du bétail et particulièrement pour le bétail à l'engrais, une ressource précieuse, qui permet de se passer absolument du foin. Ainsi, mais seulement ainsi, c'est-à-dire par leur combinaison bien entendue avec la paille et par l'économie de fourrages qu'elles procurent, elles sont réellement précieuses. Mais il faut éviter bien plus soigneusement encore la trop grande extension de leur culture que celle du trèfle et des fourragères proprement dites : la trop grande extension des unes a toujours, celle des autres n'a que rarement des inconvénients. Il est vrai que le binage qu'on donne aux plantes bulbeuses rouvre un sol tassé et l'ameublit au même point que le ferait une demi-jachère ; mais cet ameublissement et cet appropriement du sol sont plus encore une des charges qu'un des avantages de ces plantes. Il faut, en effet, considérer ici que les binages ont pour résultat de hâter la décomposition des parties humeuses contenues dans le sol, ce qui s'opère, il est vrai, au profit des plantes bulbeuses, mais aussi au détriment des plantes qui doivent leur succéder, et fait disparaître en plus grande partie le bénéfice des façons qui leur sont propres. Aussi j'ai vu souvent de grands cultivateurs de betteraves renoncer, au bout de quelques années, à leur système, de grands cultivateurs de pommes de terre n'y persister que pour ne pas perdre des capitaux considérables mis dans des appareils pour la distillation ; mais jamais je n'ai vu la culture du trèfle abandonnée par ceux qui en avaient une fois apprécié les avantages. Toutefois je conviens qu'on peut, comme en toutes choses, aller trop loin dans la culture des fourragères. Cela doit arriver lorsqu'on oublie que cette culture n'est pas le but lui-même, mais le moyen de l'atteindre; que le but est toujours la culture des céréales, que celle des fourragères permet de rendre plus parfaite et plus productive. Les unes doivent produire davantage pour les animaux, afin que les autres puissent rendre davantage pour l'homme.

AGRICULTURE PRATIQUE.

DEUXIÈME DIVISION.

CULTURE DES PLANTES FOURRAGÈRES.

PREMIÈRE SUBDIVISION.

FOURRAGÈRES PROPREMENT DITES.

CHAPITRE Ier.

Trèfle rouge.

Le rang qui appartient au froment, entre les céréales, appartient à plus de titres encore au trèfle, entre les fourragères, de quelque espèce qu'elles soient. Utile pendant la durée de son existence, il exerce encore, après qu'il a cessé d'exister, une action bienfaisante sur les plantes qui lui succèdent, action qui se fait sentir jusqu'à la seconde et même à la troisième génération ; et celui-là ne mérite pas le titre d'agriculteur, qui n'y songe pas avec un sentiment de reconnaissance, qui n'en parle pas avec une sorte de respect, qui peut passer à côté d'un champ de trèfle sans plaisir et sans admiration. Le trèfle est le pilier d'appui de toute forte exploitation, de toute bonne économie rurale, et toutes les fourragères après lui, à l'exception de l'herbe des prés, ne sont que des supplétifs, qui n'ont de valeur qu'autant qu'il manque.

Le plus grand nombre des lecteurs pourrait trouver superflu l'éloge d'un produit au-dessus de tout éloge et généralement connu, à ce que l'on croit du moins. Il n'en est pas moins vrai qu'il existe encore, en Allemagne, et surtout en France, des contrées entières où le paysan croirait empester son champ d'une mauvaise herbe en y semant du trèfle ; où, suivant son dicton, il croirait rentrer son froment sur son chariot de trèfle, c'est-à-dire diminuer sa récolte de céréale ; où il aime mieux laisser dix arpents de bonne terre en maigre pâturage, rendant à peine la nourriture d'une vache, que d'en semer un seul en trèfle, pour en nourrir deux. Mais comment veut-on que le paysan soit favorable au trèfle, tant qu'il restera persuadé qu'il doit empester ses champs encore plus que le chiendent, empoisonner ses bestiaux, rendre ses chevaux aveugles et épuiser sa terre ?

Il est malheureusement plus difficile de déraciner des préjugés que d'extirper le chiendent, surtout lorsque le préjugé peut s'appuyer sur quelques essais mal faits et ayant donné de mauvais résultats; il est surtout plus difficile de vaincre les préjugés des hommes qui ont des connaissances superficielles que ceux des hommes qui n'en ont aucune. Ceux-là tiennent à leurs préjugés, parce qu'ils ne voient pas plus loin; ceux-ci parce qu'ils ne veulent pas voir. L'aveuglement volontaire est toujours plus opiniâtre que l'ignorance absolue. Mais, comme la défense du trèfle, l'exposé de ses nombreux avantages, l'innocuité de son emploi, etc., etc., me conduiraient trop loin, je crois devoir renvoyer à ce qui en a déjà été dit par d'autres, particulièrement par Elsner, dans les annales de Moeglin, tome 7. Pour mon compte, je n'hésite pas à prétendre et à soutenir que l'introduction du trèfle a fait faire à l'agriculture de l'Allemagne un progrès plus important et plus utile à l'humanité que celle même de la pomme de terre. S'il n'importe aux États que de voir augmenter le chiffre de la population, l'avantage peut appartenir à la pomme de terre; s'il leur importe davantage de voir augmenter le bien-être de la population, il appartient évidemment au trèfle.

§ 1ᵉʳ. *Variétés.*

Nous sommes en possession de deux variétés fixes de trèfle rouge, l'une connue sous le nom de trèfle d'Espagne ou de Brabant, l'autre connue sous les noms de trèfle vert ou de Styrie. Le dernier se distingue du premier en ce qu'il fleurit quinze jours plus tard, pousse des tiges plus longues, atteint, dans un sol convenable, un rendement très-élevé, et est surtout très-approprié à la consommation en vert.

Le docteur Schweitzer lui attribue, sous ce dernier rapport, un avantage marqué sur le trèfle de Brabant, parce que, suivant ses expériences, il se maintient plus longtemps frais, ne devient pas si facilement ligneux, et reste par conséquent plus long-temps agréable aux animaux. Mais, s'il reste plus longtemps frais, ses longues tiges sont plus dures, il convient moins pour être coupé au hache-paille, même vert, et les animaux le refusent dans cet état. A cause de cette dureté, il agit moins aussi sur la production du lait. Le trèfle de Brabant, au contraire, à cause de ses tiges minces et de ses feuilles plus larges, reste plus savoureux et plus nourrissant, et convient mieux à l'emploi comme fourrage sec. Il talle très-fort, et il faut, par conséquent, moins de semence; il donne un produit égal et de meilleur foin que le trèfle de Styrie. Ce dernier ne peut pas convenir non plus aux sols un peu sablonneux.

La meilleure manière, pour notre climat, d'utiliser le trèfle de Styrie, ce serait de n'en semer qu'une partie de sa sole fourragère, le quart, par exemple, pour consommer en fourrage vert, lorsque le trèfle de Brabant commence à durcir à cause de sa croissance plus rapide. Le trèfle de Styrie rend

aussi beaucoup moins, comme porte-graine, que le
trèfle de Brabant ; aussi on en trouve rarement la
semence pure dans le commerce.

§ 2. *Sol.*

Le trèfle rouge ne réussit pas, il est vrai, sur tous
les sols, mais beaucoup lui conviennent, et il est,
sous ce rapport, plus accommodant que la luzerne.
L'exposition, le climat, la force et la préparation
du sol peuvent d'abord suppléer, en grande partie,
au défaut de ses propriétés constitutives. En général,
le trèfle préfère cependant trouver une proportion
plus forte d'argile que de silice. S'il ne refuse pas
de prospérer dans les sables un peu argileux, il y
talle moins, y vient moins dru et pousse des tiges
plus longues et plus grêles. Le trèfle venu sur cette
nature de sol convient mieux comme porte-graine ;
il réussit mieux et plus sûrement dans l'argile sablonneuse, encore mieux dans l'argile et surtout
dans les terres fortes, granuleuses. En général, on
peut regarder comme convenable au trèfle toute
terre à blé, tant qu'elle n'est ni tenace, ni trop froide.
Cependant tout sol qui, nonobstant son défaut de
liaison, et à cause de sa situation basse, de l'épaisseur de la couche végétale, de l'humidité du climat,
produit bien en blé, produit également bien en
trèfle ; mais, comme de telles circonstances ne sont
qu'exceptionnelles, elles ne font que confirmer la

règle générale, surtout pour les expositions chaudes, que le bon sol pour le trèfle doit être lié, profond, retenant l'humidité, par conséquent appartenir à ce qu'on appelle les sols frais.

Le docteur Schweitzer attache aussi beaucoup
d'importance à la qualité du sous-sol. « Le trèfle,
« dit-il, dans une terre d'ailleurs convenable, réus-
« sit d'autant mieux que la constitution du sous-
« sol est plus analogue à celle du sol, bien qu'il
« soit moins fertile, parce qu'il ne participe pas aux
« améliorations apportées par la culture. Ces sous-
« sols consistent ordinairement en une argile tenace,
« grumeleuse, mêlée de pierres, qui repose elle-
« même à une assez grande profondeur sur une
« couche de terre ou de roche peu perméable. »
D'après les expériences de Schweitzer, un sol léger,
très-siliceux, peut être très-propre à la production
du trèfle, lorsqu'il a un sous-sol argileux humide,
et par cette raison le trèfle prospère dans les terres
très-légères où l'on voit croître avec vigueur la
prèle des champs (*equisetum arvense*).

Sur un sol léger et spongieux, le trèfle gèle du
haut ; sur un sol très-sablonneux, il se dessèche ; sur
un sol maigre, il reste maigre et ne s'élève pas ; sur
un sol épuisé, il est envahi par les mauvaises herbes ;
sur les sols secs et penchés vers le midi, il périt souvent ; sur les pentes des hauteurs contenant des
sources, il ne passe pas l'hiver ; au-dessus de sous-
sols ferrugineux, ocreux, il ne prospère pas ; sur

des couches minces, couvrant des roches, ou des argiles, ou des glaises imperméables, il ne vient pas du tout.

Un terrain approprié, par sa constitution, à la culture du trèfle peut aussi y être rendu impropre par un labour trop profond, qui le laisserait trop meuble et trop ouvert entre le sol et le sous-sol. Dans ce cas, tant que le trèfle végète dans l'épaisseur des tranches pressées les unes contre les autres à la surface, il prospère ; mais il s'arrête et dépérit, dès que les racines ont atteint les creux qui se trouvent au-dessous. C'est par cette raison, sans doute, qu'on voit souvent, dans certaines contrées, le trèfle ne pas réussir dans les terres qui ont porté des fèves l'année précédente, quoique le trèfle dans les fèves vienne très-bien. Pour remédier à ce défaut de préparation, il faut mettre les moutons en automne sur le jeune trèfle, et les y laisser jusqu'à ce qu'il soit piétiné. Par le retour trop fréquent de la culture du trèfle, on peut également rendre impropres pour très-longtemps à sa production les sols dont la constitution lui convient le mieux.

Enfin le trèfle se plaît aussi dans les sols argileux les plus lourds et les plus tenaces, à condition de les trouver en force et en bon état de culture, et c'est sur ces sols qu'il rend le plus et exerce plus visiblement une propriété améliorative ; non-seulement il les enrichit par les détritus qu'il dépose à la surface, mais il les améliore en même temps par une action

mécanique, au moyen de son chaume et de ses racines, qui tiennent ces sols dans un état de division
dans lequel on ne parvient pas à les mettre par tout
autre moyen. Dans ces sols, aussi, on remarque, beaucoup plus longtemps que dans les sols plus légers,
les bons effets de la culture du trèfle. Elsner prétend même que le trèfle contribue puissamment à
détourner la surabondance d'humidité dont se gor-
gent les terres lourdes pendant les années pluvieuses,
et il soutient avoir fait, à ce sujet, les expériences les
plus satisfaisantes. Cependant je ne pense pas qu'on
doive jamais se flatter de faire de bien belles récoltes
de trèfle dans ces sols trop gorgés d'humidité.

La présence de la chaux dans le sol favorise essentiellement le développement du trèfle, et, par conséquent, la marne lui convient beaucoup et le
stimule visiblement. Mais, si la proportion de la
chaux est trop forte, ou, si le sol repose, à peu de
profondeur, sur du calcaire en roche, qui absorbe
avidement l'humidité et dessèche promptement le
sol, la chaux devient plus nuisible qu'utile, comme
Schweitzer en cite pour exemple des terres de la
Thuringe, qui, par cette raison, conviennent mieux
à la luzerne et à l'esparcette qu'au trèfle.

En résumant les différentes propriétés du sol qui
conviennent au trèfle, on trouve que le plus approprié doit être lié, profond, meuble ou plutôt ameubli,
contenant de la chaux ou de la marne, de l'humus,
retenant l'humidité, propre, point mouillé, peu mêlé

de sable léger; et que les sols les moins appropriés
sont ceux qui ont peu de profondeur, qui sont secs,
ocreux, épuisés et infestés de mauvaises herbes.
Parmi ces derniers, un sol neuf, c'est-à-dire portant du trèfle pour la première fois, peut faire exception, malgré son défaut de propriété, mais une fois
seulement.

« Sous des conditions d'ailleurs égales, dit le
« docteur Schweitzer, le trèfle réussira toujours
« mieux sur le sol le plus en force et en meilleur
« état de fumure; mais le plus haut degré de fer-
« tilité et la plus forte fumure ne suffisent pas pour
« lui faire atteindre tout son développement, sur
« un sol qui ne possède pas les propriétés voulues;
« tandis que, sur un sol qui les possède, il peut l'at-
« teindre, même sans y trouver une grande force, ni
« une forte fumure. Ainsi je connais une terre d'al-
« luvion des plus fertiles, ayant une couche végé-
« tale de plus de deux pieds d'épaisseur, dans
« laquelle toutes les cultures réussissent d'une ma-
« nière extraordinaire, où la luzerne atteint un
« développement énorme, et où le trèfle reste, eu
« égard à cette fertilité, dans des proportions si
« chétives, qu'on ne peut assez s'en étonner. Je
« connais, d'un autre côté, des terrains qui n'ont
« qu'une couche végétale très-mince, rougeâtre,
« peu argileuse, mêlée d'une très-grande proportion
« de petits graviers, dont l'aspect ne promet rien
« moins qu'une grande fertilité, et qui cependant

« produisent des trèfles superbes, parce qu'ils réu-
« nissent, d'ailleurs, les principales propriétés néces-
« saires à cette production. »

§ 3. *Tour de rotation.*

Le trèfle aimant un sol net, en force et bien ameubli, la place qu'il doit occuper, comme pivot d'une
bonne rotation, se marque, pour ainsi dire, d'elle-
même, suivant les circonstances. Un champ épuisé
et rempli de mauvaises herbes, à la suite de récoltes
successives de céréales, n'est pas la place qu'il faut
assigner à la plus utile des plantes fourragères, et la
punition d'une pareille faute ne se fait jamais attendre. Un sol sans force est encore plus énervé par le
trèfle, et il laisse plus malpropre encore un champ
où il trouve des mauvaises herbes, tandis qu'il fait
le contraire dans un sol en force et bien tenu.
Lorsque le trèfle s'est bien développé sur un sol en
force, il étouffe les mauvaises herbes, tandis qu'il est
étouffé par elles sur un sol maigre. C'est donc une
grande faute que de mettre du trèfle dans une terre
maigre, une plus grande encore d'en mettre dans
une terre infestée de chiendent, fautes que ne com-
mettra pas un cultivateur même médiocre.

Pour atteindre le double but de la culture du
trèfle, on cherche à le placer immédiatement après
une plante jachère, binée et fumée, comme la pomme
de terre, la betterave, etc., et l'on ne peut nier que

cette place ne lui convienne très-bien et que c'est
avec raison qu'on la regarde comme le pivot d'une
bonne rotation. Cependant on ne peut nier non
plus que, en dehors de cet ordre, on ne puisse produire les plus beaux trèfles, surtout lorsque les
terres sont suffisamment en force et en bon état de
culture. Si elles sont, en outre, plutôt lourdes que
légères, le trèfle, semé dans l'orge après une plante
jachère, pourra ne pas valoir le trèfle semé dans
l'orge après le seigle, et ce dernier surpassera presque toujours le premier, si le seigle a pris place dans
une jachère complète. Le cultivateur dont l'exploitation est basée sur la jachère et la production des
céréales peut donc avoir de très-beau trèfle la troisième année de la jachère, c'est-à-dire après deux
céréales; celui dont l'exploitation est basée sur les
binages et les fumures plus fréquentes, par exemple,
le producteur de grains de la Belgique, peut en avoir,
même après trois récoltes de céréales. La rotation
d'une bonne exploitation par les céréales n'exclut
donc pas la possibilité d'une production considérable
de trèfle. L'année dernière encore, j'ai vu se confirmer mes expériences précédentes sur ce point.
Dix-huit morgen de trèfle semé dans de l'orge
après des pommes de terre semblaient ne rien laisser à désirer et faisaient l'objet de l'admiration de
tous les passants, et cependant leur produit ne fut
pas égal à celui d'une même étendue de trèfle semé
dans de l'orge après de l'épeautre et de la navette.

On comprend que, dans le premier cas, il n'avait été fumé que pour les pommes de terre, et, dans le second, que pour la navette. La cause de la différence fut donc que les champs de navette contenaient plus de vieille force que ceux de pommes de terre; dans ce cas, par conséquent, l'avantage fut à la vieille force, contre la meilleure rotation. — Mais en quoi consiste, en effet, la meilleure rotation? Sur un sol un peu lourd, ne convenant guère moins au froment qu'au seigle, la rotation : 1° jachère complète, 2° seigle, 3° orge, 4° trèfle, 5° froment ou épeautre, 6° avoine, ne serait-elle pas aussi bonne et aussi rationnelle que celle-ci : 1° plante jachère, 2° orge, 3° trèfle, 4° froment, 5° vesces, 6° seigle? ou bien laquelle de ces deux rotations mérite-t-elle absolument la préférence? Ce n'est pas ici le lieu d'approfondir cette question sous son point de vue général. Je voulais dire seulement qu'il y avait autant de chances pour la réussite du trèfle dans cet ordre : jachère, seigle, orge, trèfle, que dans celui-ci : plante jachère, orge, trèfle. Une rotation moins favorable que la première serait celle-ci : jachère, froment, avoine, trèfle, froment, orge, et cela par des raisons qu'il serait superflu d'indiquer. Je dois ajouter encore, par expérience, comme une bonne préparation, la rotation : navette repiquée, froment, trèfle, qui, pour les sols tenaces, vaut beaucoup mieux que la rotation : pommes de terre, orge, trèfle.

Ce qui vient d'être dit s'applique, comme on le voit, aux arrière-précédents du trèfle. Il nous reste, par conséquent, encore à nous occuper de ses précédents immédiats, ou des plantes à la protection desquelles on confie sa semaille et sa première croissance. A ce rôle conviennent : les vesces destinées à être consommées en fourrage vert, l'orge, le froment, le seigle, l'épeautre, le lin, l'avoine, le millet et, comme quelques-uns le prétendent, le sarrasin, ainsi que toutes les plantes non rampantes, qui n'exigent pas de binages, et dont la croissance n'est ni trop drue, ni trop vigoureuse.

Si l'on admet, comme cela arrive le plus souvent, que le trèfle réussit moins bien après l'avoine qu'après l'orge, il ne faut pas seulement attribuer cet effet à l'avoine elle-même, mais aussi, et principalement, à ce qu'on réserve de préférence les meilleures terres pour l'orge. La température joue aussi, dans ce cas, un rôle très-important. Comme on sème ordinairement l'orge plus tard que l'avoine, le trèfle souffre souvent beaucoup dans l'une, lorsque la température de mai et des premiers jours de juin est très-sèche ; ainsi nous avons vu, il y a quelques années, les trèfles semés dans l'orge entièrement détruits.

Dans certaines contrées, on sème plus volontiers le trèfle dans les céréales d'hiver, et c'est encore par la raison qu'on met les céréales d'hiver dans des terres plus fortes que les céréales d'été. Dans toute autre circonstance, je préférerais, pour mon compte, les céréales d'été.

Entre les plantes sous la protection desquelles le trèfle réussit le mieux, le premier rang appartient, dans les Pays-Bas, au lin, et, dans le Palatinat, au millet. Une terre aussi bien fumée, aussi bien préparée, aussi reposée, aussi soigneusement nettoyée que cela est nécessaire pour le lin; une plante qui protége, sans trop couvrir, qui ne talle pas, qui s'arrache de bonne heure; ce sont là autant de circonstances dont la rencontre doit être très-favorable à la prospérité du trèfle. Il donne ainsi déjà une fort bonne coupe avant l'hiver, et deux coupes complètes l'année suivante, dont la première est prête huit à dix jours avant celle des trèfles semés dans les céréales. Si l'on devait craindre que le trèfle pût nuire, par une trop prompte croissance, à celle du lin, il suffirait, pour parer à cet inconvénient, d'en retarder la semaille jusqu'au sarclage du lin.

Suivant l'opinion de quelques-uns, c'est la navette d'été qui convient le mieux pour couvrir la semaille du trèfle, parce qu'elle n'occupe le sol que très-peu de temps. Pour le sarrasin, il y aurait à craindre, dans les bons sols, où il atteint une hauteur de 1 mètre 30 à 1 mètre 60 centimèt., de le voir étouffer le trèfle. Pour parer à cet inconvénient, on a, il est vrai, la ressource de faucher le sarrasin et de l'employer comme fourrage vert. « Sous la protection du sarrasin, dit Thaër, « j'ai vu le trèfle venir très-épais,

« même dans des terrains qui ne lui étaient rien moins
« qu'appropriés, tandis que, tout auprès, dans un
« terrain qui lui convenait beaucoup mieux, du trèfle,
« semé dans de l'avoine, était beaucoup moins bien
« venu, et le premier garder encore l'avantage pen-
« dant toute l'année suivante. Je crois donc devoir
« conseiller à ceux qui veulent avoir du trèfle bien
« dru, surtout dans les sols qu'on ne regarde pas
« comme très-convenables à sa culture, de le semer
« de préférence dans du sarrasin. Il paraît indiffé-
« rent, d'ailleurs, qu'on laisse arriver le sarrasin à
« maturité ou qu'on le récolte vert. »

A mon sens, pour pouvoir compter sur le plus
fort rendement du trèfle, il faut mettre la première
année des pommes de terre, puis semer le trèfle dans
de l'avoine. Lorsque l'avoine a atteint 30 à 32 cent.
de hauteur, on la fauche. On peut ainsi la faucher
une seconde fois et faire une troisième coupe en automne, lorsque le trèfle entre en fleur. L'année suivante, on a le trèfle seul. « Jamais, dit le pasteur
« Mayer, je ne sèmerai le trèfle d'une autre ma-
« nière. Les vaches nourries de ce mélange donnent
« un tiers plus de lait qu'avec le trèfle pur. » Et en
effet, pour ceux à qui il importe de produire du lait,
il ne saurait y avoir une meilleure pratique pour la
culture du trèfle. Mais, comme cette pratique ne rend
rien en paille, ni en grain, elle ne saurait être employée sur une grande échelle.

En 1823, je fis semer du trèfle dans des vesces

destinées à être consommées vertes. Le sol avait été bien fumé et convenablement préparé dès l'automne. Les vesces produisirent un très-beau fourrage, et le trèfle rendit une coupe tardive, qui fournit une ressource précieuse pour la saison. En 1824, le trèfle, très-dru, mais mince de tige, fut converti en foin et donna ainsi un fourrage très-fin ; la seconde coupe fut réservée pour porter graine. Le champ fut fumé par-dessus pendant l'hiver, et donna encore une bonne coupe en 1825.

Semer du trèfle seul et sans lui donner la protection d'une autre plante, c'est toujours une imprudence ; il lui faut toujours, lorsqu'il commence à lever, un abri quelconque, qu'il ne peut trouver que sous une plante déjà venue. D'un autre côté, son rendement de la première année n'est pas assez considérable pour payer la rente du terrain qu'il occupe.

Pourvu que les arrière-précédents du trèfle aient laissé le sol propre et en bonne force, peu lui importe à peu près quels ils ont été et dans quel ordre ils se sont suivis. Mais il est plus difficile pour lui-même, et c'est un fait depuis longtemps reconnu, que le trèfle ne peut pas revenir dans le même sol à de courts intervalles ; il ne faut pas songer à l'y faire revenir avant six années. Il est plus sage de porter l'intervalle jusqu'à neuf, et, lorsqu'on le peut, jusqu'à douze ans. On a cru et prétendu, il est vrai, que certains systèmes de rotation pouvaient affranchir de la loi commune; mais l'expérience, et l'exemple qui m'en a été fourni en Suisse par une grande exploitation, sont venus prouver le contraire, et que, si l'exploitation alterne, à quatre soles, avait, sous ce rapport, quelque avantage sur l'ancienne exploitation à céréales, cet avantage n'était pas de durée. Cette expérience n'est pas inconnue non plus aux Anglais.

« C'est, dit A. Young, une contrariété attachée
« à la culture du trèfle, qu'il lui arrive souvent de
« manquer dans les terres où on le cultive depuis
« un certain temps. La terre, suivant l'expression
« des fermiers, est fatiguée du trèfle. Il montre en-
« core une belle venue en automne, puis il dépérit
« en mars et avril. Dans ce cas, un changement de
« rotation devient nécessaire. Au lieu de le faire re-
« venir tous les quatre ans, comme c'est l'usage du
« Norfolk, il faut supprimer le trèfle de la seconde
« rotation, et mettre à sa place des vesces ou des
« fèves, après l'orge : on est ainsi plus assuré d'un
« bon rendement. Cependant il faut bien que je
« convienne que M. Arbutnoth produit, tous les
« trois ans, de beau trèfle, au moyen de labours
« plus profonds et de bonnes fumures, en suivant
« cette rotation : 1° fèves, 2° froment, 3° trèfle, et
« cela sur un terrain qui devait être *fatigué du trè-*
« *fle,* puisqu'il y revenait auparavant tous les quatre
« ans. J'ai vu les trèfles qu'il produit en suivant ce
« nouveau système, et j'avoue que je n'en ai jamais
« rencontré de plus beaux. »

Voici ce que dit du Norfolk l'observateur Marshall, si compétent sur ce point : « Les terres du « Norfolk sont depuis si longtemps soumises à la « culture du trèfle, que, malgré toutes les peines « qu'on se donne, et bien qu'on ne l'y fasse revenir « que tous les quatre et même tous les six ans, elles « en paraissent fatiguées, et que, par cette raison, « on le sème en mélange avec du ray-grass. »

Le perfectionnement de la rotation de quatre ans, rapporté par Young, se retrouve, exactement semblable, dans le pays entre Rhin et Moselle, au-dessous de Coblentz, où on le regarde comme une vieille routine. La première partie de cette double rotation est : 1° navets, 2° orge, 3° trèfle, 4° épeautre, ou froment ; la seconde : 5° jachère, 6° seigle, 7° pois, 8° avoine.

On rit en lisant le conseil que donne sérieusement M. de Crud, dont l'ouvrage a été, je ne sais trop pourquoi, traduit en allemand, et qui veut que, lorsque le sol commence à se fatiguer de produire du trèfle, on le remplace par de la luzerne, et qu'on la fasse durer cinq à six ans. Il ne semble même pas s'apercevoir qu'il ne propose là rien moins qu'une révolution complète de tout le système d'exploitation et d'économie rurale. A combien de cultivateurs serait-il possible de suivre un pareil conseil? et quand il y aurait possibilité pour eux, quel avantage en tireraient-ils pour leurs terres? Il faut chercher à prévenir le mal, pour n'être pas obligé de recourir à des remèdes aussi violents. Malheur au cultivateur dont l'irréflexion, le défaut d'expérience, ou l'entêtement, ont mis l'exploitation en telle situation, qu'il lui faille lutter contre la nature ; bonne mère, elle ne gâte pas ses enfants et ne cède pas à leurs caprices : *inveniendum quid ferat, non fingendum.* Il ne faut donc rien donner au hasard dans la culture du trèfle et se régler toujours sur cette donnée, qu'il ne supporte pas de revenir à de courts intervalles dans le même sol, sans se laisser éblouir par quelques succès momentanés, obtenus en dehors de cette règle. A-t-on besoin de plus de fourrage, il faut faire entrer, en lieu convenable, dans ses rotations, des vesces, du seigle ou du maïs, et la terre ne se fatiguera pas, et il ne sera pas nécessaire de recourir à un bouleversement total de l'économie de l'exploitation, par l'introduction de la luzerne pour un grand nombre d'années.

L'exception rapportée par Young, dans l'exemple d'Arbutnoth, ne prouve rien contre la règle ; car comment cet exemple, unique, pourrait-il être de quelque poids, contre l'expérience de tous, ou du moins de l'immense majorité ? Arbutnoth a-t-il obtenu ce résultat avec une quantité extraordinaire d'engrais ? Faut-il attribuer aux fèves une vertu protectrice toute particulière, qui rende le trèfle accommodant avec lui-même ? Combien de temps la rotation d'Arbutnoth a-t-elle produit les mêmes effets ? Ce sont toutes choses que j'ignore, et cependant je connais aussi, même dans le système d'assolement triennal, des exemples de rotation dans lesquels le trèfle revient tous les trois ans ; mais ils prouvent, tout aussi peu que celui d'Arbutnoth, que le trèfle puisse revenir aussi souvent, avec avantage, dans le même sol. Tout ce que je sais, avec certitude et par expérience, c'est que la terre, une fois fatiguée par le retour trop fréquent du trèfle, a besoin d'un long repos de cette culture pour la supporter de nouveau.

Je m'étonne, d'un autre côté, de la réussite d'Arbutnoth, faisant venir le trèfle dans du froment, après des fèves, parce que l'expérience de la Flandre est absolument contraire à cet arrière-précédent. Il nous a fait produire deux fois de suite de mauvais trèfle, ce qui m'a déterminé à renoncer à cette rotation : 1° fèves, 2° froment ou épeautre, 3° trèfle, 4° épeautre, 5° vesces, 6° avoine, pour la remplacer par celle-ci : 1° fèves, 2° épeautre, 3° vesces fauchées vertes, 4° trèfle, 5° épeautre, 6° avoine.

Sous le rapport de la culture qui doit lui succéder, le trèfle est une véritable bénédiction. Il n'est aucune plante qui, venant après le trèfle, ne ressente le bienfait de ce précédent ; et cette bienfaisante influence ne s'arrête pas à l'année suivante, elle se fait sentir encore la seconde année. Dans l'application, il faut faire exception pour le seigle et l'orge ; non pas que le trèfle agisse défavorablement sur eux, mais parce qu'ils ne tirent pas de ce précédent un avantage aussi marqué que toutes les autres plantes. Entre toutes les cultures, celle de la pomme de terre est celle qui paraît en tirer le plus grand avantage ; entre les céréales, c'est l'avoine. Ces deux plantes éprouvent encore visiblement le bienfait de la présence précédente du trèfle, même quand elles en ont été séparées par la production d'une céréale.

§ 4. *Préparation du sol.*

Comme le trèfle se sème toujours sous une autre plante, il entre naturellement en partage des préparations données pour celle-ci ; mais il est cause qu'on les donne avec plus de soin qu'à l'ordinaire. Il ne faut, par conséquent, pas marchander pour donner un labour de plus, pour herser avec plus d'attention, pour passer le rouleau, etc., parce que ces travaux ne se font pas au compte d'une seule récolte, mais de deux, entre lesquelles celle du trèfle suffit pour les payer largement. Aussi aucun cultivateur intelligent et attentif n'entreprendra-t-il de semer du trèfle dans de l'avoine sur chaume et sur un seul labour, ni sur de l'orge, ni sur des pommes de terre non binées, ou seulement négligemment binées, ni sur une mauvaise culture quelconque.

Une bonne préparation est nécessaire, surtout dans les terres fortes ; car, bien que le trèfle aime un sol lié, encore faut-il qu'il soit tellement ameubli, que ses racines, et surtout au commencement, puissent s'étendre dans toutes les directions, sans rencontrer une trop grande résistance. Cet ameublissement du sol n'empêche pas qu'il se tasse et se ferme plus tard au degré convenable. Un sol argileux, dans lequel le labour recouvre des mottes durcies et non brisées, se ferme moins, ou moins également, que le même sol bien ameubli. Les racines du trèfle sont obligées de tourner les mottes duresqui, par cette raison, ne leur donnent aucune nourriture. Mais ce qui est bien plus mauvais encore, c'est le labour négligent, par lequel l'ignorance et le défaut de jugement laissent le sol en longues bandes solides. Un labour plus profond qu'à l'ordinaire n'est pas avantageux, parce que les racines du trèfle ne pénètrent pas beaucoup verticalement; il ne serait d'ailleurs pas favorable aux céréales d'été. Mais, et surtout dans les sols liés, un labour profond est bien appliqué à l'arrière-précédent du trèfle. De là la convenance des plantes binées, comme précédents, et de la jachère, comme arrière-précédent.

Sur ce point, je ne crois pas pouvoir passer sous silence les observations d'un cultivateur écossais. Bien qu'il ne parle que de la préparation par les navets jachère, peu usitée dans nos contrées, ses remarques n'en sont pas moins applicables aux pommes de terre et autres plantes binées, que nous mettons ordinairement avant l'orge. « Pour les na-« vets, dit-il, on devrait donner le premier labour

« de très-bonne heure, au commencement de l'hi-
« ver, et aussi profondément que la force des che-
« vaux pourrait le permettre ; car c'est une remar-
« que que j'ai faite, *que le trèfle, semé dans une*
« *culture succédant aux navets, réussit d'autant*
« *mieux, que le premier labour, pour ceux-ci, a*
« *été plus profond.* On peut ne donner que 6 à
« 8 pouces (16 à 22 centimètres) au second et au
« troisième labour des navets jachère. Je suis dis-
« posé à croire que la mauvaise réussite du trèfle,
« si fréquente dans le Norfolk, tient surtout à ce
« qu'on n'y laboure pas assez profondément pour
« cette jachère, parce que je suis convaincu que les
« semences fourragères ont besoin d'un sol frais et
« profond *. » En cela personne ne donnera tort à
notre cultivateur écossais, et moins encore lorsqu'il
conseille de ne donner qu'un labour de 8 à 10 centimètres pour l'orge qui doit succéder aux navets,
parce qu'il serait contre toutes les règles de réen-
fouir sous la couche végétale le sol ameubli par une
culture jachère.

Mais les observations de notre Écossais n'ont pas
échappé non plus aux Anglais. « Pour assurer, dit
« Sinclair, la durée des effets fertilisants de la cul-
« ture du trèfle, c'est une condition principale de

---

* Cet Écossais paraît n'avoir pas pris garde que le sol du Norfolk
ne comporte pas les labours profonds. Il est généralement difficile de
juger de loin les pratiques des cultivateurs et de leur donner de
loin de bons conseils.

« labourer très-profondément pour les navets (par
« conséquent aussi pour les pommes de terre) qui
« doivent lui préparer le sol. De nombreuses expé-
« riences viennent à l'appui de cette règle. »

Un autre exemple, au contraire, fait voir combien
il est nuisible de donner à la céréale d'été qui succède
aux pommes de terre, pour servir de protectrice au
trèfle, un labour de 50 centimètres. Je dis 50 centimètres; et tout le monde de me demander où j'ai
trouvé des cultivateurs assez ignorants pour donner
un pareil exemple. Pour l'honneur des cultivateurs,
je me hâte de répondre que cet exemple est unique,
et que je ne l'ai pas rencontré deux fois dans tous les
pays sur lesquels ont porté mes longues investiga-
tions. Mais il faut aussi de mauvais exemples, ne
fût-ce que pour montrer qu'on ne doit pas les suivre. Bien que l'éclat qui s'attache souvent à ce qui
est extraordinaire soit quelquefois pris pour de
l'or par ceux qui n'y regardent pas de près, ce n'est
toujours que du clinquant, auquel ne se trompent
jamais ceux qui y voient clair. Si l'exemple cité
pouvait donner à quelqu'un une tentation d'imita-
tion, qu'il sache qu'on peut donner un labour de
50 centimètres avant de semer du trèfle, mais que,
dans ce cas, on ne fait pas de trèfle.

Il ne sera pas hors de propos de parler ici de la
culture du trèfle dans les sables des bruyères et des
landes, bien que ce soit une anticipation sur ce que
j'ai à dire du défrichement et de la mise en rapport

de ces sortes de terrains. — Il ne faut jamais remettre au lendemain la chose utile qui peut être faite la veille ; car le lendemain n'appartient à personne.

Il est généralement reconnu que les sols sablonneux et surtout les sables secs, quand même ils sont depuis longtemps en bon état de culture, ne conviennent pas au trèfle, et qu'il ne peut y être amené à un bon rendement que par des précédents bien choisis et des circonstances accessoires favorables. La cause en est évidemment dans le peu de liaison de ces sortes de sols et dans leur défaut de propriété de retenir l'humidité. Ces défauts sont d'autant plus sensibles lorsque ces sols sont en mauvais état d'engrais. De cette observation semblerait devoir résulter nécessairement qu'aucun de ces sols ne serait moins approprié que celui qui est encore à l'état de bruyère ou de lande ; cependant il n'en est pas tout à fait ainsi : le trèfle, comme presque toutes les plantes jachères, aime les sols neufs, c'est-à-dire ceux qui n'en ont pas encore porté, et, pour peu qu'on s'y prenne d'une manière convenable, il peut non-seulement donner une fois un bon produit, même sans fumure, mais devenir la base de la fertilité future d'un tel sol ; car, comme le dit le proverbe : *Faites venir du fourrage sur la bruyère et la bruyère sera un champ.*

Je suppose qu'on ne choisisse pas précisément une élévation, une croupe de sable tout à fait aride, où la bruyère (*erica*) elle-même ne prospère pas, mais une plaine, bien couverte de bruyère. On commence par peler la surface et on met les gazons en tas; puis on trace au cordeau, à 2^m.60 ou 3 mèt. les uns des autres, de petits fossés de billons, auxquels on donne la largeur d'un coup de bêche; on en jette la terre, de place en place, sur le dos des billons.

On étend un peu cette terre pour en former des âtres ou foyers d'écobuage, sur lesquels on dispose et brûle les gazons. Pendant cette opération, on creuse les fossés, à la bêche, aussi profondément que pénètrent les racines de la bruyère. Avec ce déblai, qui n'est que du sable, on nivelle les billons, puis on achève de creuser les fossés, aussi profondément que peut atteindre la bêche. On répartit ce nouveau déblai de manière à en répandre également partout, afin de pouvoir y bien mêler les cendres et la semence de trèfle, sans quoi les premières seraient emportées par le vent et la seconde ne lèverait pas. Il est donc nécessaire de faire ces fossés profonds.

On répand les cendres, en ayant soin de n'en pas laisser sur les foyers mêmes, qui sont déjà assez fertilisés par l'action du feu. On sème le trèfle sur le sol ainsi cendré, et on passe le traîneau, pour enfouir et affermir la semence à la surface. De cette manière le trèfle réussit beaucoup mieux dans ces sortes de terrains que si l'on se donnait toutes les peines imaginables pour le labourer et le façonner préalablement par des binages.

Les cendres de cet écobuage suffisent pour faire

prospérer le trèfle pendant la première année. La seconde année, il faut donner d'autres cendres, dans la proportion de 50 à 60 hectolitres par hectare. On aura ainsi encore de beau trèfle la seconde année et une assez bonne coupe la troisième. Si l'on donne alors une demi-fumure, le sol peut souvent produire du froment, et toujours du beau seigle.

Lorsque le sol est situé dans un bas-fond et convient pour en faire un pâturage, on prend un peu moins de semence de trèfle et on y mêle des graines d'herbages, parmi lesquelles les plus appropriées sont surtout les lotiers, les petites fétuques, la flouve, le vulpin, les bromes, l'houlque, le ray-grass et le trèfle blanc. On laisse durer le pâturage aussi longtemps que la mousse ne se montre pas dans les herbes. Un peu de bruyère ne gâte pas le pâturage, parce que le bétail la mange volontiers jeune et mélangée avec les autres fourrages.

Cependant on peut faire venir aussi du trèfle sur des landes ou des bruyères, sans écobuer auparavant. Dans ce cas, au lieu de faire un pelage de gazon, on donne un labour, en été, au moment où les attelages ont le moins de besogne, et on laisse le sol en cet état jusqu'à la fin de l'automne, afin que le chaume pourrisse, ou plutôt qu'il se dessèche. On donne alors un double labour, dont la première tranche renverse l'ancienne surface et la seconde la couvre d'une couche de terre crue, que l'hiver délite et rend capable de produire. Au printemps, il

ne faut surtout plus que la charrue touche le sol,
car ce serait un moyen de faire manquer le trèfle.
On le sème alors, soit seul, soit avec un peu de
spergule, ou sous de l'avoine; on herse et on roule
ferme. Dans le premier et dans le second cas, il ne
faut que de la cendre (de la cendre de bois lessivée);
dans le dernier, à cause de l'avoine, il faut, outre la
cendre, un peu de fumier court, ou de compost.

§ 5. *Temps et pratique de la semaille.*

Sous le rapport du temps, la règle générale est de
semer le trèfle aussitôt que possible. Cette règle a
cependant aussi ses exceptions et se modifie principalement suivant les plantes dans lesquelles le trèfle
doit être semé. On peut semer du trèfle très-tard,
même en automne, avec les céréales d'hiver. Dans
le Palatinat, ce n'est pas une pratique rarement suivie que celle de semer le trèfle, la luzerne et l'esparcette avec les céréales d'hiver, quand la fumure
n'est pas donnée immédiatement à celles-ci. Dans ce
cas, M. Elsner conseille de semer de bonne heure le
trèfle et le seigle, autant que possible au commencement de septembre, et de donner un hersage énergique pour les deux semences. « Par cette pratique,
« dit-il, j'ai fait venir du trèfle sur des croupes sa-
« blonneuses élevées, où il présente une fraîcheur
« et une force de végétation qu'on ne devrait pas
« attendre d'un pareil sol et d'une pareille exposi-

« tion. Dans un hiver rigoureux (celui de 1820 à
« 1821), pendant lequel la couverture de la neige a
« toujours manqué, pas un plant de trèfle n'est
« resté en arrière. » Quoi qu'il en soit, la même
expérience, faite deux fois par Thaër, a manqué
deux fois. Il est très-vrai, cependant, comme le soutient Elsner, que cette pratique a pour effet de mettre le trèfle à l'abri des rigueurs de l'hiver qui suit la
récolte du seigle; mais, par contre, il doit être d'autant plus exposé pendant l'hiver qui suit immédia-
ment la semaille.

On sème, au printemps, soit dans les céréales
d'hiver, soit dans les céréales d'été. Dans le premier
cas, l'époque de semer s'étend depuis la fin de janvier jusqu'en mai. La semaille la plus précoce est
toujours la meilleure. S'il tombe en mars un peu de
neige, on se hâte de répandre dessus la semence du
trèfle, et la neige l'attache à la terre en se fondant.
Lorsqu'on sème en avril, on combine la semaille
avec les hersages, alors si utiles aux céréales. Lorsque cela ne se peut, on passe le rouleau sur la semence du trèfle. Lorsque la température est humide,
il ne faut ni le rouleau, ni la herse, ainsi que cela
est démontré par la coutume d'un pays que j'ai
longtemps habité et par les observations de Burger
et les miennes, faites sur une grande partie de la
Carinthie. Là où l'on est dans l'usage de fumer les
céréales par-dessus, pendant l'hiver, il est avantageux de répandre la semence du trèfle sur la fumure.

Dans les environs de Herzogenbusch , on sème le trèfle dans les seigles à la fin de février, ou au commencement de mars ; on ne herse pas, mais on répand par-dessus la semaille une assez forte quantité de cendre de tourbe. L'humidité qui se trouve alors encore dans la terre, et les gelées qui viennent encore l'ouvrir, y font entrer la semence. Si la terre se trouve trop poreuse à la suite des gelées, on fait passer, en avril, le rouleau de pierre.

Le trèfle semé de très-bonne heure dans les céréales d'hiver a cet avantage, qu'il présente dès le commencement de l'automne, aussitôt même après la récolte des céréales, une coupe près de la fleur, ce qui est extrêmement rare pour le trèfle semé dans les céréales d'été. Cependant, et avec raison, on le sème le plus souvent dans les dernières. On répand alors la semence du trèfle, soit en même temps que celle de la céréale, soit lorsque la céréale est à quelques centimètres hors de terre, soit entre ces deux moments. Dans le premier cas, on sème d'abord l'orge, ou l'avoine, qu'on enfouit, et, immédiatement après, le trèfle, auquel on ne donne qu'un trait de herse. Dans les sols argileux, que le hersage donné à la semaille de la céréale laisse encore trop raboteux, on passe le rouleau, on sème le trèfle sur la surface unie par le rouleau, puis on donne un seul trait de herse. Lorsque la céréale a gagné ensuite quelques centimètres en hauteur, on passe de nouveau le rouleau. On a coutume aussi, dans les mêmes cir-

constances, de ne pas herser du tout sur la semaille
du trèfle et de n'y appliquer que le rouleau, pour
la fixer seulement à la terre. J'étais jadis très-parti-
san de cette pratique, qui donne la certitude que
pas un seul grain de semence ne sera trop profondément enfoui ; mais des expériences, faites plus
tard, m'ont appris que, s'il survenait une température sèche, un grand nombre de grains ne levaient
pas, et qu'elle n'a tous ses avantages qu'à la condition d'une température toute favorable après la
semaille.

Dans le second cas, on sème le trèfle lorsque la
céréale a atteint un doigt de hauteur au-dessus du
sol. On roule aussitôt ; si la température paraît être
et devoir se maintenir très-humide, on ne roule pas.
Sur une terre très-sèche cependant, l'application
du rouleau ne sert pas à grand'chose, surtout lorsque les grumeaux de la surface sont durs ; il ne fait
que sautiller par-dessus, le plus souvent, sans toucher la graine du trèfle, qui ne peut pas germer,
lorsque le temps reste sec. La semaille du trèfle dans
les céréales d'été déjà levées est donc toujours un
peu aventurée, parce que sa réussite dépend entièrement de la température à intervenir.

On a imaginé une troisième pratique qui tient le
milieu entre ces deux premières et qui consiste à ne
semer le trèfle ni avec la céréale d'été, ni après
qu'elle a levé, mais bien pendant le temps qu'elle
met à germer. Pour l'avoine, par exemple, on ré-

pand la semence du trèfle huit à dix jours après celle de la céréale. On donne d'abord un fort hersage, on sème le trèfle, puis on repasse la herse, mais légèrement. Une pratique à peu près semblable est usitée aussi dans le Norfolk.

« Dans le Norfolk, dit Marshall, on choisit un
« moment tout particulier pour semer du trèfle dans
« l'orge. Ce n'est ni celui de la semaille de l'orge,
« ni après qu'elle a levé, mais dans l'intervalle
« entre ces deux moments. Il est difficile de donner
« une raison évidente de cette pratique. L'a-t-on
« imaginée pour faire gagner du temps à la se-
« mence du trèfle sur celle des mauvaises herbes,
« que la herse a enfouie * ? ou bien cette pratique,
« dont l'expérience a constaté les avantages, est-
« elle fondée sur une autre observation ? Peut-être
« celle-ci : La terre humide, que l'enfouissement
« de l'orge ramène à la surface, suffit pour faire
« germer et lever le trèfle et le ray-grass semés im-
« médiatement après; mais l'humidité de cette terre
« ne suffit peut-être pas pour faire continuer assez
« longtemps leur croissance, lorsque la pluie ne
« vient pas la renouveler à temps. Lorsqu'on ne
« sème le trèfle et le ray-grass qu'après que l'humi-
« dité propre de la terre a disparu, les plantes ne
« lèvent pas avant la première pluie, et elles gagnent

---

* Cette raison ne me paraît pas fondée; la suivante me semble l'être davantage.

« le temps nécessaire pour jouir de l'ombre et de la
« protection de l'orge, qui les a devancées.

« La semence, continue Marshall, s'enfouit par
« deux traits de herse, la herse attelée par l'arrière,
« de manière à ce que ses dents traînent plus
« qu'elles ne mordent et à ne ramener à la surface
« ni l'orge ni les grumeaux de terre. »

On peut voir, par tout ce qui précède, qu'il s'agit
surtout, en semant le trèfle, de lui donner une couverture aussi unie et aussi superficielle que possible,
et c'est là la seconde et importante règle à observer.
Cette règle est si généralement reconnue que, en
Alsace, où toutes les semences, quelles qu'elles
soient, depuis le froment jusqu'à la navette et aux
navets, s'enfouissent à la charrue; on ne s'en sert
pas pour le trèfle.

Les expériences publiées en 1808, par Léopold,
dans la Gazette agricole, m'excitèrent à en faire de
nouvelles. Si nos résultats n'ont pas été tout à fait
semblables, ils se rapprochent du moins quant à
leur conséquence principale, à savoir : qu'on produit d'autant moins de plantes, et des plantes d'autant plus faibles, qu'on a mis la semence à une plus
grande profondeur dans le sol. Je crois donc pouvoir me borner à rapporter ici mes propres expériences, parce que j'ai la conscience de les avoir
faites avec tout le soin possible.

Suivant ces expériences, sur cent grains de trèfle
il en lève ,

Sous 8 centim. de couverture. 0 ; perte, 100 grains.
Sous 6. . . . . 27 ;   73
Sous 3. . . . . 93 ;   7
Sous 1 1⁄2. . . . . 97 ;   3
Sans couverture. . . . . 7 ;   93

Le temps de la germination est aussi d'autant plus long que la couverture est plus épaisse ; d'après les mêmes expériences, le trèfle lève ,

A 6 centim. de couverture, entre le dixième et le seizième jour, ainsi en treize jours ;

A 3 centim. de couverture, entre le sixième et le douzième jour, ainsi en neuf jours ;

A 1 cent. 1⁄2 de couverture, entre le quatrième et le huitième jour, ainsi en six jours ;

Sans couverture, entre le cinquième et le huitième jour.

Constamment, et dans toutes mes expériences, les semences couvertes d'un cent. et 1⁄2 et de 3 cent. ont donné les plants les plus forts ; les semences sans couverture ont donné des plants moins forts ; les semences couvertes de 6 cent. n'ont donné que des plants très-faibles, parvenant à sortir çà et là par les crevasses du sol. Quant aux semences couvertes de 8 cent., on n'en pouvait trouver un seul plant vingt-deux jours après la semaille.

Dans les expériences de Léopold, on voit réussir tous les grains semés sans couverture ; dans les miennes, au contraire, il n'en lève que sept sur cent, et de ceux qui se sont trouvés un peu engagés dans la terre par le côté. Léopold paraît avoir tenu ses semences trop humides et moi pas assez; je donnais, de trois en trois jours, un peu d'eau, en cherchant à mettre, sous le rapport de l'humidité, mes semences de trèfle dans les conditions que leur auraient faites la nature et la culture des champs. Aussi la semaille sans couverture réussit-elle ordinairement très-bien dans les champs, ce qu'il faut attribuer à deux causes : la première, qu'on sème dans une céréale déjà levée, qui protége la germination et le développement du germe du trèfle; la seconde, que les petits grumeaux de terre à la surface du sol forment une espèce de couverture, surtout lorsqu'on passe le rouleau pour attacher la semence. Cette méthode n'est donc pas aussi rejetable qu'elle le paraît d'après les expériences; mais on ne peut pas nier non plus qu'elle ne soit plus chanceuse, surtout en temps sec, que celle de l'enfouissement superficiel.

Les expériences sont suffisantes en faveur de l'enfouissement le plus superficiel et contre l'enfouissement à plus de 3 cent.; elles démontrent que plus le sol est rude, ce qui oblige souvent à faire un usage énergique de la herse, plus il faut augmenter la proportion de semence, et je dois surtout faire remarquer que si, comme dans les expériences, une couche de terre de 3 à 6 centim., tamisée sur la semence, suffit pour empêcher un grand nombre de grains de lever, il en doit manquer bien davantage dans la culture ordinaire, lorsque la surface du champ reste trop grossièrement divisée.

§ 6. *Qualité et quantité de semence.*

Il ne se fait pas, dans le commerce, de supercherie que je trouve plus honteuse et plus coupable que la vente de graines improductives. On n'hésiterait pas à traiter de voleur et à punir comme tel celui qui enlèverait d'un champ 500 kilog. de semence de trèfle, et cependant le tort qu'il ferait au propriétaire n'excéderait guère la valeur de 300 fr. Au lieu de cela, un autre me vendra, pour le même prix, 500 kilog. de semence de trèfle improductive, parce qu'il en aura détruit la faculté germinative par un mauvais procédé de dessiccation; je la sèmerai de bonne foi, elle ne lèvera pas, et l'année suivante je n'aurai pas de fourrage, et je donnerais bien encore 1500 autres francs pour en avoir. Quel nom donner à une pareille tromperie? comment obtenir le dédommagement du tort immense qu'elle ne manque pas de causer?

Il ne faut jamais acheter de semence de trèfle sans s'assurer avant de sa qualité, et cela n'est pas très-difficile. Avant tout, il faut prendre garde à la couleur; si elle n'est pas d'un jaune clair mêlé de bleu, un peu brillante ou du moins luisante, mais brune et terne, il faut se défier beaucoup de sa qualité. Pour juger d'une manière tout à fait certaine

la semence de trèfle, on remplit un vase de bonne
terre douce, sur laquelle on répand de la semence
dont on a compté les grains; on arrose avec de
l'eau tiède, et on tient dans un lieu tempéré; après
4 à 6 jours, quelquefois plus, on compte le nombre
de grains qui ont germé, et, de sa proportion avec
celui des grains semés, on conclut à la qualité de la
semence. La semence de trèfle peut aussi n'être ni
gâtée, ni mal séchée, mais être vieille, quelquefois,
de 5 à 6 ans. Dans ce cas, ainsi que j'en ai fait l'expérience, elle ne lève que tard, et beaucoup de
graines ne lèvent pas du tout s'il ne survient pas un
temps assez humide.

Il est à regretter qu'on n'ait pas encore fixé, par
des expériences, le temps pendant lequel les différentes graines employées dans l'exploitation agricole conservent la faculté germinative.

Le plus sûr moyen pour le cultivateur d'avoir de
bonne graine de trèfle est toujours de la produire
lui-même. Beaucoup d'agronomes prétendent que
la production de la semence de trèfle épuise le sol
à un degré extraordinaire, et les Anglais ont à ce
sujet un préjugé tellement exagéré, qu'il n'oseraient
pas même tenter un essai, et aiment mieux rester
tributaires des Belges, qui sont en possession de leur
vendre les semences de trèfle; et pourtant les Anglais se gardent bien de faire la même chose pour
la navette et les vesces. Les Belges rient sous cape
d'un préjugé dont ils profitent, et qu'ils craignent

seulement de voir détruit. On peut pousser tous les principes, même les meilleurs, et surtout leur application, jusqu'à l'extrême, et perdre ainsi les avantages que leur application modérée assure toujours. L'homme ne vit pas seulement de pain et de viande de mouton. Quand bien même la production du grain du trèfle enlèverait au sol autant de force que celle du grain du froment, ce qui n'est pas à beaucoup près, il n'en enlèverait toujours pas autant que ne lui en restituent ses racines, ses éteules, ses feuilles et les débris des tiges ayant porté graine. *Bien nourrir ses chevaux, bien fumer ses champs, et demander beaucoup aux uns et aux autres,* telle est la maxime suivie par les cultivateurs des Pays-Bas, maxime dont l'observance élève leurs exploitations à un degré de prospérité que les Anglais eux-mêmes admirent, et auquel les premiers arrivent plus sûrement en comptant sur leurs doigts que les seconds avec leurs plus savants calculs d'économie politique.

Cependant, si les Anglais n'avaient en vue, dans leur pratique invariable, que le changement de semence, elle pourrait se justifier sous ce rapport. Dans ce but, on la suit aussi en Flandre. Sur les bords de la Meuse, qui produisent les semences de trèfle les meilleures et les plus estimées pour les autres pays, on cherche souvent à la changer, en la tirant d'autres contrées au moyen d'échanges. Souvent on y fait venir les semences de Hollande, afin d'obtenir un changement plus marqué sous le rapport de l'origine.

Dans les terres grasses, l'achat de la semence devient souvent une nécessité, parce que le trèfle lui-même devient trop gras, par trop dru, et ne produit presque que des graines sans faculté germinative. Mais, dans la nécessité d'acheter la semence, il ne faut jamais se laisser séduire par le bon marché, pour donner la préférence à de mauvaises, sur de bonnes graines. La mauvaise semence finit toujours par avoir coûté plus cher que la bonne. On compte sur le champ bien plus de plants de trèfle, lorsqu'on n'y met que 10 kilogr. de bonne semence, que lorsqu'on en met 15 de médiocre.

Pour le trèfle comme pour toutes les autres plantes, la proportion de semence dépend de sa qualité, de l'état constitutif et accidentel du sol, puis, et plus particulièrement, de la plante sous laquelle le trèfle doit être semé. Il faut plus de semence dans les terres sablonneuses que dans les bonnes terres moyennes; plus dans les terres mal tenues et infestées de mauvaises herbes que dans les terres nettes et meubles; plus dans les sols pauvres que dans les sols riches; plus sous les céréales d'hiver que sous les céréales d'été; plus lorsque les dernières sont déjà levées que lorsqu'on répand les deux semences en même temps; plus, et cela jusqu'à la proportion d'un tiers, quand on emploie de la semence ancienne que quand on emploie de la semence de 1 an ou de 2 ans.

Les proportions les plus usitées sont, par hectare,

D'après Burger, sous les céréales d'été, sur les sols argileux riches. . . . . 14,6 kilog.

Sur les sols sablonneux. 19,5

Sur les mêmes, en temps sec. . . . 23,4

D'après les expériences d'Young, le fort rendement, sur terre fumée, fut obtenu avec. 14

Sur terre non fumée, avec. 20

Dans son calendrier, Young donne comme proportion ordinaire pour l'Angleterre. . . . . 12 à 18

D'après de nombreuses expériences, il indique comme proportion plus convenable, sans égard pour l'espèce de sol, au moins. 25

Dans les Pays-Bas, la plus forte proportion, pour les sols sablonneux, est de. 20

Pays-Bas. 14

Pays-Bas. 12

Pays-Bas, bonnes terres argileuses. 12

Pays-Bas. 9

Hauteurs sablonneuses de Clèves. . 12

Le docteur Schweitzer sème. 11

Moyenne. 16

Lorsque le trèfle est destiné à durer plus d'une année et à servir de pâturage la seconde année, il est avantageux d'y mêler un peu de trèfle blanc, ou, suivant la méthode anglaise, quelques herbages, parmi lesquels les plus convenables sont le dactyle pelotonné, le ray-grass, et même le fromental. Le ray-grass serait le plus convenable si, à raison de la grande production de semence, on ne l'accusait pas d'épuiser excessivement le sol.

Dans les bons sols sablonneux, même lorsque le trèfle ne doit durer qu'une année, on mêle aussi du trèfle blanc au trèfle rouge, dans la proportion de 1 à 2 kilogrammes de semence de trèfle blanc, parce que, lors de la première coupe, le trèfle blanc échappe en partie à la faux, et couvre ensuite les parties claires, qui seraient brûlées par le soleil, jusqu'à ce que la seconde crue du trèfle rouge ait le temps de couvrir à son tour.

En Flandre, quelques cultivateurs répandent la semence de trèfle dans la fleur non battue, et prétendent que sa réussite est ainsi sujette à moins de chances contraires.

§ 7. *Causes de non-réussite.*

Beaucoup de circonstances exercent une action contraire à la réussite du trèfle ; les principales sont celles qui l'empêchent de bien lever ou de prospérer : les gelées, le voisinage de certaines plantes parasites, certains insectes, et enfin les maladies auxquelles il est sujet.

a. *Non-levée de la semaille.*

Quelque peine qu'on se donne pour bien préparer et cultiver le trèfle, on n'est pas toujours assuré d'en avoir ; cependant le manque du trèfle est au nombre des accidents les moins fréquents en agriculture.

Il est généralement moins à craindre de ne pas voir lever le trèfle que de le voir périr ensuite. Lorsque, par défaut d'humidité, il n'a pu germer au printemps, il suffit d'une pluie chaude pour le faire lever plus tard, quelquefois seulement à la Saint-Jean. Par des saisons extraordinairement sèches, il arrive que le trèfle ne se montre pas encore au moment de la moisson, et cependant, pourvu qu'on soit certain de la qualité de la semence et pourvu qu'il survienne une température assez humide, il ne faut pas renoncer à l'espérance d'avoir du trèfle et se hâter de mettre la charrue dans les chaumes. Le trèfle en travail de germination et celui qui sort de terre peuvent encore passer l'hiver sous la protection du chaume des céréales.

Un été brûlant, exerçant son influence sur la plante déjà germée, comme cela a eu lieu dans beaucoup de localités en 1821, est mortel pour le trèfle. A cette époque, on mit à tort la perte des trèfles de l'année sur le compte des souris ; mais les jeunes trèfles, complétement avortés, n'eussent pas eu besoin de ces ennemis et eussent péri sans eux, tandis que cette race dévorante trouvait à se rassasier et avait, par conséquent, établi ses camps dans les vieux trèfles.

Dans une exploitation d'une certaine étendue, il est d'une juste prévoyance de semer toujours une partie des trèfles dans les céréales d'hiver, de manière à se réserver plus d'une chance de réussite. Jusqu'ici, à Hohenheim, un tiers des trèfles a toujours été semé dans les seigles ou dans l'épeautre.

Quelques précautions qu'on puisse prendre contre les accidents de nature à causer la perte du trèfle au moment de sa germination et de sa première croissance, il est plus nécessaire encore d'en prendre contre son défaut pour l'année dans laquelle il devait produire. La culture des vesces, sur laquelle on compte d'ordinaire, est une bonne précaution, mais ne suffit pas toujours. Les vesces ne sont jamais qu'un supplétif du trèfle. Mais il est possible encore de semer du trèfle après la récolte des céréales d'hiver. Aussitôt après qu'on a pu les enlever et sans perdre un moment, on écorche le chaume et on herse de suite. On donne un peu de repos à la terre et on aime à la voir se couvrir de mauvaises herbes; puis on laboure et on sème du trèfle, seul, sans y mêler une autre plante destinée à le protéger. Aussitôt qu'il est un peu hors de terre, on plâtre. Il s'entend qu'il ne peut être question de mettre ainsi du trèfle que dans une terre ayant reçu une bonne fumure pour la céréale d'hiver. J'ai rencontré cette pratique établie, aussi bien en Alsace que dans le Palatinat, et j'en ai fait moi-même l'expérience suivante.

Il nous avait été cédé, en 1822, un champ d'orge, dans lequel il avait été semé du trèfle. Soit que le cultivateur précédent n'eût pas eu assez de semence, soit par toute autre cause, un espace de la mesure d'un morgen se trouva, à la récolte de l'orge, absolument dénudé de trèfle. Dans le double but de faire une expérience et de compléter la pièce de trèfle, je fis labourer cette portion, et elle fut semée en trèfle dans les premiers jours d'août. Le trèfle vint, supporta l'hiver assez rude de 1822-1823, pendant lequel il y eut fort peu de neige, s'en tira aussi bien que son voisin, et donna deux coupes, à la vérité moins grasses, mais de trèfle aussi haut et aussi dru que celui du trèfle qui était venu sous la protection de l'orge.

b. Gelées et dégels.

Le dégel peut, aussi bien que la gelée, causer la perte du trèfle. Qu'il soit possible que le trèfle gèle réellement dans la terre ou qu'il périsse seulement alors que, déchaussé par l'effet de la gelée, ses racines, toutes nues, restent exposées à l'action de l'air et du froid, c'est ce que je ne me permettrai pas de décider, parce que je n'ai pas encore vu de trèfle gelé. Je suis plus disposé aussi à penser que le trèfle périt plutôt par le dégel. Dans une des dernières années du siècle précédent, la terre gela, s'il m'en souvient bien, à une profondeur de 65 centim., et les plantes ne furent point garanties par la neige, et cependant le trèfle résista, même celui qui n'avait pas de fumier en couverture, dans le pays que j'habitais, pays où il est rare de voir la terre gelée à une si grande profondeur, et, dans la même année, on parla beaucoup ailleurs de trèfle détruit par la gelée.

Quelques agronomes regardent le fumier d'étable appliqué en couverture, pratique généralement établie dans l'agriculture triennale, comme un moyen de préserver le trèfle des effets du froid. Je pense qu'ils ont raison, en effet, en tant qu'il s'agit d'atténuer les inconvénients des dégels et même des gelées, parce que le fumier pailleux préserve les racines dénudées de l'action de l'air et les empêche de se dessécher. Cependant une couverture aussi incomplète, offrant tant de passages à l'air, serait inefficace contre une température rigoureuse, sans neige, si le trèfle pouvait geler dans la terre, ce que je ne crois point. Un trèfle ayant un gazon bien fourni de racines vigoureuses, pour être venu dans un sol en bonne force, n'a besoin, suivant mes nombreuses expériences, d'aucun abri pour passer l'hiver, surtout en terre argileuse. Quant à la fumure par-dessus, comme moyen d'engrais, nous en parlerons dans le § suivant.

Comme moyen de prévenir les effets d'une température rigoureuse, on pourrait essayer le parcours, même le pâturage réglé du trèfle, en automne et au commencement de l'hiver, sur les sols peu liés, pour affermir la surface et serrer la terre autour des racines.

Lorsque le mal est fait, c'est-à-dire lorsque le froid a détaché les racines du sol et les a dénudées, il n'y a pas d'autre remède que celui qu'on applique en pareil cas aux céréales, l'emploi du rouleau.

c. *Animaux nuisibles.*

On compte généralement, parmi les plus communs, la mordelle (puce de terre), les escargots et limaces, les souris.

Je ne saurais dire que la mordelle soit, comme on le prétend, un des plus dangereux ennemis du trèfle, car je n'en ai jamais aperçu une dans un champ de trèfle. On a peine, en effet, à se rendre compte de l'existence de ce préjugé, lorsqu'on remarque avec quelle voracité cet insecte dévore, dans certaines années, le cranson qui pousse dans les orges : s'il se jetait avec la même fureur sur le trèfle qu'on sème dans l'orge, il ne s'en sauverait pas un fétu, et c'est avec raison qu'on se plaindrait de ses dégâts ; mais, comme cela n'arrive pas, je crois pouvoir acquitter la mordelle de cette partie des charges qu'on fait peser sur son compte. Lorsqu'il se rencontre de jeunes trèfles portant des marques de la voracité d'insectes qu'on n'aperçoit pas, il faut plutôt les attribuer à l'araignée de terre qui exerce le même ravage et qu'on découvre plus facilement dans les vesces et dans les fèves.

Les petites limaces grises font bien plus de mal encore au trèfle. Sous les climats humides, dans les années pluvieuses, sur les sols bas, surtout lorsque les champs sont clos ou rapprochés de haies et d'arbres, limaces et escargots font des dégâts considérables, pendant l'hiver, dans les trèfles de première année. Dans les Pays-Bas et dans des conditions semblables, on fait la part du feu en semant sur quelques coins des champs de trèfle, ou en mêlant à la semence de trèfle un peu de semence de navets, plante que ces insectes préfèrent, dont l'odeur les attire et sur laquelle on leur fait assouvir leur voracité. Dans les pays où il est facile de se procurer la chaux, le chaulage répété est un bon préservatif, qui profite d'ailleurs encore au trèfle, comme engrais. On peut employer aussi le rouleau, dont il faut se servir énergiquement, mais qu'il ne faut appliquer qu'avant ou après le coucher du soleil.

Les véritables et les plus dangereux ennemis du trèfle sont les souris. Dédaignant les feuilles et les tiges vertes, qui pourraient repousser, c'est aux racines qu'elles s'attaquent; avec leurs dents, auxquelles rien ne résiste, elles les coupent en morceaux de deux pouces environ de longueur, et les transportent dans leurs terriers, où elles en font des provisions considérables , qu'elles emmagasinent dans le plus grand ordre. Les trous, les pots enterrés à fleur du sol , les piéges , le piétinement répété des moutons sont les seuls et les meilleurs moyens à employer pour les détruire ou les éloigner.

d. Plantes parasites.

Je ne connais guère que deux plantes bien nuisibles au trèfle, le plantain et la cuscute.

Dans certaines contrées, le plantain infeste les trèfles d'une manière très-nuisible : lorsqu'il est mêlé au trèfle qu'on donne en vert aux bestiaux, sa présence est peu sensible et ne nuit que très-peu à la qualité du fourrage ; mais, lorsqu'on convertit le trèfle en foin , il lui fait perdre beaucoup de sa qualité , parce qu'il sèche très-difficilement. Le plantain a encore une autre propriété, qui le rend très-nuisible , c'est qu'il épuise le sol à tel point, qu'on reconnaît, à la maigreur du froment qui a succédé au trèfle, les places sur lesquelles il s'est trouvé mêlé au trèfle , dans une certaine proportion. Aussi apporte-t-on, dans ces contrées, une grande attention, de la défiance même, à l'acquisition de la semence de trèfle, et, lorsqu'on la produit soi-même, a-t-on grand soin de détruire les plants de plantain qu'on découvre dans les trèfles de seconde coupe destinés à porter graine , en se servant d'une espèce de petite houe à trois pointes.

Nuisible au lin, aux fèves, aux herbes même, qu'elle enlace de ses milles contours, qu'elle étouffe, la cuscute est aussi un des plus dangereux ennemis du trèfle. De proche en proche, cette maudite plante s'est étendue dans nos contrées, où elle fut longtemps inconnue, et la culture elle-même semble avoir favorisé son invasion. Il n'y a guère que quarante à cinquante ans qu'elle apparut dans les Pays-Bas, et, bien qu'indigène, elle y était presque inconnue. On ne la trouva d'abord que dans les semis de genêt, qu'on faisait dans les plus mauvais terrains, pour y mettre ensuite du seigle. De là, la cuscute se répandit au loin dans toute l'Allemagne occidentale, surtout en Alsace et dans le Wurtemberg, où elle a si bien pris possession de tous les champs cultivés , que les meilleurs cultivateurs ne savent plus comment faire pour s'en dépétrer. Elle ne se montre ni dans les jeunes trèfles, à l'automne de la première année, ni dans la première coupe de la seconde année ; mais, s'il survient alors du temps sec ,la seconde coupe est perdue, ou du moins en grande partie, et, avec elle, la récolte de semence.

C'est en vain qu'on recourt au sarclage, à l'arrachage même , parce que les racines de la cuscute s'enlacent si bien dans celles du trèfle, qu'on ne peut que casser la tige et que , pour une qu'on a enlevée, on en retrouve, au bout de peu de jours, dix autres qui étouffent le trèfle. Comme la cuscute s'attache de préférence au lin et semble le suivre partout, on évite, dans les districts de la Flandre où cette mauvaise herbe s'est établie, de semer le trèfle dans du lin, quelque disposé qu'on soit à lui donner cet abri. Les seuls cultivateurs qui retournent leur terre à la bêche, pour y mettre d'abord des pommes de terre, ensuite du seigle, puis seulement du lin, peuvent semer du trèfle dans leur lin, sans crainte de le voir envahi par la cuscute.

S'il fallait récolter la graine d'un champ de trèfle envahi de cuscute, il n'y aurait pas d'autre moyen que de la cueillir à la main, en laissant le trèfle sur pied, afin d'obtenir la graine de trèfle sans mélange de graine de cuscute.

c. Maladies.

Dans les environs de Manheim, on se plaint de voir souvent le trèfle atteint par le miellat, qui s'étend ordinairement sur la première coupe, dont on ne peut plus faire usage. Le cours du Rhin, plus lent dans ces environs, les brouillards qui s'y forment et y séjournent plus longtemps, sont probablement la cause de ce phénomène, heureusement local; on en préviendrait sans doute les inconvénients, si l'on semait le trèfle, au mois d'août, avec de l'épeautre destiné à être pâturé sur place.

Dans le petit district qui entoure les villes de Kempen, Dahlen et quelques bourgs voisins, le trèfle est sujet à une maladie de laquelle je n'ai entendu parler nulle part ailleurs; on l'appelle, en allemand, du nom de stock, chicot. La même maladie s'attaque aussi au seigle, à l'avoine, au sarrasin, mais non au froment et au lin. La couronne du trèfle qui en est atteint devient noire, la racine se flétrit, se dessèche, sans qu'on puisse y découvrir trace de l'action d'un insecte quelconque.

Le chicot se manifeste ordinairement dès l'automne de la première année. Remarque-t-on à cette époque des places noires dans les trèfles, ne fussent-elles pas plus grandes que le fond d'une assiette, on peut compter qu'au printemps suivant elles se seront étendues jusqu'à un certain nombre d'ares. On a essayé de faire de suite autour des places atteintes des rigoles et, en les isolant complétement, on est parvenu à arrêter les progrès de la maladie, ce qui prouve qu'elle se communique par le contact. Lorsque la première coupe du trèfle est atteinte du chicot, il n'y a absolument rien à espérer des suivantes.

On regarde le sarrasin comme le sujet particulier de cette maladie, qui détruit complétement les céréales auxquelles elle se communique. Lorsqu'on renverse et qu'on enterre, en automne, de l'avoine atteinte du chicot, et qu'on sème du seigle immédiatement après, le seigle ne manque pas de développer à son tour la maladie qui le détruit absolument.

Les préservatifs, aussi bien que les remèdes, sont la jachère et la culture du lin, des pois, des pommes de terre ; ce qui semblerait prouver que le retour trop fréquent des céréales sur certains sols est une cause prédisposante à cette maladie : aussi les cultivateurs les plus expérimentés de Dahlen regardent-ils comme indispensable le retour périodique et assez rapproché de la jachère, et prétendent-ils qu'aucun engrais n'y saurait suppléer, ce dont ils m'ont d'ailleurs donné les raisons les plus convaincantes.

§ 8. *Fumures par-dessus.*

Les engrais le plus communément appliqués en couverture aux trèfles sont le fumier, la mare, les cendres, la marne, la chaux, le plâtre, le sel.

a. *Fumier.*

Dans beaucoup de bonnes cultures triennales, on a l'habitude de fumer le trèfle en couverture avec du fumier long et d'en employer une quantité plus grande que pour la jachère même. L'épuisement du sol par deux céréales successives rend très-souvent cette fumure indispensable. Elle donne la certitude d'avoir de bon trèfle et, après lui, de bon froment, puis encore de bonne avoine, et de cette manière,

le système triennal devient moins mauvais. — 1° Jachère, 2° seigle, 3° orge et trèfle, 4° trèfle, 5° froment,
6° avoine, est une bonne rotation, lorsqu'on fume
la jachère et le trèfle qui rend beaucoup et qui se
soutient très-bien dans les terres moyennes argileuses. Je l'ai vu pendant longues années faire prospérer une exploitation, sans le secours du foin en
hiver et avec très-peu de pàturage en été. Tout l'é-
difice reposait ainsi sur le trèfle et sur la paille, dont
une partie, sinon très-abondante, du moins largement suffisante, était rendue tous les trois ans à la
terre, en fumier. Ces exploitations n'ont d'ailleurs à
leur disposition ni plâtre, ni cendres, ni engrais accessoires quelconques. Aux personnes qui révoque-
raient en doute la possibilité des bons résultats d'un
pareil système, je répondrai que j'en ai suivi avec
attention l'application pendant vingt et un ans dans
les fermes dont j'étais entouré, pendant mon séjour
près de Tongern.

On répand le fumier sur les trèfles, en hiver,
lorsque la terre est gelée, avec plus de succès à la fin
qu'au commencement de cette saison. Dans les sols
liés, le trèfle n'a guère besoin d'une couverture pour
le protéger contre le froid; au contraire, lorsqu'on
la lui donne de bonne heure, elle ne fait que le
rendre plus sensible à l'effet des gelées tardives; de
plus, la couverture, donnée en automne, favorise la
croissance des mauvaises herbes, pour peu que la
température soit douce, et attire les souris. Cepen-

dant, et comme nous l'avons déjà dit, le fumier, appliqué en couverture, avant la saison rigoureuse, peut empêcher que les racines soient déchaussées et dénudées par l'action du froid. L'enlèvement, au printemps, des parties pailleuses du fumier donné en couverture, qu'on recommande ordinairement comme une précaution indispensable, n'a pas lieu dans mes environs, et je n'ai pas remarqué que, comme on le prétend, le trèfle contractât un mauvais goût, ni que les bestiaux le trouvassent moins appétissant, donné en vert. Les pluies du printemps abattent et attachent si bien au sol la paille, aussi bien que le fumier, que la faux ne les atteint pas.

Par ce qui précède, je n'entends pas établir qu'il ne vaille pas mieux, surtout lorsqu'on sème le trèfle dans de l'avoine, donner une fumure à celle-c, particulièrement dans les sols maigres. C'est toujours un avantage, lorsque le trèfle atteint, avant l'hiver, un certain degré de vigueur. Mais le cultivateur triennal n'a pas du fumier quand il veut; seulement, comme il ne cultive que peu ou point de racines, il en a toujours vers le printemps.

La fumure du trèfle apparaît généralement comme une dilapidation à beaucoup de cultivateurs, qui appliquent sans regret la même quantité d'engrais à leurs prairies naturelles. Et cependant quelle différence dans les résultats! Serait-ce donc que l'engrais serait moins bien appliqué, moyennant une couverture, en trois ans, sur une terre à laquelle elle fait produire 5,000 kilog. de foin de trèfle, 20 hectolitres de froment, 34 hectolitres d'avoine, et 7,000 kil. de paille par hectare, qu'à une même étendue de prairies naturelles fumées tous les trois ans et qui, dans la même période, ne rendent que 7,500 kilog. de foin ? — Mais je me trompe. Du moment qu'il est question de l'effet des engrais, on a coutume d'attribuer le rendement total de la terre à l'engrais qui lui a été donné, et cela non sans raison, parce que, sans engrais, la terre ne rapporterait rien, ou presque rien. Il n'en est pas de même des prés. La plus grande partie des prairies naturelles existantes ne reçoivent jamais d'engrais. Bien que leur rendement n'atteigne pas celui des prairies fumées, ce que personne ne songe à contester, il est reconnu aussi que, quoique abandonnées à elles-mêmes, elles ont toujours un produit moyen. En admettant que ce produit moyen des prairies non fumées soit la moitié de celui des prairies fumées, ce qui est la proportion la plus raisonnable qu'on puisse admettre, cette moitié représente le produit normal ou naturel, et ce qui la dépasse doit être attribué à l'action de l'engrais. Suivant cette règle, dont la justesse est évidente, il faut déduire du rendement total, pendant trois ans, d'une prairie fumée, la moitié de ce rendement; le reste, ou 3,750 kilog. de foin, sera l'augmentation de produit déterminée par le fumier. Pour avoir, de l'autre côté, un terme de comparaison apprécié avec une égale justesse, il faut déduire les trois quarts du rendement en grain, pour semaille et frais de culture, et n'attribuer que le reste du rendement à l'action du fumier, soit 5 hectolitres de froment, 8 1/2 d'avoine, 7,000 kilog. de paille et 5,000 de foin de trèfle. En convertissant le rendement du champ, pendant trois ans, en valeur de foin, le total ressort ainsi qu'il suit :

5 hectolitres de froment.	.	1,450 kilog. de foin.
8 1/2 d'avoine.	. . . . . .	950
7,000 kilog. de paille	. . .	3,500
5,000 de foin de trèfle.	. .	5,000
		10,900

Il ressort donc de cette comparaison que la même quantité d'engrais qui produit dans un champ cultivé 109 quintaux métriques de foin, étant appliquée à une prairie naturelle de même étendue, n'en augmente guère le rendement que de 38 quintaux. De quelque manière que les partisans de la fumure des prairies naturelles puissent retourner la question, qu'ils retranchent d'un côté pour ajouter de l'autre, ou bien ils arriveront à se tromper eux-mêmes, ou bien ils conviendront de l'exactitude de l'observation. Pour mon compte, je maintiens, sans hésiter, qu'une quantité donnée de fumier, appliquée aux champs cultivés, augmente le produit net dans une proportion double de l'augmentation qu'il peut effectuer, étant appliqué aux prairies naturelles.

b. *Engrais liquide.*

Lorsqu'on peut donner deux fois de l'engrais liquide, c'est-à-dire à la première et à la seconde coupe, l'effet de cette fumure, quant au trèfle, devient égal à celui d'une fumure ordinaire, par la vigueur plus grande donnée au trèfle, et une certaine action est exercée également à l'avantage du froment qui doit suivre ; mais une telle fumure ne peut, que dans un bien petit nombre de cas, suffire pour deux récoltes de céréales, surtout s'il n'a été répandu d'engrais liquide que sur une seule coupe. Mais celui qui, après avoir donné une fumure de fumier d'étable, peut encore répandre du fumier liquide, celui-là pourvoit largement au présent et à l'avenir ; quelquefois aussi, il se prépare des céréales versées.

La mare fermentée peut se répandre par tous les temps ; la mare non fermentée ne doit être répandue que par un temps pluvieux, ou sur la neige. Plus le moment de l'application est rapproché de celui de la végétation, plus l'effet est sensible. En général, l'engrais liquide est plus propre aux petites exploitations qu'aux grandes. L'emploi de l'engrais liquide, combiné avec celui du plâtre, est le levier le plus puissant qu'on puisse appliquer à la culture du trèfle, et le seul inconvénient qu'on en puisse redouter est de produire un trèfle tellement gras, qu'on le voie verser comme les céréales.

c. *Fiente de pigeons*

Aucun autre engrais ne produit autant d'effet, surtout dans les sols froids ; cependant il revient un peu trop cher, appliqué au trèfle, et il y a plus de profit à l'appliquer au lin. Il est, en outre, difficile de se procurer ce fumier en quantité un peu considérable. On le moud, ou on le pile pour le réduire en poudre, et on le répand au printemps, lorsque le trèfle commence à couvrir le sol. Il faut choisir, pour cette opération, un temps très-calme. Pour obtenir une dispersion plus égale et pour augmenter la masse, on mêle ordinairement un autre engrais au fumier de pigeon. J'ai ajouté de la cendre de charbon de terre, et j'ai obtenu, de cette addition, les meilleurs résultats.

Tous les engrais concentrés et énergiques ont l'avantage de se transporter et de se répandre facilement ; mais, dans leur application au trèfle, il faut particulièrement observer de ne pas pénétrer dans les champs pendant la gelée, et ne pas s'y laisser entraîner par ce faux calcul que l'engrais doit s'attacher plus aisément aux feuilles humides et couvertes de givre et produire, par conséquent, plus d'effet. Cet avantage est réel, en effet, et il ne faut pas laisser passer, sans en profiter, une matinée qui a déposé une rosée abondante ; mais, lorsque l'humidité est solidifiée sur les feuilles du trèfle, chaque pas qu'on fait dans le champ reste marqué et, au lever du soleil, la trace devient noire, les feuilles souffrent, tombent ou pourrissent.

d. *Cendre.*

Bien peu d'engrais sont aussi bons pour le trèfle que les cendres, soit de bois, soit de houille terreuse, soit de tourbe.

Dans les Pays-Bas, la cendre de tourbe hollandaise est d'un usage général et très-estimée. Le trèfle cendré atteint presque toujours 30 à 33 centimèt. de hauteur de plus que celui qui ne l'a pas été. L'effet est si grand et si prompt, que là où l'on ne voyait pas de trèfle, peu de semaines après l'application de la cendre, on est étonné d'en voir de magnifique. Cet engrais détruit les insectes et augmente considérablement la fertilité du sol. Des expériences suivies ont démontré qu'à défaut de cendre, la croissance du trèfle était incomparablement moins vigoureuse; que sa maigreur réagissait d'une manière évidente sur les récoltes suivantes de céréales, dont une même a manqué tout à fait. De là le proverbe des Pays-Bas : *Qui veut économiser sur la cendre la paye double.* On ne répand la cendre, comme cela se conçoit, que par un temps calme, autant que possible, par une matinée nébuleuse, lorsque le trèfle commence à couvrir le sol, et on emploie de quarante à quarante-six sacs par hectare, qui coûtent de 73 à 82 francs (34 à 38 florins); ou bien un poids de 20 à 22 quintaux métriques. A Melle, en Flandre, on emploie pour 97 francs (45 florins) de cendre par hectare. Dans les environs d'Anvers, où les cendres sont à meilleur marché et où on les emploie dans une proportion un peu moins forte, il n'en coûte que 20 florins (43 francs) pour cendrer un hectare.

L'action de la cendre de bois est encore plus grande que celle de la cendre de tourbe ; mais, comme la cendre de bois s'emploie avec plus d'avantage pour la potasse et dans les blanchisseries, on ne l'applique que rarement, comme engrais, à l'état non lessivé. En Hollande, on en vend de mélangée sous le nom de *maaskantsche asche*. Cette cendre est le produit de l'incinération de bois de saule et autres bois légers, de paille de jonc, de paille de fève et de fumier de vache desséché ; elle est très-estimée et se paye fort cher : on en emploie de 43 à 44 hectolitres par hectare.

On applique plus communément au trèfle la cendre de bois lessivée. Là où le trèfle refuse de croître, là où l'action du plâtre est impuissante à le faire réussir, on en obtient par l'application de cette espèce de cendre ; là même où il n'a pas été semé de trèfle, il en vient spontanément dans les terres cendrées. Quelque bienfaisante que soit l'action du plâtre, celle de la cendre de bois lessivée est encore plus efficace, particulièrement dans les climats ingrats, sur les sols maigres, et l'action de la cendre se fait sentir bien plus longtemps dans le sol que celle du plâtre. L'emploi de la cendre pourrait même être plus utile encore, si, au lieu de l'appliquer au trèfle, on l'appliquait à la céréale destinée à le protéger.

Dans une partie montueuse et élevée de la Westphalie, sur le Scharfenberg, près de Brillon, on ne se hasarde pas à semer du trèfle, lorsque la céréale qui doit le protéger n'a été que fumée et non cendrée. On préfère même beaucoup de cendre sans fumure à une forte fumure avec peu de cendre. On me fit remarquer, dans un champ de trèfle, trois bandes ; sur la première, la plante protectrice, du seigle avait été fumé, mais non cendré ; sur la seconde, le seigle avait été médiocrement fumé et cendré ; sur la troisième, le seigle avait été fortement cendré, mais non fumé : sur la première bande, il n'y avait pas de trèfle ; sur la seconde, il y en avait un peu ; sur la troisième, il y en avait beaucoup. L'action de la cendre est si puissante, que, sous un climat aussi rude, privé de toute espèce d'abri, le trèfle réussit assez bien pour qu'on puisse faire deux coupes dans une année, et faire encore pâturer sur place en automne. Dans l'année suivante même, on peut faire encore une ou deux coupes. Ensuite le champ reste en pâturage pendant une couple d'années. Pendant ce temps, il se forme un chevelu et un gazon très-épais, à travers lequel on n'aperçoit plus le sol. Je fus étonné de remarquer parmi les herbes de cette espèce de dormants une quantité de vesces sauvages, mais seulement sur les dormants qui avaient été précédemment cendrés.

Le village de Kriegsfeld, dans le Palatinat, autrefois si misérable, aujourd'hui florissant, ne dut ses trèfles qu'à l'application de la cendre, et son salut qu'à ses trèfles. (Voir pour les détails : *Schwerz, Description de l'agriculture du Palatinat.*)

Dans toutes les parties de la Flandre à proximité de blanchisseries, on fait une consommation considérable de cendres; on en répand ordinairement 87 hectolitres par hectare, et cette quantité revient à 207 francs *. Autant qu'on le peut, on répand, au mois de novembre, des cendres de savonneries, sur les trèfles qui ont été pâturés en automne, et cela dans la proportion de 53 hectolitres par hectare.

---

* Pour les lecteurs qui seraient surpris de voir de si fortes sommes dépensées en acquisition d'engrais, je donne ici un extrait des comptes d'une exploitation rurale de 22 hectares de terres, prés et pâturages, située près de Menin ; en voici les articles :

14,800 tourteaux d'huile pour fumure......	1,776 francs.
90 mesures de cendre de charbon de terre...	100
216 mesures de cendre de blanchisserie.....	432
Total.................	2,308 francs.

Ainsi pour 105 francs par hectare. En outre, la même ferme produit et emploie 274 fuder de fumier d'étable et 463 tonnes de marc. Pour 14 vaches, on achète 2,000 tourteaux d'huile et 14 sacs de farine de lin, pour une somme d'environ 500 francs.

e. Plâtre.

L'usage de la cendre étant naturellement circonscrit dans un petit nombre de localités où l'industrie en produit en certaine quantité, la plupart des exploitations ne produisant pas assez de fumier d'étable pour pouvoir fumer leurs tréfles par-dessus, la culture de ce précieux fourrage n'a réellement pris son essor en Allemagne qu'alors que Meyer de Kupferzell eut prôné et fait connaître partout l'usage et les avantages du plâtre. Bien que ce soit un fait reconnu, que le plâtre n'exerce pas partout une action égale, que dans certains sols même il n'en exerce pas du tout, il n'en reste pas moins en général une des substances les plus fertilisantes, une des moins chères en proportion de son utilité, que le cultivateur puisse employer pour assurer et pour augmenter le rendement du trèfle. Si, dans certaines localités, comme nous venons de le dire, on a pu observer qu'il ne produisait que peu ou point d'effet, cela doit tenir, à part les influences du climat et du sol, à la qualité du plâtre, à la quantité employée, à l'époque de l'application, à la température du jour choisi pour le répandre. Aussi les questions les plus importantes à résoudre sont celles de la qualité et de la quantité, de la saison, de la température et des moyens de dispersion à choisir et à employer pour assurer les bons effets du plâtre.

On peut, à la vérité, employer le plâtre brûlé et non brûlé ; mais, comme je ne connais pas d'expérience de l'emploi dans le premier état, ce qui suit ne doit s'entendre que du plâtre non brûlé.

L'action du plâtre est d'autant plus grande qu'il est plus pur de tout mélange, surtout de parties terreuses, et qu'il est plus également et parfaitement pulvérisé. Il s'ensuit que la proportion de plâtre à employer relativement à l'étendue du terrain ne peut pas être déterminée d'une manière générale et absolue, et qu'on peut produire autant d'effet avec un quintal de bon plâtre qu'avec deux à trois quintaux de plâtre de mauvaise qualité. De là vient aussi qu'il faut employer de 6 à 8 quintaux par morgen dans certaines localités, tandis que, dans d'autres, 3 à 4 quintaux suffisent largement. Lorsqu'on a du plâtre de très-bonne qualité, la proportion ordinaire est une quantité égale à celle qu'on prend pour semence en seigle ou en orge. Lorsqu'on n'a que du plâtre de mauvaise qualité, on ne peut guère en prendre en trop forte proportion.

Un point important dans l'application du plâtre, comme dans toutes les expériences et les améliorations qu'on tente ou qu'on poursuit en économie rurale, c'est de se rendre un compte aussi exact que possible des résultats, et de s'assurer que la dépense des moyens est couverte par une augmentation équivalente des produits. Quant à l'application du plâtre, il ne faut pas qu'elle couvre la totalité de sa dépense, mais au moins les deux tiers. Le troisième tiers doit être couvert par l'augmentation de produits des céréales succédant à un trèfle bien venu. L'augmentation des produits en quantité, lorsque l'année a été favorable au plâtrage, c'est-à-dire plus chaude que froide, plus sèche que pluvieuse, peut être évaluée, sans exagération, à un tiers des produits qu'on aurait obtenus sans le secours du plâtre, et, en moyenne, sur un certain nombre d'années, à un quart.

Il règne une grande divergence d'opinions sur l'époque qu'il convient de choisir pour plâtrer. Ici on plâtre dès que le trèfle commence à paraître sous la céréale qui le protége ; là on plâtre aussitôt après la récolte de la céréale ; ailleurs, à la fin de l'hiver. Le plus communément, on plâtre au printemps, lorsque le trèfle commence à couvrir le sol. Quelques cultivateurs attendent, pour plâtrer, que le trèfle ait au moins 15 à 16 centimèt. de haut. Souvent aussi on plâtre deux fois ; la première en automne, la seconde au printemps ; souvent aussi on plâtre une première fois après la première coupe, et une autre après la seconde.

Le plâtrage du trèfle, au moment de la première pousse, a pour but et presque toujours pour résultat de procurer une bonne coupe avant l'hiver ; il a aussi quelquefois pour inconvénient de donner une telle impulsion à la croissance du trèfle, qu'on le voit dépasser et étouffer la céréale destinée à le protéger. C'eût été une expérience remarquable que l'observation des effets du plâtre pendant l'été si sec de 1821, qui eût permis de reconnaître si son application empêche réellement le trèfle de se dessécher, par la propriété qu'il a d'absorber, pendant la nuit, une grande quantité d'humidité atmosphérique, et de la rendre, pendant une partie du jour, aux feuilles avec lesquelles il est en contact. —Combien de faits et de phénomènes les cultivateurs n'ont-ils pas encore à étudier et à comprendre, avant de pouvoir se croire avancés dans la pratique de leur industrie? et cependant combien peu conviennent de leur ignorance et cherchent à s'instruire par une expérience raisonnée.

Le plâtrage, avant ou aussitôt après l'hiver, a pour but de procurer une coupe à faire de bonne heure au printemps. L'application du plâtre, retardée jusqu'au mois d'avril ou de mai, recule le moment de la coupe; mais le moment et la température sont évidemment plus favorables à l'action fertilisante du plâtre sur la plante et sur le sol.

Par un double plâtrage appliqué à la première et à la seconde coupe, on favorise évidemment la recroissance de la dernière; cette pratique a, de plus, cet avantage que, la température n'ayant pas été favorable lors de la première application, il y a d'autant plus de chances pour qu'elle le soit à la seconde. Il convient de rappeler ici que, pour ce double plâtrage, il n'est pas nécessaire d'employer

une quantité double de plâtre, mais seulement d'a-
jouter une moitié de la quantité employée ordinairement au plâtrage en une fois, et qu'il faut diviser
la quantité totale formée par cette addition en deux
portions égales.

Quelque pratique qu'on suive d'ailleurs pour l'application du plâtre, il importe toujours de bien
choisir la température, surtout au printemps et en
été, saisons dont les influences viennent si souvent
déranger les prévisions des cultivateurs. Par une
température froide, qu'elle soit sèche ou qu'elle soit
humide, on peut se dispenser de la dépense du plâtrage. L'effet du plâtre répandu pendant le froid,
et surtout pendant un froid sec, est presque toujours très-faible, et souvent tout à fait nul. Au
contraire, une température chaude, un peu humide,
mais non trop pluvieuse, favorise extraordinairement l'action du plâtre ; même, lorsque la température n'est pas humide, mais du moins assez chaude,
elle fait naître une rosée bienfaisante qui se répand
le matin, et de la présence de laquelle on profite
pour répandre le plâtre. Ceux qui croient bien faire
en choisissant un temps de pluie pour plâtrer se
trompent complétement. Des expériences comparatives ont démontré que le trèfle plâtré pendant
un temps sec et doux restait toujours vert, et con-
servait une forte impulsion de croissance, tandis
que le contraire s'observait sur le trèfle plâtré pendant la pluie. Le premier fait toujours plus de pro-

grés en huit jours que le dernier en trois semaines.

Sur les sols gorgés d'humidité, sur les terres exposées au nord, le plâtre ne peut faire aucun bien au trèfle, et, dans ces cas, tous les autres engrais doivent lui être préférés.

C'est une question encore à décider par l'expérience que celle de savoir si l'application du plâtre rend le trèfle plus dur, et produit sur lui un effet analogue à celui qu'il produit sur les légumineux destinés à la consommation de l'homme. — Sur ce point et quelques autres, je ne puis que renvoyer à ce qui se trouve dans la partie de cet ouvrage consacrée à la culture des céréales, ne craignant que trop déjà d'être tombé dans de nombreuses redites.

f. *Chaux.* — *Marne.*

Dans certaines localités, on remplace, non sans avantage, le plâtre par la chaux, et surtout par un mélange de chaux et de cendre. Le procédé de préparation de ce mélange est indiqué page 281 de la première partie de cet ouvrage. Lorsque ce mélange est appliqué dans une proportion un peu forte, son action ne se manifeste pas seulement sur le trèfle, mais elle se fait sentir encore trois ou quatre ans après. A défaut de cendre, on ajoute à la chaux soit de la vase, soit de la tourbe, soit du gazon, on dispose le mélange en tas : au bout d'un certain temps on retourne, pour rendre le mélange plus parfait, mais on ne s'en sert pas pour répandre sur le trèfle levé ; au contraire, on enfouit cette espèce de compost avec la semence ; ou mieux encore, on n'enfouit pas la semence, et on répand le compost par-dessus pour l'en couvrir très-légèrement, mais le plus également possible. Mais il faut une plus forte proportion de cet engrais que du mélange de chaux et de cendre. Le mélange de curages de fossés avec la chaux convient aux terres lourdes, le mélange de vase et de cendre aux terres légères.

On se sert aussi de la chaux sans mélange, et, dans certaines contrées, et pour la répandre en poudre, on la préfère au plâtre, probablement parce que ce dernier n'y est pas de bonne qualité. On emploie de 8 à 9 quintaux métriques de chaux par hectare. L'application de la chaux a lieu plus particulièrement dans les contrées où les terres sont lourdes. Sur les hauteurs du pays de Clèves, on se sert aussi de la chaux dans les terres sablonneuses, et on la répand en même temps que la semence du trèfle. Lobbes parle de 18 quintaux métriques de chaux et d'une égale quantité de cendre par hectare. De quelque manière, cependant, qu'on applique la chaux au trèfle, on ne se dispense jamais de fumer pour la céréale dans laquelle il doit être semé, à moins que la terre ne se trouve en pleine force d'engrais.

Un tas de compost de bonne terre, de gazon, de vase, de fumier court, de cendre, de dépôt de mare, de chaux, etc., qu'on forme pendant l'été ou l'automne, qu'on arrose de purin, qu'on retourne une fois, forme le meilleur de tous les engrais. On charrie ce compost, pendant l'hiver, sur les champs de trèfle, on le décharge en tout petits tas, qu'on éparpille bien également au printemps. Lorsqu'on a des luzernières, c'est à en augmenter le produit que ce précieux engrais est le mieux employé.

Sur les hauteurs du pays de Clèves, on se sert aussi d'une espèce de marne calcaire, qu'on tire cependant d'assez loin. On en emploie de 40 à 50 hectolitres par hectare, et on la répand aussitôt aprés avoir semé le trèfle dans le seigle. Il n'est pas nécessaire de faire passer ensuite la herse. Il faut encore remarquer ici que, dans cette contrée sablonneuse, on ne sème jamais le trèfle que dans des céréales pour lesquelles il a été fumé.

g. *Sel, suie, etc.*

Les débris salins, qui ont tant d'analogie avec le plâtre, sont, par cela même, d'excellents stimulants de la végétation du trèfle. Le plus énergique de tous serait cependant encore la suie, s'il était généralement moins difficile de se la procurer en quantité suffisante. — La poudre d'os, bien pure et bien fine, est à mettre au rang des meilleurs engrais à saupoudrer. — Seulement faut-il que le cultivateur se garde bien d'oublier de calculer exactement la dépense de tous ces stimulants, si efficaces et si précieux, et qu'il ne perde pas de vue que son aisance ne se forme que de l'excédant de la valeur de ses produits sur les dépenses qu'elles lui ont coûté.

h. *Fiente et fumier de moutons.*

Je ne parle ici de la fiente de moutons que comme d'un engrais qu'il ne faut pas employer. Suivant les expériences du docteur Schweitzer, le trèfle activé avec cet engrais ne résiste pas à l'hiver, parce qu'il ne cesse pas de faire de nouvelles pousses. C'est surtout ce qui arrive dans les hivers les moins rigoureux. Le pâturage du trèfle par les moutons, même du trèfle de plus d'une année, est, par la même raison, un moyen très-chanceux.

Il reste encore des expériences à faire pour décider s'il convient de passer le rouleau sur les trèfles dans les sols légers, et d'y faire agir la herse dans les terres lourdes.

§ 9. *Emploi en vert.*

« Lorsqu'on a des terres qui rendent bien en trèfle,
« dit Elsner, il est facile de se passer absolument
« de toute espèce de prairies, naturelles ou artifi-
« cielles. Presque tous les animaux mangent très-
« volontiers le trèfle. Dans mon exploitation, les
« moutons, les bêtes à cornes, les chevaux, les

« porcs, les oies, ne sont guère nourris, pendant
« tout l'été, qu'avec du trèfle, et tous ces animaux
« se trouvent bien de ce régime. Les moutons et
« les vaches s'en accommodent si bien et en pren-
« nent si facilement l'habitude, qu'ils ne veulent
« plus toucher à d'autres herbages ou à d'autre
« foin, tant qu'ils voient devant eux ou qu'ils atten-
« dent du trèfle vert ou sec. Mes moutons ont été
« longtemps dans un état bien-moins satisfaisant,
« alors que je cultivais peu de trèfle et faisais plus
« de jachères qu'aujourd'hui, qu'ils ne vivent, pour
« ainsi dire, hiver et été, que de trèfle. En été, on
« leur fait pâturer les places où le trèfle n'est pas
« bien venu, et, lorsqu'elles ne suffisent pas, on
« fauche du trèfle sur d'autres pièces, qu'on trans-
« porte et fait consommer sur les pièces pâturées.
« Les agneaux ne vivent presque que de cette espèce
« de pâturage, et, pendant l'hiver, de foin de trèfle,
« et je n'ai pas encore observé le moindre inconvé-
« nient de cette espèce de nourriture. Mes trou-
« peaux se maintiennent si bien, au contraire, que
« dans toute l'année dernière (1820) je n'y ai eu que
« 1 p. 0/0 de perte. »

Relativement aux dangers que courraient, suivant
un préjugé assez généralement répandu, les animaux
mis au pâturage dans les trèfles, Elsner s'exprime
ainsi : « Lorsque le bétail est accoutumé au trèfle,
« et lorsqu'on ne le lui fait pas manger tout frais,

« tout imbibé de rosée * (mouillé de pluie, il y a
« bien moins de danger), il y a bien peu de chances
« pour qu'il en résulte des accidents. Une fois ac-
« coutumés, j'ai souvent laissé pâturer mes bestiaux
« dans des trèfles jeunes et gras, pendant une demi-
« heure entière, sans qu'il en résultât le moindre
« accident. Auparavant et avant que mon bétail fût
« accoutumé à ce fourrage, il n'eût peut-être pas été
« sans danger de l'y laisser un quart d'heure.
« C'est un fait reconnu, qu'il ne faut pas abreuver
« le bétail immédiatement après un repas de trèfle. »

Dans les exploitations où la nourriture à l'étable
est fondée sur le trèfle, il faut qu'elle commence au
printemps, aussitôt que la faux peut saisir le jeune
trèfle, tant parce que c'est à cet état de croissance
qu'il produit le plus de lait que surtout parce que
c'est le moyen de régler les coupes de manière à ce
qu'elles puissent se succéder sans interruption. Les
vaches rebutent le trèfle dont les tiges sont devenues
dures, gâtent la majeure partie de ce qu'on leur en
donne et rendent sensiblement moins de lait. Lorsqu'on est pourvu d'une luzernière, sa seconde coupe
est une ressource précieuse dans les commencements
d'un été chaud, et qui permet de régler les coupes

---

* Elsner n'entend sans doute parler que du trèfle pâturé pendant
la rosée, ou donné au bétail encore tout mouillé, et non pas du fauchage et du transport pendant la rosée, ce qui est non-seulement
exempt de tout effet nuisible, mais ce qui vaut beaucoup mieux que
le fauchage après la rosée disparue, et surtout sous l'ardeur du soleil.

du trèfle ; mais, lorsque la saison est fraîche, ce moyen même n'est pas toujours suffisant pour assurer contre les interruptions de produits de même nature. Mais, lorsqu'on commence d'assez bonne heure avec le trèfle, il est rare que la ressource de la luzerne devienne nécessaire. J'ai commis souvent la faute de commencer trop tard la nourriture au trèfle, m'en reposant sur la ressource de la luzerne, et n'ai eu que trop souvent aussi l'occasion de m'en repentir.

A l'appui de cette opinion, je crois devoir citer encore ce passage du docteur Schweitzer : « Plus tôt « on commence à faucher le trèfle, plus vite il re- « croît, et c'est de cette manière seulement qu'il « est possible d'avoir toujours du trèfle jeune, le « fourrage le plus agréable aux bestiaux ; but vers « lequel il faut tendre invariablement, parce que le « trèfle donné trop vieux est en grande partie rejeté « par le bétail, n'agit que faiblement sur la produc- « tion du lait, et ne fait par conséquent que peu de « profit. Lorsqu'il est devenu trop grand, ce qu'on « peut faire de mieux est de le convertir de suite en « foin. C'est agir d'une manière tout à fait irra- « tionnelle que d'attendre, pour couper le trèfle « destiné à être consommé vert, qu'il commence à « former ses boutons à fleurs et, dans ce cas, on « n'aura pas longtemps à se réjouir de la quantité « de lait et des autres avantages qu'on se promet de « l'emploi du trèfle vert, et qu'on n'obtient que du

« jeune trèfle. Nous commençons souvent à le fau-
« cher avant qu'il ait atteint 13 centimètres de hau-
« teur. Dans les plus petites exploitations, où l'on
« coupe à la faucille, on s'y prend encore de meilleure
« heure, et l'on s'en trouve bien. »

A ces règles, on oppose deux objections. L'une,
c'est que du trèfle, si jeune, est d'autant plus dangereux pour le bétail, qu'on le lui donne à la fin
d'une nourriture d'hiver, beaucoup moins savou-
reuse, et qu'il s'en repaît avec d'autant plus d'avidité. L'autre, que la masse de fourrage fournie par
le trèfle coupé de si bonne heure et malgré une coupe
de plus est cependant inférieure à celle de deux
coupes, lorsqu'on laisse au trèfle le temps d'atteindre un plus grand développement. — Quant à la
première objection, elle tombe d'elle-même ; car, où
trouver un cultivateur qui ne soit pas encore pourvu,
au printemps, d'une certaine provision de paille ?
Tout le monde sait que la paille, coupée en balle un
peu longue, se mêle au jeune trèfle, d'abord en
forte proportion, plus tard en proportion moindre,
qu'ainsi toute espèce de danger se trouve prévenu,
que les vaches, quoique mangeant une moins grande
proportion de trèfle, donnent un meilleur lait, que
plus tard, lorsqu'on ne les nourrit que de trèfle,
mais de trèfle devenu dur. — La seconde objection
est plus fondée, lorsqu'on ne la considère que sous
le rapport de la masse de fourrage. Mais, pour apprécier la valeur des fourrages, c'est moins à leur

volume qu'à leur qualité qu'il faut s'attacher ; ainsi, trois coupes de jeune trèfle peuvent contenir plus de substances nutritives, facilement assimilables, que deux coupes, plus considérables en volume, de vieux trèfle, dur, privé d'une partie de ses sucs les plus précieux, et c'est ce que l'expérience et l'observation démontrent tous les jours. Mais les deux fourrages comparés fussent-ils même égaux en substance nutritive, il y aurait encore un avantage à commencer de bonne heure la nourriture au trèfle vert, à cause de sa propriété d'être plus facilement assimilable, d'augmenter plus tôt les produits, et il me semble qu'on ne saurait assez recommander l'usage *de commencer la nourriture au trèfle vert le plus tôt possible.*

Le trèfle fournit ordinairement deux coupes complètes, dont tantôt l'une, tantôt l'autre, réussit mieux. Ce n'est qu'en faisant une première coupe d'aussi bonne heure que possible, qu'on peut compter, dans les sols ordinaires, sur une troisième. Lorsqu'on n'a pas coupé de très-bonne heure, pour la première fois, le trèfle n'en recommence pas moins à recroître en automne ; mais il n'y a qu'une économie mal entendue, ou une nécessité absolue, qui puisse enlever, dans ce cas, cette dernière pousse, au détriment du sol et de la plante qui doit succéder au trèfle. Ce serait agir à la façon de ceux qui, après la récolte des feuilles de tabac, enlèvent les jets qui continuent à pousser le long des tiges, pratique que les cultivateurs intelligents regardent en pitié.

D'ailleurs le trèfle procure déjà un profit sensible dès le premier acte de sa croissance. Levé sous la céréale dans laquelle il a été semé, il en améliore beaucoup la paille. Dans certaines localités, où l'on a coutume de moissonner à la faucille, on a soin de ne couper qu'à une certaine hauteur au-dessus du sol, pour pouvoir, plus tard, couper avec la faux et faner au besoin le chaume et le trèfle qu'il contient, ce qui produit un excellent fourrage. A mon avis, on ne devrait jamais faire autrement les récoltes dans lesquelles il a été semé du trèfle. Lorsqu'on coupe ou qu'on fauche ces céréales près du sol, il devient souvent difficile, précisément à cause de la quantité de trèfle qui s'y trouve mêlée, de les rentrer à temps utile, parce qu'il faut attendre que le trèfle ait pu sécher, du moins jusqu'à un certain point, circonstance qui est toujours un embarras pour la moisson, et qui devient souvent un inconvénient assez grave. De plus, le trèfle fauché avec la céréale perd, par le battage, ses parties les plus nutritives, surtout ses feuilles, qu'il conserve, lorsqu'on le fauche avec le chaume, pour le faire consommer en vert ou pour le convertir en foin, considération, à mon avis, très-importante.

Mais, dans les deux cas, le cultivateur, plus avide qu'intelligent, ne se contente pas du produit qu'il doit avoir et, pour l'augmenter, il enlève encore la recrue avant l'hiver, pratique que je ne saurais blâmer assez énergiquement. Moi-même j'en ai essayé une seule fois , je le confesse ; mais je me suis bien promis qu'on ne m'y reprendrait plus. Le produit est tout à fait insignifiant et couvre à peine les frais de fauchage, ratissage et charriage ; le fourrage recueilli est, de tous ceux que fournit le trèfle celui qui fait le plus courir les chances de météorisation : la plante, qui cherche toujours à faire encore une pousse avant l'hiver, reste extrèmement énervée , et lorsqu'un trèfle aussi mal traité ne peut pas supporter l'hiver, ce n'est pas à la plante qu'il en faut faire le reproche, c'est à celui qui l'a exploitée d'une manière aussi barbare.

On regarde comme mieux entendue la pratique de faire pâturer le trefle avant l'hiver , pratique pour laquelle les uns préfèrent les moutons , les autres les bêtes à cornes, mais dont d'autres encore ne veulent point entendre parler. Sur les sols humides, le piétinement de toute espèce d'animaux est nuisible en automne , surtout celui des fortes races de bêtes à cornes. Non-seulement il enterre à jamais une partie des plants de trèfle et il en laisse ainsi un grand nombre d'autres à découvert, mais il laisse des traces profondes qui , plus tard, se remplissent d'eau et se couvrent de glace ; il n'est donc pas surprenant que, dans de telles circonstances , le froid et l'humidité détruisent une grande partie du trèfle. Les mêmes effets se produisent sur d'autres sols, pour peu que le pâturage ait lieu pendant un automne pluvieux. Même quand la saison n'est pas défavorable, il faut encore interdire les champs de trèfle aux vaches et aux bœufs : tout au plus peut-on en permettre l'entrée aux jeunes bêtes d'élève ; cependant, en Flandre, on y laisse pâturer les vaches pendant une ou deux semaines du mois d'octobre.

Suivant l'expérience des Altenbourgeois et l'opinion de leur consciencieux observateur Schmalz, les moutons feraient exception. Leur dent et leur piétinement, lorsque le sol et la température sont assez secs, non-seulement ne sont pas nuisibles au trèfle, mais exercent une action qui lui est favorable, en ce que le sol est mieux tassé contre les racines, circonstance qui lui permet de résister davantage aux influences de l'hiver. « Ainsi, dit « Schmalz, un de mes fermiers, qui ne pouvait pas « entretenir de moutons, me demandait, tous les « automnes, les miens pour faire pâturer son jeune « trèfle, parce qu'il avait remarqué que les trèfles « pâturés étaient souvent plus drus et plus avancés « au printemps que ceux qui ne l'avaient pas été. » Le docteur Schweitzer, au contraire, croit avoir remarqué que, toutes circonstances d'ailleurs égales, les trèfles fortement pâturés en automne par les moutons étaient moins avancés au printemps que ceux non soumis au pâturage.

La pratique du Norfolk proscrit le pâturage par les moutons. « On éloigne avec grand soin, dit

« Marshall, surtout pendant la première partie de
« l'automne, les moutons des jeunes trèfles; lorsque
« la température n'est pas humide, on en permet,
« au contraire, et sans appréhension, l'accès aux
« jeunes bêtes à cornes. » Où chercher la cause de
ces contradictions ? Peut-être dans le sol sablonneux
du comté de Norfolk ?

Le trèfle ne peut être coupé utilement que pendant une année, non compris celle de la semaille.
Tant qu'il n'est pas question de dormants ou de
trèfles dans lesquels on sème d'autres herbages, il
y a rarement profit à laisser durer le trèfle au delà
de son année d'exploitation. Toutefois, des accidents, une pénurie de fourrages, peuvent nécessiter
une exception à cette règle ; par exemple, lorsque,
par une circonstance quelconque, les semailles en
trèfle de l'année ont manqué.

L'avidité, la paresse, peut-être aussi l'habitude
dans laquelle on était de voir dans les pacages des
herbages de longue durée, ont probablement conduit les premiers cultivateurs de trèfle à l'exploiter
pendant plusieurs années. On ne regarda d'abord
qu'à son propre produit, sans remarquer son action
sur les produits suivants, et ses avantages dans l'ensemble de l'économie rurale. Dans la seule vue
d'augmenter son rendement propre, on chercha à
prolonger son existence, ignorant ou oubliant que
l'utilité d'une force est d'autant plus grande, qu'un
rouage est d'autant plus précieux, qu'il peut être

employé à accélérer le mouvement de l'ensemble de la machine. Le trèfle ne possédât-il que l'avantage de donner un produit assez considérable dès la première année, avantage que n'ont pas la luzerne et l'esparcette, c'en serait déjà un très-marqué sur ces deux plantes. Leur durée de huit à dix ans marque leur place dans des pièces à part et en dehors de tout assolement régulier, si ce n'est dans des exploitations d'une grande étendue. Il n'y a pas de profit à diminuer la durée de ces deux plantes, parce que la première et la dernière année sont à considérer comme perdues. Sans aucun doute, les cultivateurs du Palatinat auraient déjà rejeté l'esparcette de leur assolement, si leur sol était plus favorable à la production du trèfle rouge.

Une exploitation du trèfle, prolongée au delà de son année de plein rapport, entraine surtout le grave inconvénient de laisser le sol tellement infesté de chiendent ou d'autres mauvaises herbes, que ce n'est qu'à grand'peine et souvent à grands frais qu'on peut parvenir à le nettoyer. L'invasion des mauvaises herbes peut, il est vrai, avoir lieu dès la première année, lorsque le trèfle ne lève pas bien, souffre pendant l'hiver, périt en partie, lorsque les souris y exercent leurs ravages, lorsque, par une cause quelconque, il ne couvre pas bien le sol. Dans presque tous ces cas, il ne faut pas se laisser leurrer par l'espoir de le voir s'améliorer dans une seconde crue; il faut y mettre la charrue et traiter le champ en jachère.

§ 10. *Fanage.*

Pour convertir le trèfle en foin, il faut choisir avec discernement deux choses, le moment de s'y prendre et le procédé à employer.

a. *Temps de couper.*

S'il y a du désavantage à laisser passer le moment opportun de couper les herbages ordinaires, il y en a un plus grand encore à le laisser passer pour le trèfle. Pour tous deux la température ne vient que trop souvent déranger les meilleures prévisions, et le cultivateur ne peut pas toujours faire ce qu'il veut ; mais il lui est toujours utile de savoir ce qu'il convient de faire quand cela lui est possible. Tantôt une température pluvieuse l'obligera de remettre au delà du temps qu'il avait choisi ; tantôt une chaleur brûlante le fera temporiser, par la considération, d'ailleurs trop juste, que cette température sera contraire à la seconde coupe.

Lorsqu'on n'en est pas détourné par des circonstances de cette nature, on coupe le trèfle pour le faner, soit lorsqu'il est en pleine floraison, soit lorsque la majeure partie des fleurs sont ouvertes, soit enfin avant qu'il commence à fleurir. L'avantage des deux premières pratiques consiste, ainsi qu'on le croit généralement, dans un rendement plus considérable , celui de la dernière dans une qualité supérieure du fourrage.

Je ne pense pas que personne ait jamais songé à révoquer en doute que le trèfle coupé de bonne heure soit de meilleure qualité et plus nourrissant; mais il est permis de douter que le trèfle coupé tard ait un rendement réellement plus considérable, bien entendu que la température de l'été ne soit pas par trop défavorable à la seconde coupe. Pendant les huit ou quinze jours dont la première coupe a pu être avancée, la recrue a le temps de faire des progrès et de compenser ce qui a pu être perdu sur la crue précédente. Il est certain, d'ailleurs, que plus longtemps le trèfle de la première coupe reste debout, plus il devient dur et coriace, moins il devient agréable au bétail, surtout ses tiges; ses rameaux s'affaissent, il perd une plus grande quantité de feuilles ; lorsqu'il est bien dru , il s'étiole en dessous et prend une odeur de relent. D'ailleurs, il est évident que plus longtemps la première coupe occupe la place, moins il reste de temps pour le développement de la seconde. Si l'on voulait renoncer à cette seconde coupe, ou s'il n'y avait pas espoir qu'elle pût venir à bien , sans doute alors on aurait tort d'enlever la première avant sa pleine floraison, et la perte en quantité ne pourrait pas être suffisamment compensée par l'avantage de la qualité.

Il ne faut pas non plus perdre de vue que le trèfle qui reste debout jusqu'au moment de sa pleine floraison, moment où, comme toutes les plantes, il est à croire qu'il tire de la terre la dernière et la plus forte partie de sa sustentation, épuise davantage le sol, que si on l'avait enlevé avant cette époque; ou, pour compléter l'observation et rendre ma pensée tout entière, que plus le plant de trèfle dépense de sucs pour produire sa fleur, plus il s'en épuise lui-même et plus il est obligé d'en puiser de nouveau dans la terre, lorsqu'il lui faut produire de nouvelles feuilles. Il est en effet probable, comme M. de Dombasle cherche à le démontrer, en rendant compte de ses expériences sur les céréales, que toute la substance nécessaire au développement du grain se trouve déjà dans la plante au moment de sa floraison. Si donc, comme on le prétend avec raison, la production de la graine du trèfle épuise le sol, il en doit être de même, et, à plus forte raison peut-être, du développement complet de sa floraison. Mais, si l'on voulait révoquer en doute cet épuisement du sol, ou le regarder comme insignifiant, il resterait toujours certain que rien n'énerve le plant de trèfle lui-même, autant que le développement de sa fleur. Il s'ensuit qu'un rendement plus considérable de la première coupe ne s'obtient qu'aux dépens de la seconde et qu'on ne gagne à l'attendre que la récolte d'un fourrage plus grossier.

Les inconvénients sont moins grands lorsqu'on coupe le trèfle au commencement de la floraison, ce qui arrive aussi le plus communément. Mais il

vaut toujours mieux devancer un peu cette époque
pour peu que la température et les circonstances le
permettent ; car, encore une fois, le cultivateur
ne fait pas toujours quand et comme il veut.

On ne trouvera pas de trop, je l'espère, que je
rapporte encore, à l'appui de ce qui précède, l'o-
pinion de l'excellent observateur Marshall. « Je
« crois, dit-il, qu'on nuit beaucoup à la seconde
« coupe du trèfle, quand on laisse la première
« trop longtemps sur pied. Ainsi je remarque, chez
« trois de mes voisins, une seconde crue magnifi-
« que, tandis que la mienne, tout à côté, est mi-
« sérable. La cause en est que j'ai fauché beaucoup
« plus tard qu'eux. Leur seconde coupe rendra
« certainement deux charges par acre, et peut-être
« obtiendront-ils encore une troisième coupe. Par
« cette raison, à l'avenir, et autant que possible, je
« faucherai au commencement de juin, et, en tous
« cas, avant le 15, que mon trèfle soit beau ou
« ne le soit pas, que la coupe soit forte ou non.
« Il est certain que la tige repousse plus prompte-
« ment, lorsqu'elle est coupée au milieu de sa crois-
« sance, que lorsqu'on attend que la plante ait fait
« usage de toutes ses forces. »

b. *Manière de couper.*

On coupe le trèfle, soit à la faux, soit au croissant
ou à la faucille : lorsque le trèfle est encore bas,

comme lorsqu'on le coupe pour le faire consommer vert, ou bien, lorsqu'il est clair-semé, maigre, droit et peu mêlé, la faux est l'instrument qui convient pour l'abattre ; lorsqu'il est haut, dru et fort, c'est la faucille dont il faut se servir. Tenant de la main gauche un crochet ou une baguette cintrée, le coupeur s'en sert pour séparer de la masse et réunir en un faisceau une portion de trèfle, autour de laquelle la faucille, tenue de la main droite, peut passer ainsi librement et détacher d'un seul coup, tandis que la faux resterait engagée même dans le trèfle coupé ; surtout lorsque le trèfle a versé, le meilleur faucheur ne sait par quel bout le prendre, et ne peut jamais donner un tour de faux entier. En outre , le coupeur à la faucille enlève le trèfle coupé tenu entre ses deux instruments , le retourne et en forme des andains réguliers et peu tassés, sans qu'il soit nécessaire de manier le trèfle au râteau , position dans laquelle il n'a besoin pour sécher que d'être légèrement retourné et dans laquelle le peu de feuilles qu'il perd restent renfermées dans les andains. Cette manière de couper le trèfle est générale depuis la Meuse jusqu'à la mer, et je me suis assuré qu'un ouvrier ayant une fois acquis une certaine adresse à manier la faucille n'est plus tenté de se servir de la faux. En Flandre on s'y prend de la même manière ; les andains se font très-légers et se disposent aussi régulièrement que ceux de la moisson. On les laisse pendant deux jours , puis on les rassemble deux à deux en les relevant l'un contre l'autre, de manière à ce que le côté de chacun qui était en dessous se trouve tourné en dehors. Après cinq à six jours , le trèfle étant sec, on le lie en bottes et on le rentre. On ne saurait disconvenir que cette pratique demande un peu plus de travail , mais aussi qu'elle est de beaucoup la meilleure, parce qu'il ne s'y perd pas une feuille de tréfle.

c. Fanage à la manière ordinaire.

On ne peut pas, comme l'herbe , promener çà et là le tréfle pour le faner. Plus on le remue , plus on lui fait perdre de feuilles , faute par suite de laquelle trop de cultivateurs ne rentrent que des tiges nues. Pour éviter cette perte, on laisse d'abord les andains intacts pendant un jour ou deux. On les retourne alors avec le manche d'un râteau, et le lendemain on en fait, avec une fourche, des tas pointus et très-légers. Un jour ou deux plus tard , ces petits tas doivent être retournés ; mais cette opération doit être faite avec beaucoup de précaution , par conséquent avec les mains. Lorsque la température est très-favorable, on peut, au bout de quelques jours, enlever le tréfle en cet état pour le rentrer ; lorsque le temps est moins favorable, il faut encore réunir trois à quatre de ces petits tas en un seul, en s'y prenant le matin de bonne heure, au moment même où la rosée disparaît. La règle principale, en faisant les petits et les grands tas, est de les faire aussi légers, aussi peu tassés que possible, de les soulever un peu le lendemain en y introduisant un manche de fourche ou de râteau, pour leur donner de l'air. Lorsque la température n'est pas par trop défavorable, ce fanage doit être terminé en six à sept jours.

Les petits et les grands tas doivent toujours être disposés en lignes parallèles assez espacées pour rendre faciles la circulation des voitures, le chargement et l'enlèvement. Autant que possible, il faut charger le matin, lorsque le foin de trèfle est encore un peu humide de rosée. Il ne faut pas se laisser détourner, par le seul aspect étiolé et de siccité imparfaite des tiges, de rentrer et d'engranger; elles ne sèchent jamais complétement que sous couvert, et ne causent aucun dommage dans l'intérieur de la masse.

Le fanage du trèfle est beaucoup plus difficile lorsque le mauvais temps persiste. Il faut alors plus d'attention encore, de soin et de travail, lorsqu'on veut que le foin reste bon. « La pratique à employer « reste, à la vérité, la même, dit Schmalz; seule- « ment, chaque fois que la pluie cessait pendant « quelques heures ou que l'air était un peu vif, je « ne manquais pas de faire retourner ou soulever « le trèfle, qu'il se trouvât encore en andains ou « déjà en tas. De la sorte, je suis toujours parvenu

« à l'empêcher de s'échauffer et n'en ai jamais
« perdu une seule voiture , même lorsque la pluie
« avait duré quinze jours et au delà. Lorsqu'il in-
« tervient une belle journée , il faut surtout se
« hâter de la mettre à profit ; quelques heures
« même , il ne faut pas les laisser échapper. Par
« une économie mal entendue, quelques cultivateurs
« ne gardent pas d'ouvriers pendant les jours de
« pluie et ne les ont pas sous la main lorsqu'il
« survient un bon moment. Ils se disent que quel-
« ques heures ne suffisent également pas pour
« sécher le trèfle , qu'il n'est bon à rien de mettre
« le côté mouillé à la place du côté sec. Mais ils ne
« songent pas que le trèfle restant longtemps à la
« même place, le dessous s'échauffe et moisit. »

Voici une manière particulière de traiter le trèfle,
qui est usitée dans le Norfolk , et que je crois devoir rapporter d'après Marshall. « Aussitôt que le
« trèfle est assez sec pour que la pourriture ne soit
« plus à craindre , on le met en tas assez grands
« pour que cinq à six puissent faire la charge d'une
« voiture. Ces tas restent sur place de huit à quinze
« jours; des pluies de peu de durée ne causent
« ainsi aucun tort au trèfle ; mais une pluie pro-
« longée lui fait perdre beaucoup de sa qualité.
« Malgré cela , les cultivateurs en général regar-
« dent cette pratique comme très-bonne.

« Ainsi entassé, le trèfle subit une espèce de
« fermentation ; le foin devient assez sec, cepen-

« dant pas tout à fait , ce qui est cause que le char-
« gement et le charriage lui font perdre moins
« de feuilles qu'il n'en perd lorsqu'on le fait à la
« manière ordinaire. »

d. Séchage sur bâtis.

La difficulté de prévoir la température et sa grande variabilité ; dans beaucoup de contrées, le défaut de vivacité de l'air , l'exposition et la pente défavorables de terrains étendus , les étés pluvieux augmentent les difficultés du séchage des trèfles; toutes ces circonstances, plus communes dans les pays de montagnes , y firent concevoir la pensée de sécher le trèfle sur des bâtis, auxquels, suivant leur forme et suivant les localités, on a donné des noms différents, tels qu'arbres, chandeliers, che-valets, cavaliers , etc. Comme nous avons introduit cette manière à la ferme expérimentale de Hohen-heim , je suis à même non-seulement d'en faire connaître l'emploi, mais encore de le recommander en connaissance de cause.

Chaque arbre ou cavalier (reiter) consiste dans une pièce solide , de 3 à 4 mètres de haut, taillée en pointe à son extrémité inférieure, percée d'un certain nombre de trous , forés dans des directions divergentes , dans lesquels on fiche de fortes chevilles de 60 à 70 centimètres de lon-gueur. On commence à faire ces trous à un mètre

environ au-dessus de la pointe du pieu , et on continue de 50 en 60 centimètres.

Pour placer ces arbres , on fait da-
bord un trou, avec un pal en fer, dans
lequel on les fiche et on les enfonce à
coups de maillet, pour les bien affermir
contre le vent ; on les dispose en lignes
espacées, de manière à laisser une libre
circulation aux voitures.

Pour les charger de trèfle à sécher, il
faut observer les règles suivantes :

1° Après l'avoir fauché ou coupé, lais-
ser le trèfle en andains , pendant vingt-quatre heures, afin qu'il se flétrisse.

2° Il ne faut pas entasser le trèfle sur les chevilles , mais l'y placer légèrement , en commençant
par celles du bas.

3° Il ne faut pas charger les arbres pendant la
pluie.

4° Il ne faut pas laisser pendre jusqu'à terre le
trèfle placé sur les chevilles inférieures, ce qui empêcherait l'humidité de s'évaporer assez promptement.

5° Pour que la dessiccation puisse se faire assez
promptement, il ne faut pas mettre plus de 100 kilogrammes de trèfle vert sur un arbre de 2 mètres
30 centimètres de hauteur au-dessus du sol.

Ces 100 kilogrammes de trèfle vert en donnent ordinairement 22 de foin de trèfle, après la dessiccation, et, d'après la charge de 100 kilogrammes de trèfle vert par arbre, il est facile de calculer le nombre d'arbres nécessaire pour le fanage d'un champ de trèfle d'une étendue donnée.

Je sais bien que la plupart des cultivateurs ne s'astreignent pas d'une manière rigoureuse à l'observation de ces règles ; mais l'expérience nous en a démontré la nécessité, et, dans la première année de l'emploi de ce procédé, nous avons eu une grande quantité de trèfle mal séché, qu'il a fallu mettre de nouveau au soleil. Au contraire, lorsque ces indications ont été ponctuellement suivies, lorsque les arbres ont été garnis avec soin, il n'y a plus à s'inquiéter de rien, et l'on est sûr d'avoir du trèfle parfaitement séché. On peut même laisser le foin de trèfle sur les arbres jusqu'à ce qu'une seconde coupe vienne rendre nécessaire de les débarrasser. Lorsque la seconde coupe doit être convertie en foin, l'emploi des arbres est encore plus utile et plus opportun, parce que la saison est plus avancée, les jours sont plus courts, et la dessiccation, par conséquent, d'autant plus difficile.

L'acquisition, la confection, la réparation et le renouvellement de ces arbres constituent une dépense assez considérable, surtout dans les contrées où le bois est à un prix élevé. A cette dépense, il faut encore ajouter celles du placement et du fanage. Aussi le total s'élève-t-il un peu plus haut que les frais de fanage suivant la pratique ordinaire, quand il n'est pas contrarié par la température. Cependant, dans les contrées soumises à des changements fréquents de température et dans les années où elle est généralement changeante ou pluvieuse, il importe assez de s'assurer la provision des fourrages d'hiver, pour qu'on se détermine facilement à une petite augmentation de dépense.

Dans les terres fortes, l'emploi des arbres présente quelques inconvénients assez graves; non-seulement il faut que les trous pour les recevoir soient ouverts avec un pal en fer, mais, comme on l'a déjà vu, il faut que chaque arbre soit encore enfoncé à l'aide d'un fort maillet en bois. Les coups de maillet appliqués sur la tête de l'arbre l'émoussent, la fendent et en détachent souvent des éclats assez grands. L'opération de les fixer est encore plus difficile lorsque le sous-sol est dur ou contient des pierres. En outre, les chevilles se cassent souvent par le chargement et le déchargement, dans le transport, et les réparations n'en finissent pas. Ces divers inconvénients me firent songer à chercher une autre forme de bâti plus facile à construire et à monter, plus durable et pouvant se tenir sans avoir besoin d'être enfoncé dans le sol. Le résultat a dépassé mes espérances; car non-seulement ces conditions se trouvèrent remplies, mais la dépense atteignit à peine à la moitié de celle des arbres, je veux parler des frais de fanage; quant à celle d'acquisition, de confection et d'entretien, si elle pouvait être égale, elle répondrait à une durée plus longue et à une conservation plus facile que celle des arbres.

Cette disposition, à laquelle j'ai donné le nom de *kleetraeger*, porteurs de trèfle, consiste dans des chevalets représentés par le trait que voici :

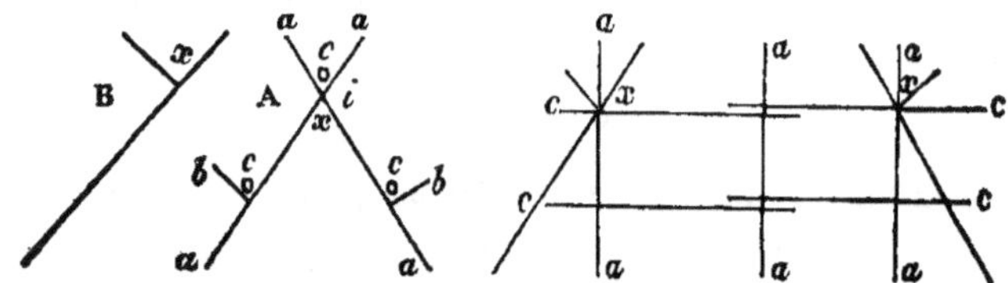

Deux pièces de bois, ou deux fortes perches *a a*, se croisent en *i*, et forment les jambes d'un chevalet ; *b b* sont deux chevilles fichées dans ces pièces de bois, ou fortes perches ; *c c c* sont des perches destinées à recevoir le trèfle et supportées par les chevilles et à l'intersection des jambes. Trois chevalets et six perches placées horizontalement forment ensemble un porteur. Comme il faut deux longueurs de perches horizontales et trois chevalets pour former un porteur, les perches mises bout à bout reposent en se croisant sur le chevet du milieu. Pour maintenir les chevalets dans leur position et les empêcher de verser d'un côté ou de l'autre, on soutien t les chevalets des deux bouts, chacun avec une fourche faite d'une pièce de bois, vers l'extrémité de laquelle on fiche une cheville, fig. B. Cet appui se pose assez incliné vers le chevalet, lui-même un peu incliné vers l'appui, de manière à ce que Ax repose sur Bx, en sorte que le chevalet semble avoir trois jambes, dont les pieds forment un triangle. Pour charger les porteurs de trèfle à sécher, on commence par les perches horizontales inférieures. Chargés, ils ressemblent à une voiture longue et basse, sous laquelle l'air peut circuler dans toute sa longueur. L'ouragan le plus impétueux serait difficilement assez fort pour renverser un de ces porteurs, chargé avec soin.

On comprend qu'il est facile d'augmenter la longueur de ces porteurs, en les composant d'un plus grand nombre de chevalets intermédiaires, ce qui permet d'employer un plus petit nombre de fourches d'appui. Les perches dont nous nous sommes servis jusqu'à présent n'étaient que de vieilles perches à houblon. On règle la distance entre les chevalets sur la longueur des perches. La longueur d'un des porteurs, auxquels se rapporte le calcul que je donne un peu plus bas, était de 8 mètres et quelques centimètres ; sa charge, de 120 kilogr. de foin. Je crois utile de donner ici la comparaison, sous le rapport des frais, de l'emploi des arbres et des porteurs, d'après l'expérience attentive que j'ai faite des deux procédés. Le calcul est établi sur la première coupe d'un hectare.

e. *Arbres.*

Pour porter la récolte entière, il a fallu cent soixante-dix-sept arbres *.

	Heures.	Minut.
Main-d'œuvre d'homme pour faire les trous.......	16	51
Main-d'œuvre d'homme pour enfoncer les arbres..	7	22
Main-d'œuvre de femme pour les charger........	89	33
Total du temps de main-d'œuvre...........	113	46 **

f. *Porteurs.*

Pour porter la récolte entière, il en fallut 32.

Il entra dans leur construction :

192 perches de 5 mètres de long;

96 chevalets de 1 mètre 65 centimètres de haut,

Et 64 appuis.

Pour monter les porteurs et les charger, il fallut en tout 47 heures 35 minutes de main-d'œuvre.

Il s'ensuit que le même nombre d'ouvriers font, à l'aide des porteurs, la besogne de 2 hectares et demi, pendant le temps nécessaire pour faire la besogne d'un hectare à l'aide des arbres. La supériorité des porteurs reste ainsi démontrée, abstraction

* Sur une autre pièce, dont le trèfle était également beau, il ne fallut que 140 arbres. Moyenne, 158.

** Burger ne compte, en moyenne, que 72 heures de main-d'œuvre d'homme et de femme par hectare.

faite de leurs autres avantages, qui consistent dans leur plus longue durée, leur transport plus facile et le moins d'espace qu'il faut pour les emmagasiner pendant l'hiver.

En admettant que le poids de la première coupe d'un hectare de trèfle soit de 30 quintaux métriques, la dessiccation d'un quintal à l'aide des porteurs revient à 1 heure 38 minutes de main-d'œuvre, base d'après laquelle chaque cultivateur peut évaluer assez exactement les frais du fanage.

Si je ne donne pas ici la description du procédé de Klappmeyer, c'est parce que, en ayant fait plusieurs fois l'expérience, je m'en suis toujours mal trouvé, et que la même chose est arrivée, à ma connaissance, à beaucoup d'autres.

§ 11. *Rendement et valeur.*

Les limites dans lesquelles s'exercent les influences du climat, et surtout du sol, sur le rendement, sont beaucoup plus étendues pour le trèfle que pour les céréales, et la bonne culture peut aussi les atténuer ou les développer dans une proportion moins sensible pour l'une que pour les autres. De là vient la différence extraordinaire entre les données sur le rendement du trèfle. A ces causes d'incertitude se joint une autre difficulté d'appréciation, en ce que le produit est rarement connu avec une exactitude rigoureuse, rarement pesé, presque toujours évalué par voitures, par à peu près, en ce qu'on fauche une fois plus tôt, une autre fois plus tard, et qu'on rentre à un état de siccité plus ou moins parfait.

Bien que j'aie sous les yeux de nombreuses données qui ne laissent pas que de mériter confiance, bien que les unes évaluent à 44 et les autres à 110 quintaux métriques le rendement des deux coupes, je ne me hasarderais pas à adopter une moyenne entre elles qui fixerait ce rendement à 77 quintaux métriques. Une moyenne de 50 quintaux métriques par hectare me paraît plus rapprochée de la vérité.

En 1824, à Hohenheim, la première coupe d'un trèfle semé dans de l'orge succédant à des pommes de terre a donné 34,4 quintaux métriques par hectare ; du trèfle semé dans de l'orge succédant à de l'épeautre, suivant la règle de l'assolement triennal, a donné, à la première coupe, 41,7. Quant à la seconde coupe, il m'est impossible d'en assurer exactement le rendement, des circonstances accidentelles ayant obligé à faire cette seconde coupe trois semaines plus tôt qu'elle n'aurait dû l'être. Je crois cependant être dans le vrai en l'évaluant aux deux tiers de la première. Ainsi la première pièce aurait rendu 62, et la seconde 69 quintaux métriques par hectare ; moyenne 65,5 *.

* En moyenne 4,700 livres par morgen wurtembergeois.

Comme le trèfle ancien perd de 75 à 80 pour 100 de son poids par la dessiccation, selon qu'il est fauché plus tôt ou plus tard, 50 quintaux métriques de foin de trèfle en représentent 250 de trèfle vert. En admettant qu'une vache mange 40 kilogrammes de trèfle par jour, et que la durée de la nourriture au vert soit de 150 jours, on trouve qu'un hectare suffit pour la nourriture de quatre vaches pendant cet espace de temps, ce qui concorde d'ailleurs très-exactement avec les observations faites par M. Dierexsen, aux environs d'Anvers.

Quelques économistes ont prétendu qu'il convenait d'attribuer au foin de trèfle une valeur supérieure à celle du foin des prairies ordinaires ; mais, abstraction faite des différences de qualités du foin de trèfle, suivant qu'il a été coupé avant, pendant ou après la floraison, suivant qu'il a été pris plus ou moins de précautions dans le fanage, pour éviter la perte des feuilles, il faudrait tenir compte des différences de qualités bien plus sensibles encore qui existent entre les foins de prairies naturelles, suivant les sols, les espèces d'herbes, les expositions et toutes les autres circonstances locales. Si l'on prend pour terme de comparaison le foin d'une prairie marécageuse remplie de prêle et de laiche, on peut admettre, sans courir risque de se tromper, qu'un quintal de foin de trèfle vaut mieux que 4 quintaux d'un pareil foin. Mais c'est là faire une comparaison qui pèche par ses termes. A mon sens, l'opinion du bailly Block est la seule juste. Il estime égaux en valeur le foin de trèfle coupé avant la fleur et le meilleur foin de prairies naturelles, le foin du trèfle coupé pendant la fleur et les foins de prairies naturelles de qualité ordinaire.

Quant à l'emploi comme fourrage, « tous les ani-
« maux, dit Schmalz, mangent très-volontiers le
« foin de trèfle ; les vaches qui en sont nourries
« et, en même temps, convenablement abreuvées
« se maintiennent en bonne traite ; le lait est de
« bonne qualité et de très-bon goût. Ce foin profite
« surtout très-bien aux brebis mères ; cette nourri-
« ture profite même aux agneaux avant la mise-bas;
« ils sont toujours plus grands, plus forts, mieux
« portants, quand les mères ont été à ce régime
« pendant la gestation. C'est au moyen du foin de
« trèfle que j'ai pu porter ma bergerie de 450 à
« 900 têtes. »

Il me reste encore à parler de l'usage établi dans une partie de la Westphalie, où une grande partie du trèfle est traitée à la manière de la choucroute, au lieu d'être convertie en foin. On coupe le trèfle en deux ou trois longueurs, on le met, par couches, dans des tonnes et on le tasse fortement avec les pieds ; on se sert aussi d'auges murées, ou seule-ment de réservoirs rendus imperméables avec de l'argile ; sur chaque couche de trèfle on répand un peu de sel; on couvre et on charge fortement le couvercle. Lorsque le trèfle ne fournit pas de lui-même assez de saumure, il faut ajouter de l'eau en quantité suffisante pour entretenir le liquide à 3 centimètres environ au-dessus du couvercle. A mesure que ce liquide s'évapore, il faut ajouter de l'eau, afin que la surface du trèfle et le couvercle même restent toujours couverts à la même hauteur. De cette manière, cette espèce de choucroute de trèfle, ou ce trèfle aigre, se conserve jusqu'à l'époque de la première coupe de l'année suivante. Mêlé avec de la paille hachée, même sans mélange, cette conserve est un excellent fourrage pour les vaches, avec lequel elles donnent beaucoup de lait. M. de Hoevel, dans le comté de Mark, m'a bien souvent assuré que, s'il pouvait se créer assez de réservoirs, il ne ferait jamais convertir de trèfle en foin et mettrait toute sa provision en conserve.

Pour apprécier complétement et sous tous les rapports l'utilité du trèfle, il faut encore faire entrer en ligne de compte sa propriété généralement reconnue d'améliorer, ou du moins d'engraisser le sol ; et, sous ce rapport, aucune plante ne saurait entrer en comparaison avec lui. L'esparcette et la luzerne produisent, à la vérité, le même effet ; mais seulement à la condition d'avoir occupé le sol pendant un temps beaucoup plus long. En 1825, nous enfouîmes à la charrue la troisième coupe d'un trèfle, alors qu'elle avait atteint la hauteur de 30 centimètres, pour semer de l'épeautre, dont la croissance ne fut que trop vigoureuse, bien qu'il n'arrivât qu'en cinquième portée, ou la quatrième année après la fumure. La rotation avait été : 1, navette fumée ; 2, épeautre ; 3, orge; 4, trèfle plâtré ; 5, épeautre; et une récolte d'avoine devait encore être prise au sol avant le retour de la fumure. Sans l'intercalation du trèfle, une pareille rotation eût été impossible ; peut-être ne l'eût-elle pas été, si on avait voulu prendre au trèfle une troisième coupe.

En Flandre, on sème souvent du trèfle dans le seul dessein de l'enfouir en automne. Comme, suivant l'opinion des Flamands, les pommes de terre passent pour épuiser beaucoup le sol, ils sèment, dans le froment qui leur a succédé, du lin ou du trèfle qu'ils enfouissent en automne, pour semer du seigle, pensant ainsi relever le sol de l'épuisement qu'il aurait éprouvé en produisant des pommes de terre. On regarde surtout cette pratique comme très-utile pour les sols humides que l'on suppose devoir être desséchés par le trèfle.

§ 12. *Production de semence.*

S'il faut choisir, pour porter graine, du trèfle vigoureux, il ne faut pas pourtant préférer celui qui est assez gras pour verser; celui-là fleurit sans cesse, et ses fleurs ne contiennent point de graine. Le sol sur lequel on élève la meilleure semence est un bon sol sablonneux, ou un pareil sol bien fumé.

C'est ordinairement à la seconde coupe qu'on fait porter graine, parce que la première, à cause même de sa vigueur, convient mieux à faire du fourrage et ne produit pas toujours une bonne semence. On choisit cependant de préférence les places sur lesquelles la première coupe a été faite de très-bonne heure, et au plus tard à la Saint-Jean, parce que, sur les plans fauchés plus tard, on court risque de ne pouvoir plus assez bien sécher le trèfle porte-graine en automne. Cependant, lorsque le trèfle n'est pas versé, lorsqu'il fleurit également, lorsque la température est favorable, on fait bien de destiner une portion d'une première coupe à porter graine ; car on ne sait jamais d'une manière certaine ce qu'il aviendra de la graine d'une seconde coupe. La graine, sur une première coupe, est déjà mûre au commencement d'août, et, par la chaleur ordinaire à la saison, on peut la battre sur place, en étendant des toiles par terre, pratique par laquelle la graine se détache le plus facilement.

On peut couper le trèfle porte-graine à la faux ; mais il vaut toujours mieux le couper à la faucille. On le laisse deux jours en andains, puis on le retourne une première fois avec précaution ; après deux, on relève. Sans les déranger et sans les lier, on pose trois ou quatre andains debout les uns contre les autres, et on les entoure, vers la tête, de quelques brins de paille, pour les assujettir un peu.

Si le vent renversait ce frêle édifice, il faudrait le relever avec soin, et le plus tôt possible, parce que l'humidité nuit beaucoup et très-promptement aux graines en contact avec le sol.

La pratique, assez généralement suivie en Flandre, de faire faire par des enfants la cueillette de la graine avant de couper le trèfle, est évidemment la plus sûre, parce qu'on peut ainsi la rentrer facilement pour la sécher et la mettre à l'abri des accidents de température ; mais cette pratique coûte un peu plus cher. Cependant, si l'on était obligé de prendre sa graine dans un champ infesté de cuscute, ou seulement de plantain, cette pratique de cueillir à la main, avant la coupe, serait la seule à employer, sous peine d'avoir de la graine mêlée de celle des mauvaises herbes. Cette pratique a encore un avantage pour le trèfle lui-même, qui, n'étant pas brisé par le fléau, reste meilleur et conserve au moins une bonne partie de ses feuilles.

Je crois faire chose utile à mes lecteurs d'ajouter ici les paroles de M. Elsner sur sa manière de traiter la récolte de semence de trèfle. « D'abord, dit-« il, je laisse mûrir complétement le trèfle, et j'at-« tends même que les grains soient tout à fait « formés, sinon bien secs, dans les fleurs les plus « tardives. Parmi les fleurs tardives, je ne com-« prends pourtant pas celles qu'une pluie survenue « après une longue sécheresse fait quelquefois pa-

« raître accidentellement sur des jets de côté, mais
« seulement les fleurs retardées de la floraison gé-
« nérale, qui ne commencent souvent à se montrer
« que lorsque le plus grand nombre commence
« déjà à mûrir. Le plus communément on n'attend
« pas ainsi la maturité des fleurs tardives, dans la
« crainte d'exposer les autres ; mais, à mon sens,
« on peut le faire sans danger et sans inconvénient.
« Au contraire, lorsqu'on se hâte de couper le
« trèfle porte-graine, il faut beaucoup plus de temps
« pour le sécher, à cause de la grande quantité de
« sucs qui se trouve encore dans les tiges. Quelque-
« fois la pluie vient encore lui faire subir une es-
« pèce de rouissage, et on perd alors beaucoup plus
« sur la semence des fleurs hâtives que si le trèfle
« était resté debout, et les fleurs qui n'ont pas mûri
« produisent un mélange de grains imparfaits, dont
« on a ensuite la plus grande peine à purger la
« semence. Mais, lorsqu'on laisse arriver la graine
« à une complète maturité, le trèfle sèche très-
« facilement. Il est rare que je sois obligé de lais-
« ser mon trèfle porte-graine étendu plus de trois
« à quatre jours, et le battage ne s'en fait pas moins
« avec une grande facilité. Lorsque les andains
« sont un peu séchés, on les met en quintaux. La
« dessiccation terminée, ce qui a lieu ordinairement
« en quatre jours, on rentre le trèfle sur des cha-
« riots garnis de toiles, pour l'engranger, autant
« que possible, au-dessus de l'aire, où on le laisse

« jusqu'au moment du battage *. Les fleurs se dis-
« posent, sur un plancher aéré, en couches de 40 à
« 45 centimètres d'épaisseur, où on les laisse jus-
« qu'à un froid sec et clair, moment favorable pour
« le battage, qui se fait de la manière suivante. Il
« est de règle de faire passer les fleurs douze fois
« sous le fléau, après quoi on passe au crible, en
« ne se servant que de cribles en laiton. Les mailles
« du premier crible doivent être de 16 millimètres
« carrés, celles du second doivent être d'un tiers
« plus serrées. Ce qui reste sur le premier et sur le
« second crible doit passer de nouveau sous le fléau.
« Pour cribler, il faut se placer dans un courant
« d'air, ce qui fait ressortir la graine déjà assez
« propre pour qu'elle puisse être parfaitement net-
« toyée en la faisant passer une dernière fois par
« un crible en crin. »

Le battage se fait bien plus facilement et plus
promptement, lorsqu'on le retarde jusqu'au printemps, et qu'on peut mettre, quelques heures avant,
les fleurs de trèfle au soleil ; mais on ne peut guère
attendre aussi longtemps pour battre les graines
destinées à être semées dans les céréales, et surtout
pour celles qu'on destine à la vente. Il pourrait être
plus avantageux de ne se servir que des graines de
l'avant-dernière récolte. Lorsqu'on a pris pour cela

---

* Pour de petites quantités, il vaut encore mieux battre la graine
aussitôt rentrée.

ses dispositions, on peut attendre pour le battage les beaux jours de mai, et choisir un beau soleil pour y exposer les fleurs avant de les battre : on peut alors les retourner plusieurs fois au soleil et diminuer de beaucoup le travail du battage. La graine est d'autant plus difficile à séparer de ses cosses, que le trèfle a été rentré moins parfaitement sec. Pour remplacer les cribles en laiton dont parle M. Elsner et dont tous les cultivateurs ne sont pas pourvus, on peut faire passer plusieurs fois la graine de trèfle au tarare.

De quelque manière qu'on s'y prenne pour dépiquer la graine de trèfle, c'est toujours un travail qui demande du soin et de la patience. Il serait à désirer qu'on imaginât un moyen plus expéditif, qui pourrait aisément s'établir dans les moulins et dans les fermes possédant un moteur quelconque. Le séchage artificiel des fleurs de trèfle dans les fours serait, sans doute, le moyen le plus expéditif et le plus sûr de rendre le battage facile ; mais ce serait aussi le plus chanceux. La qualité de la semence obtenue de la sorte serait toujours douteuse. La dessiccation dans des chambres fortement chauffées serait plus sûre, mais déjà beaucoup plus lente et plus coûteuse. Schweitzer indique, comme un moyen expéditif, le foulage dans les moulins à huile, mais il n'en fait pas connaître le procédé. On regarde comme très-propres à faire sortir la graine de trèfle les cylindres à dépiquer en usage en Hollande.

La paille du trèfle ayant porté graine n'a pas et ne peut évidemment pas avoir la valeur du foin de trèfle, comme fourrage, mais elle est au moins égale à celle des céréales. La balle est beaucoup meilleure que celle des céréales.

La question de savoir si le trèfle qui porte graine épuise davantage le sol, et s'il y a une réaction sensible en diminution de produit sur les récoltes suivantes, est résolue par les uns dans le sens affirmatif, et par les autres dans le sens négatif. Pour mon compte, j'ai rencontré plus de cultivateurs se prononçant pour la négative que pour l'affirmative. Des deux côtés, cependant, on prétend appuyer son opinion sur l'expérience. Une sorte de transaction pourrait être cherchée entre les opinions opposées, s'il ne s'agissait que de déductions tirées du raisonnement ; mais il s'agit de faits et d'observations, et la divergence ne peut provenir que de ce que les observations ne sont pas complètes. Cependant, à ceux qui soutiennent l'épuisement, on peut dire qu'il ne saurait être très-considérable; ou bien que, là où il a été en effet observé, il tenait en majeure partie et peut-être entièrement à des causes accidentelles, qui ne sauraient être partout les mêmes ; et dans ces causes il faut comprendre principalement :

a, La proportion de force se trouvant dans le sol;

b, Le plus ou le moins de convenance du sol à la production du trèfle ;

c, L'époque à laquelle a été faite la récolte de la graine.

Quant à l'accident *a*, on peut dire ce que j'ai dit de la navette. Quelque peu difficile que je la croie, qnelque peu exigeante que l'expérience me l'ait toutours montrée relativement à la proportion de force à trouver dans le sol, quelques personnes ne sont pas tout à fait sans raison persuadées du contraire; ce sont celles qui ont la prétention de demander des produits vigoureux à une terre absolument sans force.

Quant à l'accident *b*, on conviendra sans doute aisément qu'une terre doit être d'autant plus épuisée par une plante quelconque, que par sa constitution même elle conviendra moins à sa production, et *vice versâ*.

Quant à l'accident *c*, nous avons vu, dans une autre partie de cet ouvrage, que, pour que la réussite de la céréale pût être complète, il fallait que le trèfle pût être rompu trois semaines à un mois avant la semaille. Là donc, et dans les années où le trèfle ne peut être rompu qu'à la veille de la semaille de la céréale, parce qu'il a fallu attendre la maturité de la graine de trèfle, il manque par cela seul une des conditions de réussite pour la céréale.

Là où il est d'usage de fumer un peu le chaume de trèfle à renverser pour semer du froment, et là encore où l'on choisit la première coupe du trèfle pour porter graine, il n'est guère possible qu'on puisse remarquer une action quelconque en diminution de rendement du froment. Mais, quoi qu'il en puisse être, il est d'ailleurs une autre question à placer ici : c'est celle de savoir si 4 à 5 quintaux métriques de graine de trèfle, et c'est ce qu'il n'est pas rare d'en recueillir sur un hectare dans le pays de Clèves, ne suffisent pas, après déduction des frais de récolte, pour compenser la faible proportion possible d'épuisement du sol à résulter de la production de la graine ; ou bien encore cette autre question, de savoir si on peut raisonnablement appeler épuisement ce qui n'est réellement qu'une diminution de la force donnée au sol par le trèfle lui-même ou par ses détritus, force qui n'appartient pas au sol lui-même, et qui appartenait au trèfle seul. Est-ce, enfin, un reproche fondé à faire au trèfle que celui de prendre sa substance dans le sol pour la lui rendre augmentée, tout en augmentant les bénéfices du cultivateur ? Mais, comme parmi les soldats, il se répand aussi parmi les cultivateurs des terreurs paniques.

L'importance de la production de la graine de trèfle, en Flandre, ressort du calcul suivant : on évalue le produit total d'un hectare, en trèfle, à 470 francs. Lorsqu'on fait produire de la graine à

la seconde coupe, elle rend en moyenne 360 kilogr.
(à Lockeren, sur la Meuse, 550 à 560). Cette semence vaut 320 francs , auxquels , en ajoutant la
valeur de la première coupe , 270 francs , on a un
produit total de 590 francs, non compris la paille
de la coupe qui a porté graine et dont la valeur est
de 85 francs. Aussi les Flamands gagnent, à la production de la semence, 105 francs de plus par hectare qu'à la récolte des deux coupes comme fourrage.

La seule circonstance qui, dans la production de
la semence de trèfle, puisse être regardée comme défavorable est l'incertitude de la récolte, parce qu'il
ne faut que vingt-quatre heures de vent d'est ou de
nord-est pour faire avorter la fleur et détruire les
espérances les mieux fondées du cultivateur. Mais
quel tableau si magnifique, ici-bas, qui n'ait pas
son ombre ?

CHAPITRE II.

Trèfle blanc.

Si la destination particulière du trèfle rouge est
d'être coupé pour être consommé à l'étable, celle du
trèfle blanc est presque exclusivement d'être pâturé
sur place, et, sous ce rapport, aussi bien que sous
celui de sa semence, c'est une espèce précieuse. Il

n'existe peut-être, en effet, aucune plante qui, dans un terrain qui lui soit approprié, convienne mieux au pâturage que le trèfle blanc. J'ai rencontré, dans mes premiers voyages, deux contrées dans lesquelles sa culture peut être regardée comme la base de l'économie rurale; l'une sur le Rhin, au-dessous de Cologne, où il est consacré à la pâture des vaches; l'autre, le pays de Juliers, où il est affecté à la pâture des moutons et à la production de la graine.

Dans ces deux contrées, comme dans le comté de Mark, il ne manque pas de cultivateurs expérimentés qui préfèrent le pâturage du trèfle blanc à la nourriture à l'étable; elle occasionne moins de travail et de soins, exige moins de paille, et le sol n'en profite pas moins de toutes les déjections des animaux. Dans ce but, on sème le trèfle au printemps dans le seigle, et assez dru, puisqu'on emploie de 9 à 10 kilogrammes par hectare. Lorsque la récolte du seigle est enlevée, et, vers l'automne ou en automne, lorsque le trèfle est bien venu, on y met les bêtes à cornes, et, pour empêcher le désordre, on les parque ou on règle leur pâture en les attachant à des piquets. Au printemps suivant, on plâtre, et, aussitôt que la dent des animaux peut saisir le trèfle, on y met les vaches. Ainsi le cultivateur a de meilleure heure du fourrage vert, et le trèfle a plus de temps pour repousser. Ce pâturage au trèfle se prolonge pendant tout l'été, jusqu'à ce qu'on puisse faire passer les animaux sur les chaumes des céréales, époque à laquelle on renverse les trèfles. Pendant le pâturage sur les chaumes, le trèfle de l'année a le temps de se développer et sert de pâturage d'automne, jusqu'au moment où commence la nourriture aux racines, d'abord les navets. Il faut prendre quelques précautions en faisant pâturer en automne les jeunes trèfles, parce que, par un temps sec surtout, cette nourriture peut devenir nuisible. On trouve généralement plus avantageux de n'employer ce pâturage que pendant une année, parce que dans la seconde année le chiendent envahit trop facilement les trèfles.

C'est sans doute un système de culture qui mérite une attention particulière que celui qui dispense de porter du fumier sur les champs, qui économise une grande quantité de paille, qui réserve le trèfle rouge converti en foin pour la nourriture d'hiver, et qui rend superflus les prairies naturelles et le foin d'herbes. Aussi ce système se fait-il chaque jour de nouveaux partisans, et beaucoup de cultivateurs qui, depuis vingt ans, n'avaient pas laissé sortir leur bétail des étables, ont-ils commencé à se faire des pâturages de trèfle blanc et s'en trouvent-ils tous les jours mieux. Au contraire, d'autres cultivateurs des mêmes pays, abandonnant aussi la nourriture à l'étable, pour mettre leur bétail au pâturage, non cependant sur leurs terres, mais sur des prairies et des pâturages naturels, se sont très-mal trouvés de ce changement, et ont vu décroître sensiblement la fertilité de leurs terres. Il y a là une leçon à mettre à profit par les cultivateurs qui ne nourrissent pas à l'étable et qui se contentent de mettre leurs vaches laitières sur des prairies sèches ou sur de mauvais pâturages. Elle doit leur apprendre qu'il vaut infiniment mieux mettre la charrue dans ces prairies, se créer dans leurs terres des pâturages artificiels et avoir quelques champs de plus sur lesquels il ne faille pas toujours porter du fumier.

Ceux qui ne sont pas pourvus d'une assez grande étendue de pâturage de trèfle blanc rentrent leur bétail sur le midi à l'étable pour lui donner, à cette heure et le soir, un repas de trèfle rouge. Ceux qui le peuvent entourent leur pâturage de trèfle d'une barrière faite avec des perches et donnent un gardien à leurs bêtes, qu'on n'attache pas alors à des piquets. Un hectare suffit, avec ces précautions, dans les bonnes parties du comté de Mark, à la nourriture de six vaches laitières.

Dans les pays où, comme dans une partie de celui de Juliers, l'élève des moutons est une branche importante de l'industrie agricole et où leur sustentation est principalement fondée sur le trèfle blanc, on cherche à tirer de cette plante un bénéfice accessoire, en produisant de la graine, qui fait l'objet d'un commerce assez considérable. On ne laisse, par conséquent, les moutons au pâturage sur les trèfles qu'aussi longtemps que cela ne peut pas nuire à la production de la graine; ordinairement jusqu'à la Saint-Jean.

On sème le trèfle aussi bien dans les céréales d'été que dans les céréales d'hiver, mais avec plus d'avantage, sans doute, dans les dernières, soit parce que le sol doit se trouver encore plus en force, soit parce qu'on laboure plus profondément pour les céréales d'été, et que le trèfle blanc pousse d'abord une racine pivotante assez longue. Lorsqu'on veut qu'il réussisse bien, il faut avoir soin que le sol ait été bien délité. Ce qui fait le plus de bien au trèfle, c'est de répandre de la cendre au moment de la semaille.

Lorsque la maturité de la semence est assez avancée, on coupe le trèfle et on le laisse en andains jusqu'à ce qu'il soit sec. On le réunit ensuite en petits tas, pendant la rosée, et on le laisse ainsi jusqu'au moment de le rentrer. Lorsqu'il survient du mauvais temps, on réunit plusieurs petits tas en un seul. Une pluie prolongée ne nuit pas à la qualité de la semence, mais bien à celle de la balle et de la paille. La balle surtout est un excellent fourrage; échaudée, on la préfère même aux tourteaux d'huile. On bat pendant la gelée. La graine du trèfle blanc se détache plus facilement que celle du trèfle rouge. Lorsqu'elle réussit, le rendement est très-considérable, plus considérable même que celui du froment le mieux venu. Un hectare peut donner plus de cinq hectolitres de graine. A. Young en évalue la valeur vénale de 450 à 850 francs par hectare.

Les cultivateurs qui n'entretiennent pas de moutons sont assez ordinairement dans l'usage de convertir la première coupe en foin et de réserver la seconde pour porter graine *. Lorsque le trèfle blanc a été mis dans un sol convenable, sa première coupe rend pour le moins autant en quantité et un fourrage sec de meilleure qualité que la première coupe du trèfle rouge. Il convient également de plâtrer au printemps. L'application du plâtre améliore sensiblement le sol, alors même qu'on convertit la première coupe en foin et qu'on fait porter graine à la seconde. Le froment aussi bien que le seigle succèdent avec avantage au trèfle blanc, à la condition, toutefois, qu'il ne soit pas renversé trop tard.

Mais celui-là se trompera infailliblement, qui comptera sur les mêmes avantages, en mettant du trèfle blanc dans un sol épuisé, par exemple dans de l'avoine en assolement triennal, au lieu de le mettre dans une céréale en première portée. Un cultivateur, entendant l'économie de la sorte, trouvera dans ses soles-jachères de maigres pâturages pour les agneaux, mais il peut faire son deuil à l'avance du foin et de la graine de trèfle. 1, jachère ; 2, seigle ; 3, trèfle rouge ; 4, froment ; 5, pâturage de trèfle blanc ; 6, seigle, froment ou avoine, con-

* On peut également faire porter graine à la première coupe, et traiter ensuite le sol en jachère.

stituent une rotation assez bien combinée pour une exploitation sans prairies naturelles, n'ayant pas un sol trop sec et trop sablonneux. Dans un sol plus riche et plus doux, on peut mettre, la première année, des pommes de terre et, la seconde, de l'orge.

On peut suivre avec avantage une autre pratique pour l'emploi du trèfle blanc. On le sème au printemps, dans une céréale d'hiver; après la récolte de la céréale, on laisse croître un peu le trèfle, puis on le fait pâturer et on renverse le chaume aussitôt après; on se prépare de la sorte pour l'année suivante la plus belle récolte possible de céréales d'été. Cette pratique, usitée dans les excellentes terres du Hellweg, dans le comté de Mark, ressemble à celle du Palatinat, qu'on trouve surtout suivie dans les environs de Landau, à cette différence près, qu'on se sert du trèfle rouge pour arriver au même résultat. Elle a également une certaine analogie avec la pratique de semer des vesces à enfouir entre les céréales d'hiver et d'été, usitée dans les environs de Manheim et de Heidelberg.

« L'espèce connue dans le pays de Clèves sous le
« nom de trèfle blanc sauvage doit prendre de
« plein droit son rang, dit Lobbes, parmi les prin-
« cipales espèces fourragères; car, encore bien qu'il
« ne puisse être fauché ni consommé à l'étable,
« mais qu'il ne puisse être que pâturé, sa culture
« exige moins de frais, il est d'autant moins diffi-
« cile sur la nature du sol, et a, par conséquent,

« certains avantages, même sur le trèfle rouge. Sup-
« posé que l'on sème du trèfle blanc de l'espèce,
« dans une terre en seconde portée, par conséquent
« dans l'avoine maigre; si le trèfle réussit, le mor-
« gen hollandais suffit à la nourriture d'été de trois
« vaches laitières et un hectare en nourrirait sept.
« Le chaume de ce pâturage se rompt en automne,
« comme celui du trèfle rouge, par un seul labour,
« et on y sème, avant la Saint-Michel (une semaille
« qui ne serait pas assez enracinée avant l'hiver péri-
« rait au printemps), du seigle, sans fumure, qui de-
« vient cependant plus beau et rend plus que le seigle
« fumé. Puis viennent de la spergule et de l'avoine
« sans fumure. Lorsqu'on sème le trèfle blanc dans
« du seigle fumé, on fait succéder encore une fois du
« seigle et c'est celui de tous qui rend le mieux au
« boisseau. A ce seigle succède de l'avoine et à celle-
« ci du sarrasin, le tout sans fumier. »

Cependant, et pour ne pas faire naître des espérances exagérées, je dois rappeler ici que Lobbes
entend toujours parler d'un excellent sol sablonneux,
entretenu en bon état d'engrais, à la manière du
pays de Clèves.

Que le trèfle blanc soit encore plus nourrissant et
plus recherché par les animaux que le trèfle rouge,
c'est un fait généralement reconnu; mais que son
usage n'expose point au danger de la météorisation,
c'est un préjugé également reconnu.

Trèfle-mélilot.

Je n'aurais point parlé de cette espèce, si elle n'avait trouvé tout récemment encore des prôneurs. En agriculture aussi, on réchauffe le vieux, quand on n'a pas du nouveau. Le trèfle-mélilot donne un fourrage d'une odeur forte, il épuise beaucoup le sol, et il convient beaucoup plus aux abeilles qu'aux bestiaux. C'est tout ce que je puis en dire avec vérité, qu'il soit blanc, jaune ou violet.

Trèfle incarnat.

C'est là encore une espèce que je ne mentionne que pour mémoire et parce qu'il en a été question depuis quelques années dans la partie méridionale de la Suisse. Cette plante, originaire du Midi, ne saurait que difficilement s'accommoder à nos hivers. D'ailleurs, elle ne peut être considérée que comme un fourrage à pâturer, parce qu'elle s'étiole et meurt lorsqu'on la laisse produire des fleurs. En outre, elle est bien moins agréable aux bestiaux que les autres espèces et donne moins de lait. On la sème aussitôt après la récolte des céréales d'hiver, et elle peut encore être pâturée dans le même automne. Toujours faut-il semer avec elle une plante destinée à protéger sa première croissance. Le plus grand des mérites qu'on attribue au trèfle incarnat, c'est qu'il est là au printemps une huitaine de jours avant la luzerne. Comme il évacue, par conséquent, le terrain de bonne heure, on peut lui faire succéder en mai des pommes de terre ou des betteraves. Il ne peut donc, en définitive, avoir une utilité réelle que comme plante intercalaire ou de seconde récolte.

CHAPITRE III.

Luzerne.

Il serait tout aussi difficile d'ajouter quelque chose aux panégyriques exagérés qui ont été publiés pour exalter les avantages de cette plante, que de vouloir en rabattre, sans s'exposer aux plus vives attaques de ses prôneurs. Cependant, *est modus in rebus,* et le *modus,* il ne faudrait jamais en sortir, ni en faveur de ses amis, ni au détriment de ses ennemis.

La valeur d'une chose s'apprécie le plus ordinairement et le plus justement par les résultats, et, en agriculture, les résultats sont dans une grande dépendance des conditions de sol, de climat, de pratique, etc. Comme ces conditions ne sont pas partout les mêmes, la même chose ne peut pas avoir partout les mêmes résultats, ni par conséquent la même valeur. Cette échelle si simple, si facile à établir, on n'en néglige que trop souvent l'application en économie rurale. Il est fort bien de s'en faire une, en la graduant sur ses conditions particulières ; mais c'est errer infailliblement que de vouloir l'appliquer à d'autres conditions, sans examiner la différence des rapports de certaines conditions entre elles, et c'est folie surtout de vouloir, d'autorité, rejeter l'expérience d'autrui, parce qu'elle ne s'accorde pas à notre échelle, ou regarder comme inexacte l'échelle adoptée dans des conditions opposées. Qu'on me pardonne ce bavardage, applicable d'ailleurs à beaucoup d'autres objets encore qu'à la luzerne.

« On a déjà écrit des volumes sur la luzerne, dit « Arthur Young. Les bonnes gens croient qu'il « suffit de les lire, pour être parfaitement éclairé « sur ce sujet important. Mais les opinions déve- « loppées et soutenues dans ces nombreux volumes « sont si contradictoires, qu'après les avoir lus on « est encore plus embarrassé qu'avant. Je ne cher- « cherai donc pas à débrouiller toutes ces énigmes. « J'aime mieux dire tout simplement ce qu'il faut « faire pour avoir de bonne luzerne. »

Je vais essayer de tenir de mon mieux la promesse d'Arthur Young, en évitant, autant que possible, le reproche qu'il adresse à ses devanciers.

§ 1. *Climat.*

La luzerne est pour l'Europe méridionale ce qu'est le trèfle pour l'Europe centrale, et cependant il est surprenant que sa culture ne soit pas plus étendue, même dans le Midi. Connue et estimée des anciens Romains, sa culture disparut au temps où tomba leur puissance. « A peine, dit « Mathioli, rencontre-t-on quelqu'un en Italie « qui connaisse la luzerne, bien qu'anciennement « cette plante ait été presque partout cultivée pour « nourrir le bétail. » Crescentio, qui écrivait en 1478, n'en mentionne pas même le nom, et Tull, qui parcourut l'Italie en 1711, affirme n'avoir pas trouvé de luzerne au delà des Alpes. Sa culture ne paraît s'être maintenue que dans le midi de la France, d'où elle s'est avancée plus loin vers le nord.

Bien que cette plante, originaire de la Médie, aime les climats chauds, bien qu'elle supporte même un climat brûlant, elle ne s'en accommode pas moins d'une température moins élevée, et on la trouve aujourd'hui très-répandue dans l'Allemagne méridionale, plus loin même, et dans les années qui lui sont propices, celles qui sont plus chaudes et sèches que fraîches et humides, dans les sols qui lui conviennent, elle est d'un produit très-considérable. On la rencontre moins souvent en Angleterre qu'en Allemagne, et on ne la rencontre pas du tout dans les Pays-Bas. Ainsi, dans les nombreux voyages que j'ai faits pour étudier cette dernière contrée, je n'ai découvert qu'un seul petit champ de luzerne, appartenant probablement à quelque agronome théoricien; et, si la luzerne ne se rencontre pas dans un aussi beau pays, chez des cultivateurs aussi industrieux et aussi intelligents, qui ont doté notre continent du tréfle, il faut bien en conclure qu'ils se sont mieux trouvés de ce dernier, ou qu'ils ont reconnu que leur climat et leur sol ne convenaient pas à la luzerne. Dans les pays du Rhin, particulièrement dans ceux qui ont des vignobles, on la rencontre assez souvent sous le nom de tréfle perpétuel, *Ewiger-Klee.* Mais, là aussi, sa culture s'en va toujours se restreignant.

Dans les années fraiches et humides, le produit de la luzerne, comparé à celui du tréfle, est presque nul; le contraire arrive dans les années où le tréfle souffre de la sécheresse.

§ 2. *Sol.*

Ce n'est pas sans raison qu'Arthur Young trouve plus facile d'énumérer les conditions de sol qui ne conviennent pas à la luzerne que celles qui lui conviennent. Dans les sols qui ne conviennent pas à la luzerne, il faut ranger toutes les terres qui retiennent longtemps l'humidité, soit dans le sol, soit dans le sous-sol. La plante souffre, si elle ne meurt, aussitôt qu'elle atteint une couche humide. Par cette raison il ne faut pas tenter de faire venir de la luzerne dans des endroits fangeux, marécageux, dans des terrains tourbeux, sur des couches argileuses de peu d'épaisseur reposant sur du roc. Tout aussi peu faut-il le tenter dans les sables arides et dans les argiles tenaces. Entre ces extrêmes, la luzerne ne refuse pas de prospérer dans les sols sablonneux, dans les sables argileux, dans les argiles sablonneuses, pourvu que le sol soit assez profond. Le trèfle se contente d'une épaisseur moyenne de couche végétale ; la luzerne exige une profondeur beaucoup plus grande. Pour le trèfle, c'est la qualité du sol qui importe le plus ; pour la luzerne, c'est celle du sous-sol. Le trèfle trouve ses sucs plus près de la surface, la luzerne va les chercher à une grande distance au-dessous.

Le terrain propre à la luzerne est celui qui réunit ces nombreuses conditions : d'être plus sablonneux qu'argileux ; plus léger que lourd ; riche, profond surtout, contenant une certaine, même une forte proportion de gravier. « Une argile sablon-
« neuse, fertile, profonde, reposant sur un sous-sol
« calcaire, dit Arthur Young ; une terre marneuse,
« blanche et sèche ; un sable riche et profond ; un
« gravier marneux ; ce sont là autant de sols conve-
« nables à la luzerne. En un mot, cette plante réussit
« dans tous les sols assez substantiels pour le fro-
« ment et en même temps assez secs pour toutes les
« racines à binages. »

Que le sol le plus profond soit le plus favorable à la luzerne, c'est ce que démontrerait au besoin l'observation du naturaliste Bonnet, qui a recueilli sur les bords de l'Arve un plant de luzerne dont la racine pivot avait 66 pieds de long (20 mètres).

Bien qu'Arthur Young assure qu'on peut regarder comme propre à la luzerne un sol assez substantiel pour le froment et bon pour les racines binées, j'ai appris malheureusement, par expérience, le contraire. Alors, zélateur passionné de la luzerne, j'ai entrepris, il y a aujourd'hui une trentaine d'années, d'en introduire la culture dans une contrée où elle était inconnue. Cette entreprise fut conduite et soutenue avec un zèle, une précaution, une application, une persistance dont je ne serais plus capable aujourd'hui, et, je puis le dire, avec une intelligence, une étude auxquelles le temps ne m'a pas rendu capable de rien ajouter, avec des moyens que je ne trouve pas encore à critiquer. Le sol avait été mis dans l'état de force et de propreté qu'avaient pu lui donner une fumure à raison de 114 voitures à quatre chevaux par hectare et deux années de culture la plus soignée de plantes binées. Le champ était un des meilleurs de l'exploitation ; pas d'eau souterraine qui pût gâter le sous-sol, pas d'eau supérieure qui pût s'arrêter à la surface et gâter le sol. L'exposition était abritée du nord et ouverte au midi. La qualité de terre était la même à une grande profondeur ; point de couches pierreuses ni glaiseuses, très-bonne pour le froment, le seigle, l'orge, l'avoine, etc. La luzerne réussit ! Dès la première année après la semaille, elle fit l'admiration de tous mes voisins ; la seconde, elle fut ma joie et mon orgueil ; la troisième, ce fut le tour du désappointement ; il fallut la défoncer. — Le sol était argileux, mais une culture séculaire n'en avait rendu fertile que la couche supérieure ; elle n'avait pu réchauffer l'argile inférieure, non calcaire, la déliter, l'ameublir, la rendre perméable aux longs pivots de la luzerne. Ils pénétrèrent jusque-là et s'arrêtèrent ; leur action s'arrêta bientôt aussi et avec elle la vie de la luzerne, qui ne fut pas plus longue que celle qu'aurait pu atteindre le trèfle rouge à la même place.

L'opinion qui résulte de cette expérience est aussi celle qu'émet Burger. « Le sable marneux, dit-il, « est le sol qui, chez nous, convient le mieux à la « luzerne. Je l'ai vue prospérer assez bien dans les « terrains argileux et sablonneux ordinaires, mais ja- « mais je ne l'y ai vue très-vigoureuse ; c'est dans les « sols contenant de la chaux qu'elle se montrait gé- « néralement le mieux à sa place. Souvent je l'ai vue « ne végéter que faiblement dans des terres fertiles « et y dépérir dès la troisième ou la quatrième « année.

« Le sous-sol, continue-t-il, ne paraît pas avoir « une influence essentielle sur la réussite et la durée « de la plante, pourvu qu'il ne contienne pas d'eau « et ne consiste pas en roc ou en argile à poterie. « J'ai sous les yeux une luzernière de quinze ans « qui, sous une couche végétale de terre franche sa- « blonneuse de 20 centimètres, mêlée de beaucoup « d'humus, a rencontré un sous-sol de 8 mètres de « profondeur, de gros gravier, qu'une exploration

« a fait trouver pénétré et enlacé dans toute sa pro-
« fondeur par les racines de la luzerne. » Cette expérience est confirmée par plusieurs autres présentant le même résultat. Mais que le savant auteur
du passage que je viens de rapporter me permette
cette remarque, que son expérience même est en
contradiction avec l'opinion qu'il émet, que l'influence du sous-sol n'est pas décisive ou essentielle
pour la luzerne. Cette expérience démontre, à mon
sens, que de la nature du sous-sol dépend absolument la durée de la luzerne, condition principale
de tous les avantages qui lui sont attribués. Moins
le sous-sol est compacte, plus librement et plus longtemps les longues racines de la luzerne peuvent y
continuer leur croissance, plus et plus longtemps
aussi elles peuvent contribuer à celle de la plante,
en lui apportant une nouvelle nourriture, qu'elles
vont chercher toujours plus loin de la surface. De
cette nature du sous-sol, plus ou moins accessible
aux racines, et de la plus ou moins grande profondeur à laquelle se rencontre l'humidité, me semble
dépendre, beaucoup plus directement que de toute autre circonstance, l'existence plus ou moins prolongée
de la luzerne. L'existence d'une forte proportion
d'humus dans la couche végétale peut bien suffire
pour donner la première impulsion à la végétation
de la luzerne et la soutenir pendant les premières
années, mais ne saurait exercer la moindre action
pour prolonger son existence au delà ; elle devrait,

au contraire, exercer une action opposée en faisant naître spontanément une grande quantité de plantes parasites.

§ 3. *Préparation du sol.*

Autre chose est d'avoir seulement de la luzerne, autre chose d'en avoir de la bonne. Une réussite complète est ici bien plus importante encore que pour le trèfle. Pour celui-ci, les avantages et les inconvénients ne s'étendent que sur une année; pour celle-là ils embrassent une période d'un assez grand nombre d'années. Si quelques auteurs ont poussé les prescriptions relatives à la préparation du sol jusqu'à une exagération ridicule, quelques autres les ont aussi traitées trop légèrement, de telle sorte qu'en suivant leurs indications on pourrait bien produire de la luzerne, mais non de la bonne luzerne. La luzerne, dit-on, vient comme la mauvaise herbe. Cela est vrai, mais elle ne dure pas plus longtemps que les mauvaises herbes qui n'ont pas de racines traçantes, et ne se reproduit pas comme elles.

Ameublissement, propreté et défoncement profond du terrain sont les conditions qu'il faut accomplir quand on veut bien préparer le sol pour la luzerne.

L'ameublissement doit faciliter à la plante, dans sa première croissance, le moyen d'aller chercher en tous sens les sucs nécessaires à son développement;

car, encore bien que la direction de la première et unique racine qui devient le pivot de la plante soit verticale, il se forme, dès l'instant où la première feuille est sortie du germe, un nombre indéfini de radicules qui se projettent horizontalement autour de la racine à mesure qu'elle s'allonge, ainsi que cela s'observe pour le trèfle, mais avec cette différence que, à âge égal, le pivot du trèfle est beaucoup plus grêle, celui de la luzerne, au contraire, ainsi que les radicules latérales, beaucoup plus forts. C'est avec surprise que j'ai remarqué, pour la première fois aussi, que, au même âge, le pivot du trèfle blanc était beaucoup plus long que celui de la luzerne, et, avec plus de surprise encore, que le pivot de cette plante rampante ne se bifurquait jamais, ce qui semblerait devoir être la conséquence de son port, de son caractère de plante rampante *.

Le nettoiement du sol, surtout des mauvaises herbes se reproduisant par les racines, est la seconde condition indispensable si l'on ne veut pas que les parasites viennent prendre la place de l'hôte convié et lui enlever la meilleure part de la substance préparée pour lui. Quant aux mauvaises herbes qui ne se reproduisent que par la semence, on ne peut jamais en purger complétement le sol. En petite

---

* Il paraît que le premier besoin des plantes à racine pivotante est plutôt l'humidité que la sustentation ; de là leur première direction verticale.

quantité elles ne sont même pas nuisibles, et font l'office d'une plante qui aurait été destinée à protéger la première croissance de la luzerne ; elles disparaissent, d'ailleurs, après le premier passage de la faux et cèdent la place à la luzerne. Quant au chiendent et aux herbes proprement dites, ils demeurent et se multiplient avec le temps, et là où ils sont une fois établis, c'en est fait de la durée de la luzerne. Quant au chiendent, pas un bon cultivateur ne s'en laissera envahir à quelque prix que ce soit. Quant aux herbes, j'ai cru qu'à force de soins et de travail il était possible d'en débarrasser la luzerne ; je les ai fait enlever, avec de petites binettes, entre les plants de luzerne : les eussé-je fait arracher une à une avec des crocs, avec des tire-bouchons, cela n'eût servi à rien.

Il serait sans doute superflu de reproduire ici les pratiques au moyen desquelles on nettoie le sol, soit par la jachère, soit par la culture des plantes sarclées. Le meilleur moyen, sans doute, est la répétition, pendant deux années de suite, de cultures à binages. Il est plus facile, quelque moyen qu'on emploie, d'empêcher la venue des mauvaises herbes que de les détruire quand elles sont venues. Chaque centime dépensé pour prévenir est une économie de cinq centimes qu'il ne manque pas d'en coûter pour n'avoir pas prévenu, et lorsqu'il faut extirper les mauvaises herbes qu'on a laissées venir.

Le défoncement profond est la troisième condi-

tion que je regarde comme absolument nécessaire ;
mais cette profondeur doit avoir, comme toute
chose, sa mesure et ses limites, si l'on veut que la
plus belle luzerne puisse en couvrir les frais. Un
double labour est chose qu'on peut faire sans y regarder beaucoup ; il n'en est pas de même d'un double coup de bêche ; le premier se fait avec deux
charrues se suivant dans le même sillon ; le double
béchage est une opération beaucoup plus longue et
plus coûteuse. L'emploi de la charrue à défoncer
fait, à moitié moins de frais, l'effet du double béchage.
L'application du double labour et de la charrue à
défoncer est éminemment utile à la luzerne, et si
on s'y détermine pour les carottes, à plus forte raison ne doit-on pas hésiter pour la luzerne ; c'est une
dépense qu'on peut compter voir rentrer avec inté-
rêts. Il faut prendre pour règle que *le défoncement
doit être d'autant plus profond et qu'il est d'autant plus utile que le sous-sol est moins convenable
à la luzerne.* Il ne faut pas craindre de ramener à
la surface de la terre non végétale, parce que tous
les trèfles aiment les sols vierges, et savent très-bien
aller chercher la terre végétale à quelque profondeur qu'on l'ait fait descendre. Après un double
labour bien donné, cette excellente pratique des
Belges, on peut même mettre de la luzerne dans une
terre infestée de chiendent. Si on s'est servi d'une
charrue belge et si elle a été bien conduite, on peut
être sûr que le chiendent ne se montrera pas dans la
luzerne.

En s'y prenant bien, on peut même remplacer de mauvais prés par des luzernières. Il y a, en effet, beaucoup de prairies sèches à une seule coupe, par conséquent très-peu productives, auxquelles on peut faire produire bien davantage en y faisant venir de la luzerne. Dans ce but, on renverse le gazon après la récolte du foin, ou du moins en automne, on laboure de nouveau au printemps, et on plante des pommes de terre ou toute autre plante demandant plusieurs binages pendant l'été ; puis je conseillerai de donner un labour profond, et encore un double labour pour ramener du sous-sol à la surface, y mettre ainsi une terre plus nette de mauvaises herbes que la couche naguère encore en gazon, dans laquelle on ne manque pas de trouver autant de mauvaises herbes la seconde année qu'il paraissait y en avoir peu la première après le labour. On sème avec la luzerne une herbe propre à être pâturée, qui contribue à défendre la place contre les plantes parasites.

§ 4. *Engrais.*

Fumer immédiatement pour la luzerne, c'est certainement de l'engrais mal appliqué, et favoriser autant, pour le moins, les mauvaises herbes que la culture principale ; car, apporter du fumier, c'est apporter aussi des germes et des graines de plantes parasites. Il faut donc se réserver une année, et mieux encore deux, entre la fumure et la luzerne, pour bien nettoyer le champ qu'on lui destine. Si le champ est bon et en bon état (et qui voudrait confier de la luzerne à un autre champ?), il ne faut pas de fumier pour la semaille; la tension de la luzerne se dirige de très-bonne heure vers le sous-sol, jusqu'où l'engrais ne pénètre pas. Une bonne fumure donnée à la dernière, et encore mieux à l'avant-dernière culture binée, est, sans contredit, la mieux placée.

§ 5. *Epoque et manière de semer. Semence.*

On sème la luzerne depuis la mi-avril jusqu'à la Saint-Jean, et on peut semer encore en été, si la sécheresse n'y met pas obstacle; je ne fais aucun doute qu'on ne puisse même la semer en mars, dans le seigle, comme on pourrait semer du trèfle. Le choix de l'époque plus tardive de mai et de juin présente cet avantage qu'on peut laisser le temps aux mauvaises herbes de semence de lever au printemps, et se ménager ainsi le moyen de les détruire avant la semaille de la luzerne. En semant de bonne heure, il faut nécessairement le faire sous une autre plante qui garantisse la luzerne des gelées de printemps, qui sans cela la détruiraient.

Beaucoup de cultivateurs soutiennent que la luzerne doit être semée seule pour avoir assez de place; mais cela n'est nullement nécessaire, et cela entraîne plus d'inconvénients que cela ne procure d'avantages. La plante protectrice garantit la jeune luzerne d'abord contre le froid, plus tard contre la sécheresse et la trop grande chaleur ; elle écarte beaucoup de mauvaises herbes, assure contre la voracité des insectes, et donne par elle-même, la première année, celle dans laquelle le produit de la luzerne est insignifiant, un produit satisfaisant. Toutes les plantes dans lesquelles on a coutume de semer le trèfle conviennent aussi pour la luzerne ; celles auxquelles je donnerais la préférence, suivant le résultat de mes nombreuses observations, sont le lin venu après des pommes de terre, et le sarrasin ou les vesces semées pour être consommées en vert. Lorsqu'on veut laisser venir à maturité les céréales destinées à protéger la luzerne, il faut, en les semant, n'employer que la moitié de la proportion ordinaire de semence.

Les Anglais, si disposés à adopter les pratiques qui ont un caractère de singularité, ont essayé de semer la luzerne en lignes, d'abord à 50, puis à 25 centimètres d'intervalle. Si quelqu'un est, comme les Anglais, amateur de l'extraordinaire, s'il est pourvu de bons instruments à sarcler et à biner, d'un terrain sec, meuble, léger, bien convenable à la luzerne, mais surtout point argileux, qu'il tente l'aventure. Mais celui-là qui exploiterait un sol argileux, celui-là surtout se préparerait une besogne que j'ai faite dans les premiers temps de mes expériences, et que, dès le premier essai, j'ai juré de ne plus entreprendre.

Une autre singularité consiste dans la transplantation de la luzerne. Celui-là dont l'exploitation repose sur un sous-sol de nature à ne pas se laisser pénétrer par les racines de la luzerne, recouvert d'une excellente terre végétale, et qui veut, en dépit de ses conditions et à tout prix, en avoir, ne fût-ce que pour en faire parade, celui-là sera certain d'en faire venir, en recourant à la transplantation. Le pivot de la racine étant coupé, la loi de la nécessité lui fait porter ses efforts vers les radicules latérales qui se développent davantage, et qui cherchent à s'étendre dans la couche végétale pour y chercher de quoi suppléer à ce que le pivot ne peut aller prendre dans le sous-sol. « It is, dit Arthur « Young, a pretty thing for a man who has one acre « of land ; a folly at large. » — Agrément en petit, en grand folie ! Et moi aussi, j'ai sacrifié à la mode il y a trente ans. Mais que ne tente pas un commençant enthousiaste ?

On sème, en Angleterre, 23, 25, 29, en France 34 kilogrammes de graine par hectare. Cette dernière quantité n'est pas trop forte, et la proportion ne serait pas dépassée avec 40 kilogrammes, ou le double de ce qu'on emploie de semence de trèfle rouge. C'est cette dernière quantité que je tiens pour la meilleure proportion, qu'on ne se repentira jamais d'avoir employée et dont l'emploi dispense du sarclage et du hersage. Le grain de la luzerne est moins fin que celui du trèfle et elle talle plus lentement. Une luzerne bien drue se maintient d'elle-même en bon état de propreté, ses tiges ne deviennent pas aussi ligneuses, son rendement est beaucoup plus considérable dans les deux premières années et ne l'est pas moins dans les suivantes.

On a beaucoup vanté l'invention de semer avec la luzerne une certaine quantité de trèfle rouge, et j'en ai aussi essayé. « On doit obtenir de la sorte « une récolte complète dès la première année après « la semaille, car ce que ne peut encore produire la « luzerne est produit par le trèfle. Le trèfle com- « mence à céder la place dès la seconde année, « pour disparaître tout à fait la troisième. La lu- « zerne, qui continue toujours à taller, s'empare « des places que lui cède le trèfle et finit par cou- « vrir entièrement le sol. » Tout cela est bel et bon en théorie, et il serait bien à désirer qu'il en fût de même dans la pratique. Mais j'ai fait, et beaucoup d'autres ont fait comme moi, la triste expérience qu'il n'en est rien. Le trèfle, plus vigoureux, étouffe la luzerne, plus délicate au commencement de la croissance. Serrée, dépassée par le trèfle, contre lequel elle ne peut lutter, elle cède la place, et cette place est aussitôt occupée par les mauvaises herbes, qui s'en emparent encore plus vite que le trèfle. Lorsqu'on ne veut tirer parti de la luzerne que pendant trois, ou tout au plus pendant quatre ans, on peut y mêler du trèfle ; mais il faut bien s'en garder, pour peu que l'on ait la prétention d'en jouir plus longtemps. Si l'on tenait absolument à un mélange, je conseillerais plutôt, le sol étant convenable, celui de l'esparcette, attendu que, vivaces toutes deux, celle qui persisterait, après avoir étouffé l'autre, présenterait du moins une compensation.

Comme il se fait assez souvent des friponneries avec de vieilles graines de luzerne, qui causent à leurs dupes une autre perte encore que celle du prix, il faut toujours s'assurer de la qualité de la graine avant de l'acheter ou de l'employer : on en mêle une petite quantité avec de la terre de bruyère, de la terre qu'on trouve dans les creux des vieux saules, de l'humus pris dans les couches; on met le tout dans un petit vase et on arrose avec soin. La force germinative doit se manifester au bout de quarante-huit heures. La même épreuve peut se faire sur la graine de trèfle. La bonne graine de luzerne est jaune et luisante. Les grains blancs ne sont pas parvenus à maturité et les grains d'un brun foncé ont été *décossés* au moyen d'une chaleur artificielle trop forte.

§ 6. *Soins*.

« Dans la première année après la semaille, dit « Arthur Young, et après la seconde coupe, il faut « faire passer la herse sur la luzerne, cependant « en ne l'appliquant pas trop énergiquement. Dans « la seconde année et dans toutes les années suivan- « tes, il faut encore faire passer la herse et on ne

« risque plus de le faire avec trop d'énergie. On
« herse aussi bien après la première coupe qu'a-
« près la troisième, par conséquent au printemps
« et en automne. On emploie une herse assez lourde
« pour que quatre chevaux aient de la peine à la
« faire fonctionner, et il ne faut pas qu'elle ait
« plus de 1 mètre 30 centimètres à 1 mètre 60 cen-
« timètres de large. On ratisse ensuite et on ra-
« masse la mauvaise herbe arrachée, on l'enlève, et,
« pour niveler le sol, on fait passer un rouleau de
« moyenne pesanteur. » Quelques cultivateurs
écorchent la surface avec une charrue, ayant un
soc convexe en forme de coin. Tull rapporte l'exemple d'un champ de luzerne ayant atteint vingt-deux
ans de durée, ayant subi chaque année cette opération et s'en étant toujours bien trouvé.

L'engrais appliqué en couverture, soit du fumier, soit du compost, profite, sans nul doute,
aussi bien à la luzerne qu'au trèfle; mais il est également hors de doute que cette application favorise
la croissance des mauvaises herbes et en ajoute de
nouvelles aux anciennes. Si cette circonstance ne
doit pas préoccuper beaucoup pour le trèfle, à cause
des limites de sa durée, elle devient importante pour
la luzerne dont la durée est beaucoup plus longue.
Je ne saurais donc, pour mon compte, me montrer
partisan de cette manière de donner de l'engrais, si
ce n'est en faveur du fumier vieux de plusieurs années et complétement consommé ; mais le même

effet peut être produit, à moins de frais, avec du plâtre, de la chaux, de la cendre, des lisées.

Il ne faut jamais faire porter graine à la luzerne dans la première année après la semaille, sous peine de l'énerver ; cependant on ne la fauche qu'en fleur et jamais plus tôt, pour la laisser lutter plus long-temps et avec plus d'avantage contre les mauvaises herbes. Au bout de quelques années, cette condition devient moins importante.

§ 7. *Emplois et rendement.*

La grande valeur de la luzerne est-elle fondée sur sa durée? Cette durée lui donne-t-elle réellement l'avantage sur le tréfle rouge ? Ce sont des questions qui ne sont pas encore résolues et que je crois même bien insuffisamment étudiées jusqu'ici. S'il était permis de comparer un champ de luzerne à un champ de céréales, on trouverait la valeur du premier d'autant plus considérable, qu'il pourrait être récolté un plus grand nombre d'années de suite, sans qu'on fût obligé de renouveler les labours et la semaille. Son produit net serait d'autant plus grand que tous les frais de travaux et la valeur de la semence disparaîtraient. Mais il n'en est pas ainsi ; et, quant à la luzerne, à l'esparcette et au tréfle, ces plantes étant semées dans une céréale, c'est au compte de celle-ci qu'il faut porter les frais de labours, qu'elle est censée couvrir, et il ne vient au compte de la fourragère que la valeur de sa semence. Il s'ensuit que, par sa durée, l'économie sur ce point n'est pas un article à mettre en ligne de compte.

Il surgit ici d'ailleurs une autre question : à savoir si la mise à profit répétée de l'amélioration du sol par les trèfles et la rotation plus active entre ces fourragères et les céréales ou autres plantes n'est pas un avantage plus grand et plus réel que celui de la longue durée de la luzerne ou de toute autre fourragère. Dans toutes les conditions qui n'ont pas pour objet principal, ou même exclusif, l'entretien des bestiaux, où par conséquent le fourrage vert n'est qu'un moyen d'atteindre le but et non pas le but même, la question se résout d'elle-même, et incontestablement en faveur de la rotation la plus active possible et contre la longue durée des fourragères. Si les trèfles ne fournissaient, dans leurs coupes, que de la matière première pour la fabrication des engrais, ce ne serait pas sans raison qu'on pourrait vouloir prolonger l'existence de ces sources de matière première pour une fabrication aussi indispensable ; mais comme, en outre, ils améliorent directement et promptement le sol qui les a portés, et comme cette amélioration dépasse certainement en valeur celle de tous les frais répétés de semailles et de semences, il ne paraît pas le moins du monde économique de reculer, d'éloigner la mise à profit de cette amélioration.

On croit faire une bien forte objection en faveur

de la luzerne, en disant qu'elle ne donne pas dans la première année après la semaille le rendement satisfaisant qu'on peut attendre du trèfle dans la même année, que cette perte on ne l'éprouve qu'une fois pour une luzerne pendant seize années, tandis qu'on la subit quatre fois dans le même nombre d'années pour une fourragère qui ne dure que quatre ans ; mais cette objection même témoigne contre la luzerne, en faveur du trèfle, avec lequel on n'a pas même une fois cette perte à subir. Elle démontre, en outre, que, sous un climat et dans un sol également favorables aux deux plantes, on aurait le plus grand tort de donner la préférence à la luzerne sur le trèfle. On aurait encore aussi grand tort, quand bien même le produit des premières années de la luzerne serait égal à celui du trèfle, parce que le trèfle, par son retour à des intervalles plus rapprochés, malgré sa courte existence, favorise évidemment beaucoup plus la rotation de tous les autres produits et distribue beaucoup plus également entre eux la force productive, qu'une luzerne occupant le sol pendant une phase de douze à vingt années, dont seulement les deux ou trois récoltes immédiatement suivantes peuvent ressentir ses effets fertilisants, et qui n'exerce, sous ce rapport, qu'une action égale à celle du trèfle.

En me fondant sur ces considérations, je suis bien convaincu qu'il y a de l'avantage, sauf dans des circonstances toutes spéciales, à ne pas laisser, même à la luzerne, plus de quatre ans de durée, et pas plus de trois, quand elle ne promet pas beaucoup pour la quatrième année : car, s'il faut compter en perte, à raison du rendement inférieur de la première année, une demi-récolte sur quatre, comme sur douze, en suite de quoi la perte de douze ans est d'une récolte et demie avec la durée de quatre, tandis qu'elle n'est que d'une demie avec la durée de douze, je n'en crois pas moins que la perte d'une récolte et demie est bien largement compensée par les avantages de la plus prompte rotation. L'augmentation de fertilité du sol produite par une luzerne qui l'a occupé pendant douze ans ne peut pas pour cela s'étendre au delà des trois récoltes suivantes. L'augmentation de fertilité produite par une luzerne qui n'a occupé le sol que quatre ans ne s'étend pas à moins de deux récoltes suivantes. Mais, dans douze ans, la dernière produit cet effet trois fois, par conséquent sur six récoltes au lieu de trois, ce qui procure au cultivateur un avantage qui lui profite bien au delà de ce que peut lui faire perdre une année de carence.

En outre, une durée de douze ans donnée à la luzerne nécessite un assolement de vingt-quatre, tandis que l'assolement dans lequel peut entrer une luzerne de quatre ans peut se renfermer dans une période de huit ou douze ans. Mais une rotation aussi longue que la première est à peu près une impossibilité en économie rurale et en agriculture. Une luzernière d'une si longue durée ne peut donc être établie que sur une sole extérieure, ou sur un terrain en dehors de l'exploitation courante. Une ressource de cette nature est sans doute précieuse, c'est un appui solide, mais à la condition de ne pas manquer et de pouvoir être remplacé.

Qui oserait accuser le rendement d'un champ de luzerne et à quoi serait bonne une donnée, toujours et nécessairement hypothétique, sur un produit qui dépend si essentiellement des conditions du sol et du climat? Si l'on peut, à la rigueur, admettre les rendements de 170 et de 180 quintaux métriques, et de cinq à six coupes, pour le midi de la France ou pour l'Italie, ce serait folie que de concevoir de pareilles prétentions sous nos climats. En Allemagne, il ne faut guère attendre de la luzerne, même en trois coupes, qu'une quantité de fourrage égale à celle que fournissent les deux coupes du trèfle.

Comme fourrage vert et coupée avant la fleur, la qualité de la luzerne ne le cède pas à celle du trèfle; coupée en fleur, ses tiges sont devenues plus ligneuses, et le trèfle mérite la préférence. Par cette raison, elle ne convient guère pour être convertie en foin, si ce n'est à la condition de couper beaucoup plus tôt. Les premières pousses du printemps, comme les pousses tendres de l'automne, ne comportent pas moins pour le bétail le danger de météorisation que celles du trèfle. Pour la nourriture des chevaux au vert, je serais disposé à préférer la luzerne au trèfle rouge, parce que ses feuilles étroites et sa plus forte proportion de tiges forment un fourrage moins aqueux. Au témoignage d'Arthur Young, les porcs la préfèrent au trèfle rouge comme pâturage, à ce point qu'ils quittent les champs de trèfle pour courir à ceux de luzerne. Il est douteux encore que les vaches donnent autant de lait avec la luzerne qu'avec le trèfle.

Il faut enfin que j'aie le courage de le dire, à mon sens, on a élevé trop haut, en Allemagne du moins, l'importance de la luzerne. Appréciée à sa plus grande valeur, elle ne peut que conditionnellement être mise sur la même ligne que le trèfle rouge. On fait valoir, parmi ses principaux avantages, qu'elle est là, au printemps, dix à quinze jours avant le trèfle; mais cet avantage, elle ne le possède que dans les printemps secs et tempérés. Lorsque le commencement du printemps est humide et froid, le trèfle arrive en même temps que sa rivale. Enfin nous avons déjà indiqué, en parlant du trèfle, comment on pouvait le faire arriver de meilleure heure, et, dans un des chapitres suivants, il sera question d'un fourrage beaucoup plus précoce que la luzerne.

Dans les années sèches et très-chaudes, le premier rang est incontestable à la luzerne. Quels que soient ses côtés faibles, elle n'en est pas moins une plante précieuse, qui procure à l'économie rurale un grand point de sécurité.

Le plus grand bienfait de la luzerne est le service qu'elle rend aux exploitations basées sur la nourriture à l'étable, en assurant l'approvisionnement de fourrage depuis la mi-août jusqu'en octobre, époque à laquelle une partie du trèfle est devenue trop dure et l'autre partie a fait place aux semailles de froment. Qui n'a pas de navets sur chaume, ou ne cultive pas de choux, se trouve alors dans un embarras dont ne le tirent pas toujours les vesces semées tard. Celui-là aussi ne saurait avoir trop de luzerne.

Enfin la luzerne produit aussi beaucoup de graine, dont la réussite est beaucoup moins incertaine que celle de la graine de trèfle. Mais on ne fait jamais porter graine à la luzerne avant la troisième ou quatrième année; encore ne faut-il pas faire porter graine plusieurs fois à la même place, ce qui épuise la plante et la fait périr avant le temps.

§ 8. *Défoncement des luzernières.*

Les clairières qui se forment dans la luzerne sont les symptômes de son prochain dépérissement, ou, pour mieux dire, elles en sont le commencement. Ressemer, replanter même, ne sert à rien et coûte plus que ne peut jamais valoir le résultat. Dès que ce signe apparaît, il faut se mettre en devoir de créer une nouvelle luzernière, travail auquel il faut mettre la main deux ans avant le terme fixé pour l'existence de la précédente, parce qu'il faut ces deux

ans avant qu'on puisse obtenir d'une jeune luzernière un produit suffisant.

Renverser une vieille luzernière n'est pas une
opération sans difficultés. Lorsqu'on n'est pas pourvu
d'une charrue à large soc et mue par un puissant
attelage, il faut recourir à la houe, qui coupe la racine au-dessous du collet et facilite le travail de la
charrue. Quelque dégât, quelque destruction qu'on
ait pu faire avec ces deux instruments, dans quelque état qu'ils aient pu mettre la luzerne, il ne faut
pas s'imaginer qu'elle ait été extirpée, et il faut se
conformer à la règle, tracée par l'expérience, de la
faire suivre dès la première année, ou du moins dans
la seconde, d'une culture binée. On donne ordinairement la préférence aux betteraves qui, après la
luzerne, semblent se trouver dans leur élément.
Mais il faut que la luzernière ait été rompue dès
l'automne précédent, et, à cause des mauvaises
herbes qui envahissent facilement le sol, il ne faut
pas seulement semer, mais repiquer les betteraves.

Lorsqu'on veut faire succéder immédiatement à la
luzerne, soit du froment, soit de l'épeautre, il ne faut
lui prendre, dans la dernière année, que tout au
plus deux coupes. On laboure deux fois et la première très-profondément. La herse doit travailler
beaucoup pour ameublir et approprier le sol. Il faut
semer la céréale très-clair, et encore arrive-t-il
presque toujours, si le sol n'est pas tout à fait mauvais, qu'elle verse.

Lorsqu'on veut faire succéder de la navette à la luzerne, il ne faut pas lui prendre plus d'une coupe, et traiter ensuite le sol en jachère. Lorsque la navette doit être repiquée et non pas seulement semée, on peut prendre une coupe de plus à la luzerne.

Lorsque c'est de l'avoine qu'on veut mettre dans la première année après le défoncement, il faut également, et surtout dans les sols médiocres, ne prendre qu'une coupe à la luzerne, la laisser recroître à la hauteur d'un travers de main, puis labourer aussi profondément que possible, afin de bien enterrer la couronne et tout le recrû et de ramener les racines à la surface. On laisse le sol dans cet état jusqu'au printemps suivant, époque à laquelle on sème, sans donner de nouveau labour. Le sol ressemble ainsi à un lit de cendre, et l'avoine y réussit à merveille. Lorsque le terrain est de bonne qualité, la chance du versage est à peu près inévitable pour l'avoine, et il y aurait plus de certitude et plus de profit à y mettre du chanvre, du tabac, du maïs, etc.

CHAPITRE IV.

Esparcette.

Si le rendement de l'esparcette n'est pas aussi considérable que celui du trèfle et de la luzerne, elle produit du foin encore meilleur et, sans doute, le fourrage le meilleur et le plus sain qui soit au monde. C'est avec raison aussi que les Français lui ont donné le nom de sainfoin, que les Allemands ont inexactement traduit par le mot *heiligheu*, saint-foin. Consommée verte, l'esparcette n'a pas la dangereuse propriété de produire la flatuosité et la météorisation, qui est attachée aux trèfles, et ses tiges ne deviennent pas ligneuses, comme celles de la luzerne, même à l'état de pleine floraison. Dans les contrées élevées, sèches, impropres à la culture du trèfle et pauvres en prairies naturelles, c'est à l'esparcette seule qu'est due la possibilité d'entretenir une portion suffisante de bétail; c'est par elle que le Palatinat de la rive gauche du Rhin est devenu ce qu'il est aujourd'hui : riche, de pauvre qu'il était.

Ayant rendu à Schubart de Kleefeld, en parlant du trèfle rouge, l'hommage qui lui était dû, comment parlerais-je de l'esparcette, sans rappeler les titres à la reconnaissance des cultivateurs du Palatinat de notre respectable David Moellinger? C'est lui, c'est Moellinger qui a introduit la culture de ce précieux fourrage et l'a répandue dans le Palatinat de la rive gauche du Rhin; c'est lui qui en a changé les steppes, alors arides, en terres fertiles, en dotant de magnifiques troupeaux des villages qui, soixante ans auparavant, n'avaient que quelques douzaines de vaches, cherchant une maigre pâture le long

des haies et des chemins. Puisse le nom de ce bien-
faiteur de son pays, depuis longtemps enlevé à ses
utiles travaux, durer plus longtemps dans la mémoire de ses concitoyens que ceux de ces héros, qui
détruisent et ne réédifient pas, nuisent à beaucoup
et servent à peu, éblouissent et n'éclairent pas,
dont les noms doivent être condamnés à l'oubli, si
l'illusion se dissipe pour la postérité, si la postérité
sait en effet distinguer et honorer seulement l'utile
et le vrai.

§ 1. *Sol.*

Bien que l'esparcette soit, sous un rapport, moins
exigeante, pour la force du sol, que le trèfle et la
luzerne, elle ne réussit cependant pas partout ; relativement à la constitution même du sol, elle semble plus capricieuse que toutes les autres fourragé-
res. Si quelques agronomes ont écrit : *l'esparcette
vient partout*, quelle que soit la nature du sol, il
faut ajouter ce qu'ils ont oublié : *chez nous, dans
notre canton,* et appliquer à la mesure de ce canton
la mauvaise plaisanterie de Voltaire, adressée aux
Genevois : « *En secouant ma perruque, je poudre
toute la république.* » Qu'il ne soit pas donné à l'esparcette de réussir partout, c'est ce que l'expérience
ne m'a que trop bien appris et ce qui est aujourd'hui
assez généralement reconnu.

La condition *sine quâ non* est un sous-sol dans
lequel les racines puissent pénétrer aussi profondé-

ment qu'il leur plait, sans rencontrer d'eau stagnante souterraine. Cette condition est commune à l'esparcette et à la luzerne, mais plus indispensable encore pour la première que pour la dernière, tandis que la bonne qualité du sol lui-même a plus d'influence sur la luzerne que sur l'esparcette, bien que cette dernière s'arrange fort bien d'une bonne couche végétale.

Nulle part l'esparcette ne réussit mieux que sur un sol sec reposant sur une couche de chaux pierreuse ou de craie. Quelque mince que soit la couche supérieure, qu'elle soit graveleuse, sableuse, maigre, la plante n'en réussit pas moins, pourvu qu'elle rencontre, après l'avoir traversée, un sous-sol calcaire. J'ai vu, près de Buren, dans les environs de Paderborn, des champs dont la couche végétale, tellement mince qu'il était impossible de la fumer, couvrait à peine une roche calcaire douce et friable. L'esparcette était là la seule culture possible, et ce n'est qu'occupé par elle pendant un certain nombre d'années, que le sol devenait capable de produire une ou deux fois des céréales non fumées et une fois des plantes à cosses, après quoi il fallait recommencer avec l'esparcette. Combien de contrées, dont le mauvais sol couvre de la chaux ou de la craie, pourraient sortir de leur misère, si quelqu'un leur apprenait à cultiver de l'esparcette! « Je ne connais « pas, dit Arthur Young, de plus affligeant aspect « que celui des misérables récoltes de seigle et des

« pâturages plus misérables encore de pareilles
« contrées, où on devrait voir des champs d'espar-
« cette par centaines. En Angleterre, des champs
« qui s'affermaient 2 à 3 schellings l'acre rappor-
« tent, depuis l'introduction de cette culture, 10,
« 15 et 20 schellings par acre. » Moellinger avait
acheté 60 morgen à 5 florins pièce, pour essayer
d'y faire venir de l'esparcette; il réussit. Ils ne
se vendraient pas aujourd'hui au-dessous de cent
florins l'un.

Les terrains vaseux ou noyés sont antipathiques
à l'esparcette; aussi dit-on qu'elle ne supporte pas
le voisinage du genêt.

§ 2. *Préparation du sol. Plante protectrice.*

Ces deux sujets sont traités simultanément ici,
parce que le choix de la plante dans laquelle on
veut semer l'esparcette détermine pour l'ordinaire
la préparation à donner au sol.

Il serait difficile de rencontrer une plante à laquelle ne convienne pas, surtout dans sa jeunesse,
un sol bien propre; aussi l'esparcette n'est-elle pas
sans exigence sous ce rapport, bien qu'elle ne soit
pas aussi exigeante que la luzerne. Faire précéder
une culture binée est donc toujours bon, et mieux
vaut encore en faire précéder deux. Cependant,
comme le trèfle, l'esparcette réussit aussi lorsqu'on
la sème dans de l'avoine ou de l'orge succédant à

une céréale d'hiver sur jachère, en remarquant, toutefois, que moins le sous-sol est convenable, plus il faut que le sol soit préparé, parce que, dans ce cas, il faut que la plante se tienne dans ce dernier . seulement, et que sa durée est beaucoup moins longue.

Sur les hauteurs de Cotswold, en Angleterre, où un gravier calcaire de 60 à 80 centimètres d'épaisseur couvre une roche calcaire dans les fissures de laquelle les racines de l'esparcette aiment tant à s'insinuer et pénètrent jusqu'à une profondeur de 4 à 6 mètres, on ne se donne pas beaucoup de peine pour la préparation du sol ; on y observe que l'esparcette réussit très-bien quand on la sème dans de l'avoine après une céréale d'hiver, quand bien même le sol est rempli de chiendent ; on y redoute, au contraire, davantage la présence du brome blanc, qui se montre si souvent sur les terres les mieux nettoyées et les sols les mieux préparés.

On sème l'esparcette : *a*, toute seule ; *b*, dans de l'avoine destinée à être pâturée ; *c*, dans une céréale d'été destinée à mûrir ; *d*, dans la navette ; *e*, avec de la navette d'été ; *f*, avec des navets sur jachère.

a est, sans doute, de toutes ces pratiques, la plus sûre et la meilleure ; seulement il ne faut pas perdre de vue qu'elle ne comporte absolument aucun produit pour la première année, ce qui n'est pas d'une grande importance lorsque l'esparcette dure longtemps, mais ce qui en prend si sa durée doit être courte.

b a l'avantage de ne pas laisser la première année tout à fait sans produit, et, lorsque le sol n'est pas trop en force, de ne pas ralentir la croissance de l'esparcette ; seulement il faut que l'avoine soit pâturée de bonne heure, de suite même, et il ne faut pas songer à la convertir en foin.

c, lorsque l'avoine ou l'orge ne versent pas, lorsqu'elles ne sont pas semées dru, cette méthode a l'avantage d'un produit plus considérable pour la première année.

d, comme le trèfle, on peut semer l'esparcette au printemps dans une céréale d'hiver. Des expériences bien conduites et suivies de succès ont démontré qu'on pouvait aussi la semer en septembre avec le seigle ou le froment. On prétend que les jeunes plants d'esparcette ne redoutent pas le froid. « Je n'ai jamais vu, dit Pictet, d'esparcette qui eût souffert de la gelée. » Cette observation ne s'applique sans doute qu'à la contrée qu'il avait sous les yeux. Dans le Palatinat il n'est pas rare de faire l'expérience du contraire, et on est, dans ce cas, obligé de faire passer la charrue et de planter autre chose.

e, s'il ne faut attendre de l'esparcette semée dans les céréales qu'une demi-récolte l'année suivante, il n'en est pas de même lorsqu'on la sème dans de la navette d'été.

f, même méthode que celle indiquée *a,* à cette différence près qu'un peu de navets semés avec l'esparcette sont destinés à donner du moins un petit produit pour la première année.

Le meilleur précédent, et par conséquent la meilleure préparation qu'on puisse donner à l'esparcette, sont les carottes, pour lesquelles on défonce profondément soit à la charrue, soit à la bêche, soit en combinant l'emploi des deux instruments. On la sème dans l'avoine qui succède aux carottes. Quelque crue, quelque pierreuse que soit la terre amenée à la surface par le défoncement, l'esparcette n'en réussit pas moins bien; il semble même que cette terre crue convienne mieux à l'esparcette que le sol végétal le plus engraissé. On regarde cette culture par les carottes, puis l'avoine avec l'esparcette, comme le moyen d'améliorer le sol le plus ingrat. Lorsqu'on ne veut pas semer de carottes, on n'en défonce pas moins, on sème de l'avoine qu'on laisse mûrir, puis on sème l'année suivante l'esparcette dans du lin. Comme on ramène toujours à la surface une grande quantité de semences de mauvaises herbes lorsqu'on laboure plus profondément qu'à l'ordinaire, il ne faut pas semer l'esparcette dans la plante qui suit immédiatement un défoncement ou un double labour.

§ 3. *Temps de la semaille.*

De ce qu'on peut semer l'esparcette dans les céréales d'été et d'hiver, dans la navette d'été et dans les navets jachère, il s'ensuit aussi qu'on peut la semer à presque toutes les époques de l'année, pourvu que la sécheresse du sol et de la température ne soit pas assez grande pour l'empêcher de lever. Lorsque la chaleur est très-forte et qu'il ne reste pas d'humidité dans le sol, les écales de la semence crèvent et elle ne lève pas.

§ 4. *Semence. Production de semence.*

Rien ne demande plus d'attention que le choix de la semence d'esparcette, afin de ne pas en employer de surannée et de ne pas semer de grains arrivés à une maturité imparfaite. Il n'est guère de semences dont la première germination soit soumise à plus de chances que celle de l'esparcette, et la plupart de ces chances tiennent surtout à sa qualité. Lorsqu'on produit sa semence, il est possible de savoir ce que l'on a ; il est très-difficile de le savoir lorsqu'on l'achète. Cette production et la récolte surtout ne sont pas sans difficultés. Lorsqu'on laisse parvenir à parfaite maturité et qu'il survient du vent, la bonne moitié de la graine tombe sur le sol. Aussi ceux qui produisent pour la vente, ou du moins bon nombre d'entre eux, fauchent l'esparcette aussitôt que quelques grains mûrs se montrent sur ses tiges ; de là vient qu'en semant de la graine achetée il faut compter n'en voir lever que le tiers. Lorsque la graine a été récoltée avant la complète maturité, ses écales sont verdâtres, et le grain qu'elles contiennent est racorni ; en outre, étant presque toujours restée amoncelée après le battage, elle a perdu la faculté germinative par l'effet de la fermentation, ou même seulement de l'échauffement.

Comme il importe à un si haut degré d'avoir de bonne semence, comme il est si facile d'être trompé pour celle qu'on achète, comme il faut toujours semer au moins le double de la quantité qui serait nécessaire si on était assuré de la qualité, comme la proportion de semence est assez forte même lorsqu'on la sait bonne, comme le rendement en graine est considérable lorsqu'on la récolte, comme enfin on ne fait pas de tort à la plante en lui laissant porter graine, par toutes ces raisons chaque cultivateur, une fois pourvu d'une luzernière, ne devrait jamais manquer d'en récolter la graine lui-même. Il n'est qu'un seul procédé que je puisse recommander comme bon ; pendant plusieurs jours de suite, au temps de la maturité, on parcourt avec attention la luzerne, on fait passer à travers la main, légèrement fermée, les tiges chargées de graine mûre qui se détache facilement et qu'on recueille dans de petits paniers ; de cette manière on perd le moins possible de graine, et on est sûr de n'en avoir que de bonne ; on peut laisser à la moins avancée le temps de compléter sa maturité. Il faut moitié moins de semence lorsqu'elle a été récoltée de cette manière que de toute autre.

Lorsqu'on ne veut pas prendre tant de soin et

qu'on tient à faucher, il faut au moins attendre que
la plus grande partie des graines, ou pour mieux
dire des écales, soient devenues brunes; il faut faucher par un beau temps et pendant la rosée. On
laisse en andains jusqu'au soir, puis on retourne
avec beaucoup de précaution. Aussitôt que, le lendemain matin, le soleil a séché la fauchée, on la bat
dans le champ même sur une grande toile; quatre
hommes doivent battre dans un jour le produit
d'un hectare. On expose encore la graine battue au
soleil pour en achever la dessiccation, et plus tard
on la fait passer au tarare. Arthur Young évalue le
rendement en graine, pour le Suffolk, de 14 à 18 hectolitres par hectare; d'après d'autres observations,
il pourrait s'élever jusqu'à 40 hectolitres.

Je ne sache pas qu'on ait fait jusqu'ici des expériences satisfaisantes pour reconnaitre pendant combien de temps la graine d'esparcette conserve la faculté germinative. Sur dix grains, de la récolte de
1820, que j'ai mis au mois d'août 1824 dans des
pots et que j'ai couverts de 13 millimètres de terreau, deux ont levé le huitième jour, trois ont levé
le neuvième, en tout cinq; les cinq autres n'ont
donné aucun signe de faculté germinative. Pour
connaître comment se comportaient les graines nues,
j'en ai décalé dix et les ai semées de la même manière : sur cinq qui étaient d'un brun foncé, il n'en
est levé qu'une; sur cinq qui étaient d'un brun jau-
nâtre clair, il en est levé trois.

§ 5. *Quantité de semence.*

Ce qu'on peut faire de mieux pour l'esparcette, c'est de la semer très-dru. Économiser sur la semence, c'est vider sa bourse plutôt que la ménager. Choisir de bonne semence, en semer beaucoup et par le temps le plus favorable, ce sont les conditions de la réunion desquelles on peut attendre de beaux champs d'esparcette. La proportion généralement adoptée est celle du double en quantité de ce qu'on prendrait de semence de froment pour une même étendue de terrain de même qualité; mais il faut que le terrain soit bien propre et surtout la semence bien bonne; dans d'autres circonstances cette proportion ne suffirait pas, et il convient presque toujours de tripler la quantité de semence de froment, ainsi de semer 6 hectolitres de graine par hectare. C'est là la proportion usitée dans le Palatinat, et en moyenne aussi en Angleterre, bien que quelques agronomes n'indiquent que trois et même que deux hectolitres par hectare, ce qui est évidemment insuffisant, surtout pour une semaille à la volée. Pictet se prononce aussi en faveur de la convenance de tripler la proportion locale du froment. M. de Crud, plus exigeant encore, veut qu'on emploie 120 à 130 livres par morgen magdebourgeois, soit 229 kilogrammes, ou 8 hectolitres par hectare.

On sème la graine d'esparcette dans ses écales.

L'hectolitre pèse 27 kilogrammes et demi et, suivant Mœllinger, il vaut dans le Palatinat 6 francs 50 centimes.

Une question encore trouve ici sa place ; celle de savoir s'il convient de semer avec l'esparcette une certaine proportion de trèfle rouge. Cette question doit se résoudre par les principes que nous avons déjà indiqués en parlant de la luzerne; cependant ils souffrent exception dans tous les cas où l'esparcette ne peut avoir une longue durée et lorsqu'elle doit être renversée dès la fin de la troisième ou de la quatrième année, comme cela arrive communément dans le Palatinat. A la condition d'une si courte durée, ce serait une trop grande perte que de ne pas avoir un produit satisfaisant la première année après la semaille. Là aussi a-t-on coutume de mêler environ 6 kilogrammes de graine de trèfle à la proportion ordinaire de graine d'esparcette, ce qui augmente surtout beaucoup le produit de la seconde coupe.

Les préceptes indiqués plus haut pour la semaille du trèfle et de la luzerne sont applicables à celle de l'esparcette; seulement est-il bon de remarquer encore qu'on ne peut guère semer trop superficiellement.

§ 6. *Engrais. Soins.*

L'engrais donné en couverture, soit le fumier, comme pour le trèfle, soit le compost, comme pour la luzerne, ne présente que peu d'avantage, appliqué à l'esparcette, et le cultivateur trouvera toujours plus de profit à lui donner une autre destination ; quelques-uns même prétendent en avoir observé de mauvais effets. Par contre, l'application du plâtre, de la suie et de toutes les espèces de cendres profite beaucoup à l'esparcette, de même que les hersages les plus énergiques.

§ 7. *Emplois. Récolte.*

L'esparcette fournit ordinairement deux coupes, dont la première rend plus de fourrage que celle de la luzerne, mais dont la seconde en rend moins que la seconde coupe de la luzerne. On ne peut guère compter sur une troisième coupe que sous un climat chaud, dans des circonstances et à une exposition particulièrement favorables ; je ne sache pas que, dans aucune partie de l'Allemagne, il y ait exemple d'une troisième coupe passable de luzerne. Même en Angleterre, comme dans le Palatinat, les secondes coupes sont de peu d'importance, si ce n'est dans les étés chauds et humides, et, dans ce cas même, la luzerne atteint rarement 30 centimèt. de hauteur. D'ailleurs, le fourrage de la seconde coupe n'est pas moins nourrissant que celui de la première. Cette décroissance de produit, après la première coupe, est la cause qui ne permet pas de fonder sur l'esparcette la nourriture du bétail au vert, qui ne veut pas être interrompue. Une autre raison encore écarte l'esparcette de cette nourriture, c'est l'excellence du foin qu'on en fait. On nourrit moins bien un cheval avec de l'avoine et du foin médiocre de prairies naturelles qu'avec du foin d'esparcette tout seul. La graine, lorsqu'on ne peut pas en tirer parti autrement, est aussi une excellente nourriture pour les chevaux et passe pour être deux à trois fois aussi nutritive que l'avoine.

Lorsque la moitié des fleurs sont épanouies, c'est le moment de faucher. On retourne, le soir, les andains du matin, de manière à les rapprocher deux à deux, mais sans les superposer. Le soir du second jour on fait, en se servant de fourches légères en bois, des petits tas d'un peu plus d'un mètre de hauteur; on a soin de froisser et de mêler le moins qu'on peut. On glane aussitôt au râteau, et ce qui se recueille se dépose au sommet des tas. Lorsque le temps est favorable, on peut engranger le troisième jour. Lorsqu'il survient de la pluie après qu'on a fauché, il ne faut pas toucher aux andains pour les retourner avant qu'ils soient secs. Il faut suivre cette règle, même alors que la pluie ne survient que le lendemain de la coupe; la pluie dût-elle persister huit jours et plus, il ne faut pas se laisser aller à toucher aux andains. Quand même le foin d'esparcette n'est pas rentré parfaitement sec, sa qualité n'en est pas altérée; seulement il faut le placer dans un endroit clos et non exposé au courant d'air, l'étendre par couches égales et unies, et ne le tasser que modérément. Dans ce cas, on le couvre d'une couche de paille pour recevoir et retenir les vapeurs qui se dégagent du foin humide, pour empêcher surtout qu'elles y retombent et y produisent la moisissure. Lorsque le foin est rentré bien sec et placé dans un lieu sec, il se conserve dix ans et plus, sans perdre de sa qualité.

L'expérience a appris aux Anglais, et les essais de Pictet ont constaté que l'esparcette ne supporte pas le pâturage par les moutons. « Dans la première an-
« née, dit ce consciencieux observateur, le pâturage
« fait déjà périr un grand nombre de plants, et, si
« l'on fait revenir les moutons la seconde année,
« l'esparcette est perdue ; on ne peut tout au plus
« se permettre le pâturage qu'en automne, lorsque
« l'esparcette fait une troisième pousse. »

Au contraire, le pâturage par les autres bestiaux passe pour être sans inconvénient.

§ 8. *Rendement.*

Arthur Young évalue le rendement de l'esparcette de 32 à 43 et à 53 quintaux métriques par hectare ; de Crud l'évalue de 36 à 40. La moyenne des cinq données serait 44. Le rendement le plus considérable de l'exploitation de Moellinger, dans le Palatinat, fut, en 1810, de 68 quintaux métriques ; mais sa moyenne de dix années ne fut que de 37. La moyenne du trèfle, dans la même exploitation et pendant les mêmes dix années, atteignit 44.

Les dépenses, pour une durée de trente mois que comporte l'assolement de Moellinger, sont, suivant lui, par hectare :

Semence.	34 fr.	50 c.
Plâtre.	25	»
Récolte de foin. . . .	37	20
Récolte de regain. . .	21	25
	117	95

La récolte, pendant le même temps, ayant été de 92 quintaux métriques, la dépense aurait été de 1 fr. 28 c. par quintal.

§ 9. *Durée et retour.*

Une plante qui va chercher sa principale nutrition dans les profondeurs du sous-sol a nécessairement des conditions d'existence en rapport avec la nature de ce sous-sol. Des racines qui vont toujours se prolongeant, s'étendant, apportent toujours de nouveaux sucs à la plante, prolongent ainsi sa durée. La couronne du chêne maigrit, ses branches se tordent, il meurt à l'âge que devrait marquer sa plus grande vigueur, dès que sa principale racine rencontre des obstacles dans le sous-sol, lui qui était destiné à vivre des siècles. Aussi voit-on l'esparcette, et il en est de même de la luzerne, prospérer dix, quinze et vingt ans dans une localité et périr, dans une autre, après trois ou quatre ans.

Dans la plaine sèche, dans la plaine de sable argileux du Palatinat, où l'on cultive l'esparcette bien plus par nécessité que par système, parce que le trèfle refuse d'y réussir, sa durée ne comporte pas au delà de trente mois de rendement. La première année après la semaille, elle donne, suivant les circonstances, un produit plus ou moins satisfaisant, une récolte complète la seconde année. La troisième année, le produit diminue déjà beaucoup, l'esparcette ne donne qu'une coupe et il faut la renverser. Le cultivateur ne peut donc compter que sur deux récoltes complètes en trois ans, il perd une année; ce qui n'arrive pas avec le trèfle, qui fournit la sienne année par année. Cependant cette courte durée comporte un avantage pour le cultivateur du Palatinat, c'est qu'elle lui permet de ranger l'esparcette dans son assolement général, ce qui serait impossible dans de petites exploitations, comme celles de ce pays, avec une durée de dix à quinze ans. En outre, il ne faut pas perdre de vue l'avantage, quoique médiocre avec l'esparcette de peu de durée, de la force laissée à la terre à chaque enfouissement de son chaume; ainsi, en agriculture, à chaque inconvénient est attaché un avantage.

Quoi qu'il en soit de la durée de l'esparcette, il ne faut pas la laisser se prolonger au delà du moment où le sol commence à se couvrir d'autres herbes ; après ce moment, son existence ne comporte que perte de temps, de produit et d'activité dans le roulement des cultures. Ce qu'il faut faire succéder à l'esparcette est indiqué par la nature du sol et plus particulièrement encore par la durée qu'elle a eue et par sa réussite plus ou moins complète. En général, on sera plus embarrassé par la venue trop forte des plantes succédant à l'esparcette que par leur défaut de vigueur. Suivant les propriétés du sol, on sème, après l'esparcette, du seigle, du froment, de l'épeautre, et l'on nettoie le sol la seconde année par une culture de pommes de terre ; ou bien, on met, dès la première année, des pommes de terre et, la seconde, de l'orge ou de l'avoine. Tous les bons cultivateurs du Palatinat ont pour principe de faire succéder, sinon dès la première année, du moins la seconde, une culture binée ; souvent même ils remplacent cette culture par une jachère.

La coutume générale du Palatinat est de ne faire revenir que tous les huit ans l'esparcette dans la même terre ; il n'est cependant pas rare de l'y voir revenir après six et même quatre ans. La cause déterminante est sans doute, dans ce cas, la pénurie de fourrages et d'engrais. Plus cette pénurie est sensible, plus souvent il faut sacrifier des récoltes de céréales et recourir à l'esparcette pour soutenir la force productive du sol.

CHAPITRE V.

Fourragères supplétives.

Ici viennent se ranger les vesces, les pois, les fèves, le sarrasin, la moutarde, la navette, le fromental, l'avoine, le seigle, le maïs, la spergule. Si je n'ajoute pas à cette nomenclature d'autres herbes, telles, par exemple, que la pimprenelle, c'est d'abord parce qu'il en est question dans la partie qui traite de la culture des prairies, et ensuite parce qu'elles ne doivent être considérées que comme herbes de pâturage, desquelles il sera également traité en leur lieu. Enfin, si je ne mentionne pas ici la chicorée, l'ortie, la laitue et quelques autres, c'est que leur culture est un fait trop exceptionnel pour que j'aie cru devoir lui donner place.

§ 1. *Vesces.*

Dans tous les pays où s'est établie la nourriture à l'étable, les vesces sont devenues un complément, une ressource, et là où le trèfle et la luzerne ne réussissent pas bien, une partie essentielle de la culture, quelque chose de plus qu'un supplétif. Même pour les exploitations basées sur la culture du trèfle, qui n'ont pas, en outre, la luzerne, les vesces deviennent souvent une nécessité, soit pour l'intervalle entre les coupes de trèfle, soit pour remplir le vide laissé par un rendement médiocre du trèfle, soit enfin pour prévenir la fatigue du sol par le retour trop fréquent de la culture du trèfle. Il y a peu de déterminations sur lesquelles le cultivateur doive réfléchir et hésiter plus longtemps que celle de baser toute son exploitation sur une seule culture. Si cette culture manque, la base se dérobe sous l'édifice, qui menace de crouler, si on ne lui trouve promptement des appuis, qu'il n'est pas souvent au pouvoir du cultivateur d'improviser, ou de créer à temps utile. Les nourrisseurs à l'étable qui ont de l'expérience ont appris, et ceux qui n'en ont pas ne manqueront pas d'apprendre, dans quels soucis celui qui n'a pas de fourrage assuré pour tout l'été est condamné à passer cette saison.

Les vesces sont pour de semblables circonstances une ressource d'autant plus précieuse que leur production n'exige même pas une préparation particulière du sol. Ce serait cependant folie que de vouloir restreindre la culture du trèfle en faveur de celle des vesces. Ce serait sacrifier la ménagère à la servante. Il faut qu'une exploitation bien entendue ait à la fois du trèfle et des vesces, mais chacun en son lieu. Je ne puis donc donner mon assentiment aux louanges exagérées qu'on a données dans ces derniers temps aux vesces, et cela par des raisons qui ressortiront dans la suite de cet ouvrage.

« Là où il réussit, dit le docteur Schweitzer, le
« trèfle ne saurait être suppléé par aucun fourrage
« vert, et par les vesces moins encore que par tout
« autre. J'en ai vu la preuve la plus évidente dans
« une exploitation dont le directeur, croyant le
« trèfle trop aqueux et nuisible au bétail, essaya
« de ne cultiver pour ainsi dire que des vesces.
« Loin de prospérer, son bétail dépérit. Les vesces
« ne fournissent pas assez de fourrage, quelque-
« fois point du tout. Cette nourriture agit défavo-
« rablement sur la production du lait, et les pro-
« duits restèrent de beaucoup inférieurs à ceux
« qu'il aurait obtenus par la culture du trèfle. »

Ceux qui ne sont pas pourvus de trèfle, parce
que leur sol n'en comporte pas la culture, et qui
n'ont pas de pâturages, parce que la constitution de
leur propriété les exclut, cherchent à avoir des
vesces d'aussi bonne heure que possible et en sèment dès le mois de février; si la température est
favorable, elles sont bonnes à couper peu de temps
après le trèfle, ainsi après la mi-mai. Pour obtenir
un pareil résultat, il ne faut pas, sans doute, retarder le labour jusqu'au moment de la semaille; on
renverse pendant l'automne précédent un chaume
de céréale en bon état d'engrais, on le laisse passer
ainsi l'hiver, on herse énergiquement en février,
aussitôt que l'état de la terre le permet, et on sème
des vesces. On sème de huit en huit jours jusqu'à
la mi-mai, afin de pouvoir compter sur des coupes

successives depuis le commencement de juin jusqu'à la fin d'août.

L'important, dans une exploitation basée sur le trèfle, est d'avoir un fourrage vert pour remplir l'intervalle entre les deux coupes, dont l'une est trop vieille et l'autre trop jeune. Les vesces semées à la fin de mars ou au commencement d'avril sont destinées à remplir cette lacune; mais, au moyen de dispositions bien calculées, on peut la remplir avec le trèfle même, ainsi que nous l'avons indiqué en parlant de cette précieuse fourragère.

Il convient de donner les vesces aux bêtes à cornes, lorsqu'elles sont en pleine fleur; aux chevaux, quand elles ont commencé à former leurs cosses. Lorsqu'on commence à donner des vesces, il est nécessaire de prendre quelques précautions, afin que les animaux ne se remplissent pas trop. Données en trop grande quantité, elles sont assez généralement regardées comme échauffantes et comme prédisposant le bétail aux maladies de corne. On tient, et suivant mon expérience, avec raison, que cette nourriture ne produit pas autant de lait que le trèfle. Lorsque les vesces sont données seules, on s'en aperçoit bien vite, en effet, à la diminution du lait; quelques-uns prétendent qu'elles communiquent au beurre un goût amer : il convient donc, par cette raison, de ne pas les semer seules, mais avec de l'avoine, des fèves, des pois, auxquels on peut ajouter un peu de maïs. Le mélange de l'orge, qui se rencontre assez souvent dans la pratique, ne me paraît pas aussi judicieux, parce que la présence, dans le fourrage, des barbes de l'orge arrivée à un certain développement est très-désagréable au palais des animaux. Quatre parties de vesces, une partie de pois et trois parties d'avoine produisent un très-bon fourrage vert.

On plâtre les vesces lorsqu'elles commencent à se déployer au-dessus du sol : pour celles qui ont été semées de très-bonne heure, il n'est pas nécessaire de se hâter, parce que l'action du plâtre ne s'exerce qu'alors que la température devient un peu tiède et que les vesces ne viennent que lentement tant qu'elle est fraîche, défaut qui n'entraîne que trop souvent un grand mécompte dans les prévisions du nourrisseur à l'étable ; car, bien qu'elles reprennent leur essor dès les premiers jours un peu chauds et humides, le moment pour lequel on les attendait est passé, et il arrive souvent que les vesces semées quinze jours plus tard devancent encore celles qui l'ont été quinze jours plus tôt. Mais le bétail ne s'arrange pas de ces mécomptes et de ces compensations imprévues.

Le rendement des vesces, lorsqu'on les fane, est loin d'atteindre celui du trèfle. Chez Moellinger, elles ont rendu, suivant une moyenne de sept années, 22 quintaux métriques par hectare, tandis que le trèfle en a rendu le double. Dans ces sept années, le plus fort rendement des vesces a été de

25 quintaux, le plus fort rendement du trèfle de 65. Le conseiller Thaër compte, pour les bons terrains seulement, le rendement des vesces à 36 quintaux métriques par hectare, en observant toutefois que la sécheresse du printemps le réduit assez souvent à 18. Il ne faut, d'ailleurs, pas oublier que les vesces exigent pour elles-mêmes au moins un labour, ce qui n'est pas le cas pour le trèfle ; en outre, que l'amélioration du sol produite par le chaume des vesces n'est pas à comparer à celle produite par le chaume du trèfle. L'amélioration du sol par les vesces ne consiste réellement que dans son état plus parfait de propreté, parce qu'on ne peut pas nier que les vesces, fauchées vertes, ne donnent pas le temps aux mauvaises herbes de mûrir leurs semences, et c'est là réellement une propriété précieuse.

Voici la règle que je recommande aux cultivateurs : « Cultiver autant de trèfle que possible , eu « égard à l'intervalle que la nature du sol com- « mande de laisser écouler avant son retour dans « la même terre , et , là où le trèfle ne suffit pas , « cultiver accessoirement autant de vesces qu'il est « nécessaire pour remplir le vide laissé par le trè- « fle. » Lorsqu'il arrive que le trèfle ayant riche- ment donné, on a plus de vesces qu'il n'en faut pour la nourriture au vert , il faut les laisser de- bout , leur laisser nouer leurs cosses et attendre qu'elles approchent de leur maturité , faucher et faner, et conserver ce fourrage pour la nourriture

d'hiver des chevaux et des moutons, ce qui permet
de se passer tout à fait de l'avoine. Il va sans dire
qu'il faut laisser arriver chaque année à maturité
la quantité de vesces nécessaire pour la semence.

§ 2. *Pois.*

Si la valeur de la semence, à raison du volume
du grain, n'était pas si élevée, je donnerais, comme
fourrage vert, la préférence aux pois sur les vesces.
Bien que les pois, comme fourrage vert, se digèrent
plus vite, ne soutiennent pas autant que les vesces,
ils plaisent davantage, réussissent mieux au bétail
et produisent un beurre égal en qualité au beurre
de mai des vaches à la pâture sur les meilleurs herbages ; j'en ai fait l'expérience pendant un grand
nombre d'années. En outre, les pois supportent
mieux une semaille hâtive que les vesces, sont moins
retardés dans leur venue par les froids du printemps
et sont bons à faucher, sinon avant, du moins toujours en même temps. Le mélange des pois avec les
fèves est, à mon sens, après le trèfle, le meilleur
fourrage vert que l'on puisse donner aux vaches.
Dans tous les cas, une petite proportion de pois
semés avec les vesces augmente la qualité de ce
fourrage, le rend plus agréable au bétail et améliore sensiblement la qualité du lait.

§ 3. *Fèves.*

On trouve rarement des exemples des fèves cultivées seules comme fourrage vert ; ce qui tient,
sans doute, à ce que leur grain, plus volumineux
encore que celui des pois, rend la semence plus
chère encore. En mélange avec les vesces et les pois,
on les voit paraître plus souvent, ainsi que nous
l'avons déjà remarqué. Ce serait encore un très-bon
fourrage vert que le mélange des fèves et de l'avoine,
et je me dispose à en faire l'objet de quelques essais
et d'observations particulières.

La seule expérience que je connaisse, en Allemagne, des fèves comme fourrage vert, est celle du
docteur Schweitzer. « Les fèves, dit-il, donnent un
« très-bon fourrage vert ; en 1812, je leur avais
« assigné un terrain humide qui, ayant été acci-
« dentellement labouré en automne, avait été telle-
« ment gorgé par des pluies abondantes, qu'il ne
« put être semé que le 4 juin. Les fèves, semées à
« cette date et favorisées par la température qui
« suivit, firent une crue remarquable, mais ne
« parvinrent pas à maturité ; au commencement
« d'octobre, elles étaient encore en fleur, et je les
« fis pâturer. Les vaches n'y voulurent d'abord pas
« entrer ; mais, en ayant goûté, elles en mangè-
« rent avec avidité et donnèrent un lait aussi

« gras et d'aussi bon goût que si elles avaient été
« au régime du trèfle. »

§ 4. *Maïs.*

Personne, que je sache, n'a jamais révoqué en
doute que le maïs ne soit un excellent fourrage vert.
En 1823, je semai quelques morgen de maïs pour
fourrage ; je semai dru, mais cependant en lignes,
afin de pouvoir butter à la charrue, ce que je pus
faire en effet. Comme le terrain avait été fumé, le
rendement en fourrage fut très-considérable ; mais,
tout bien calculé, et en particulier la valeur de la
fumure, qui aurait pu produire dans cette saison
pour 100 francs de chanvre par morgen, comme ce
produit fut atteint par quelques morgen contigus,
qui n'exigèrent ni binage, ni buttage, je conviens
que cet excellent fourrage me revient un peu trop
cher. J'en ferai cependant encore quelques essais.
Si l'on pouvait obtenir ce produit en récolte dérobée, ce serait alors tout bénéfice ; mais cela ne se
peut, comme le remarque Burger, que dans les
pays où le seigle mûrit ordinairement dans les
premiers jours de juillet. « On sème, dit-il, le
« maïs pour fourrage en lignes, à 48 centimètres
» d'intervalle, et on règle le semoir de ma-
« nière à ce qu'il laisse tomber les grains à
« 4 centimètres les uns des autres ; il faut ainsi
« 267 litres de semence par hectare ; plus tard,

« on bine et on butte, et, lorsque les panicules
« commencent à découvrir des fleurs, il faut cou-
« per, ni plus tôt, parce que les tiges sont trop
« petites et que le suc n'est pas encore assez sucré,
« ni plus tard, parce qu'elles deviennent trop
« dures. » Le rendement d'un hectare de maïs en seconde récolte, bien cultivé, est, d'après Burger, dans
des circonstances favorables, de 450, et, dans des
circonstances défavorables, de 300 quintaux métriques de fourrage vert, ou de 72 à 48 de fourrage
sec, rendement énorme pour une récolte dérobée,
puisqu'il dépasse celui du trèfle.

§ 5. *Sarrasin.*

Le sarrasin est rangé, avec raison, parmi les
meilleures fourragères des pays sablonneux et des
sols qui lui conviennent; cependant je ne l'ai vu
cultivé à cette destination dans aucun des pays de
sable que j'ai étudiés. Le cultivateur des plaines sableuses demande à sa terre tout ce qu'elle peut produire en paille et en seigle. Là où le sarrasin peut
se cultiver avec succès comme fourrage, il obtient
du trèfle, et là où le trèfle ne veut pas venir, le
sarrasin reste ordinairement si petit, que la valeur
de son rendement en grain dépasse de beaucoup
celle de son rendement comme fourrage; cela probablement parce que le cultivateur donne trop peu

d'engrais à sa terre. Et ce sont là les raisons auxquelles je crois devoir attribuer le non-usage du sarrasin comme fourrage vert dans les contrées sablonneuses.

Comme l'emploi du sarrasin en fourrage vert est resté ainsi peu connu, je crois devoir en rapporter un exemple emprunté à M. de Werder, cultivateur distingué de la Silésie : « Depuis nombre d'années, « dit-il, j'ai reconnu et j'emploie le sarrasin vert « comme le fourrage qui se produit le plus vite, à « meilleur marché, et qui nourrit le mieux les bœufs « et les vaches, qui augmente sensiblement le lait, « à condition qu'il soit coupé au bon moment. « Même alors que j'en fais produire deux fois dans « la même année au même champ, je puis encore, « malgré la semaille tardive, y récolter de beau sei- « gle. Je donne même le sarrasin vert aux mou- « tons nourris à l'étable, sans qu'il en résulte d'in- « convénient sensible ; seulement, lorsqu'on les « fait sortir, en automne, peu après avoir été nour- « ris de sarrasin vert et lorsqu'un soleil assez ar- « dent leur darde sur la tête, ils enflent, leurs « oreilles rougissent, et toute leur attitude devient « maladive. »

Boenninghausen a constaté aussi, par une expérience de deux années attentivement suivie, que le sarrasin vert, donné à l'étable, réussissait parfaitement aux bêtes à cornes ; il lui sembla même que le sarrasin, ainsi employé, surpassait les propriétés du trèfle, sous le rapport de la santé des bestiaux et de la production du lait.

L'Anglais Hunter se prononce aussi en faveur de ce fourrage et le regarde comme aussi sain qu'agréable aux bestiaux, c'est-à-dire aux chevaux et aux vaches; il remarque que les vaches s'en repaissent avec une telle avidité, qu'il est nécessaire de prendre des précautions contre la météorisation, et il conseille de ne donner le sarrasin que le lendemain du jour où il a été coupé. Il regarde également le sarrasin vert comme une très-bonne nourriture pour les porcs.

Toujours persuadé que le sarrasin seul ne devait pas donner un rendement assez considérable, je fis l'essai d'en semer en mélange avec des vesces. Le sarrasin sembla d'abord dominer, puis il fut étouffé par les vesces, qui rendirent assez pour ne pas me laisser de regrets de la perte du sarrasin.

« C'est une pratique qui m'a bien réussi, dit « Thaër, de semer, en juillet, un mélange de sarra- « sin et de seigle, d'en prendre une coupe en au- « tomne et de récolter le seigle l'année suivante. « C'est surtout dans le chaume des vesces fourrage « que cette culture trouvait sa meilleure place. » — Thaër regarde le fourrage de sarrasin comme aussi nourrissant, pour le moins, que celui des vesces, et lui assigne, à égalité de sol, un rendement plus considérable. Cette dernière assertion est, je dois le dire, en contradiction avec nos propres ob-

servations, ce qui tient, sans doute, à la nature différente des terrains.

§ 6. *Moutarde blanche.*

Je remarquai les propriétés de cette plante, il y
a trente-sept ans, en suivant quelques expériences
de jardinage. Coupée de bonne heure, elle offre,
pour la nourriture de l'homme, un légume plus
sain et d'aussi bon goût que les épinards. La moutarde coupée lors du premier essai repoussa, et les
bestiaux la mangèrent volontiers. Le produit en
fourrage vert de la moutarde cultivée **au jardin**
parut très-considérable ; mais sa culture, transpor-
tée dans les champs, ne donna pas les mêmes résultats. Je jugeai que, comme la moutarde noire, elle
exigeait une terre très-grasse. En 1823, à Hohenheim, je fis répandre la semence de moutarde blanche sur la vase provenant du curage d'un déversoir
de moulin, et le rendement en fourrage fut énorme.
Je résolus de renouveler, dès l'année suivante,
l'expérience de la culture dans les champs : bien
que j'eusse fait fumer et que j'eusse choisi une
bonne terre, le résultat fut loin de répondre à mon
attente ; les mauvaises herbes prirent le dessus, et
furent secondées par les pucerons, qui dévorèrent
la plus grande partie de la récolte.

Je conseillerais à celui qui voudrait renouveler
ces expériences de les faire sur ses terres les plus

grasses et de ne pas semer clair. Il ne faudrait pas,
à mon avis, moins de 20 kilogrammes de semence
par hectare de bonne terre, et moins de 25 si elle
n'était pas très-grasse.

Le conseiller Plathner estime le rendement d'un
hectare de moutarde blanche, bien venue et coupée
en pleine fleur, à 208 quintaux métriques, observant toutefois que, vu la nature très-aqueuse de la
plante, ils ne représentent que 37 quintaux métriques de fourrage sec. L'hectare de trèfle lui rendit, la même année, la valeur de 62 quintaux métriques de fourrage sec, et les autres fourrages, le
mélange de vesces, 67 quintaux. Ainsi le rendement réel des autres fourrages fut double à peu près
de celui de la moutarde. Il est vrai que le rendement indiqué par M. de Plathner pour les vesces est
très-considérable et dépasse de beaucoup toutes les
données que j'ai pu recueillir et que j'ai rapportées
plus haut, § 1 ; mais le rendement qu'il attribue à
la moutarde est aussi très-élevé. S'il m'appartenait
de réduire ces données aux proportions de celles
que j'ai recueillies d'ailleurs, je dirais qu'il faut
compter sur 20 quintaux de fourrage sec de la
moutarde blanche, là où l'on peut compter sur 37
du produit des vesces ; mais je suis bien éloigné de
vouloir révoquer en doute des faits avancés par un
homme qui a rendu à l'agriculture et à l'économie
rurale d'aussi grands services que le conseiller
Plathner, et je voulais seulement faire entendre que

ses données devaient être prises plutôt comme l'exception que comme la règle.

Ce qui est digne surtout d'attention, c'est ce que Plathner écrit dans l'Annuaire d'économie rurale, tome III, deuxième partie, pag. 164, sur les effets de la moutarde comme fourrage. Mêlée, jusqu'à proportion de moitié, à la ration journalière, elle ne diminue pas la production du lait et ne communique aucun goût au beurre ; mais, employée seule et formant la ration tout entière, elle donne au beurre et au lait une saveur âcre, blanchit le beurre et lui fait perdre la propriété de se conserver. D'où il suit qu'il ne faut pas donner la moutarde en grande quantité, surtout aux vaches, et qu'il faut toujours y ajouter une autre espèce de fourrage.

§ 7. *Navette.*

En Angleterre, mais seulement en Angleterre, on sème de la navette en automne, pour servir de fourrage de printemps aux moutons. Nous autres Allemands, si nous voyions, au printemps, de la navette qui eût bien passé l'hiver, nous croirions en tirer plus de profit en la laissant arriver à maturité, et, si elle n'avait pas bien passé l'hiver, nous n'en attendrions qu'une maigre récolte, soit de fourrage, soit de grain. Comment se fait-il donc que les Anglais, qui croiraient faire injure à leurs champs en y laissant mûrir la navette, ne font pas difficulté de s'en servir pour les convertir en pâturages? Cependant j'ai déjà démontré, il y a vingt-cinq ans, et je démontrerai encore plus loin, que ce n'est pas par la production de sa graine, mais bien par sa croissance d'automne, que la navette épuise le sol.

Une expérience, que je me réserve également de rapporter dans la suite de cet ouvrage, me conduisit à semer, au printemps de 1823, quelques morgen en mélange de vesces et de navette. Les deux plantes prospérèrent également et, pour ainsi dire, fraternellement, et formèrent une coupe superbe; mais je remarquai que leur emploi comme fourrage vert faisait contracter un goût désagréable au lait et au beurre, et que le bétail en était légèrement affecté dans sa santé. Je ne suis donc guère plus disposé à renouveler l'expérience de la navette que celle de la moutarde. Les expériences négatives ne sont pas moins utiles cependant que celles qui réussissent.

§ 8. *Fromental.*

Il n'est guère de culture qui n'ait eu sa vogue; et le fromental a eu la sienne, surtout en France, sous le nom de ray-grass. L'idée de cultiver cette plante dans les champs, même pour la faire pâturer, est certainement une des moins heureuses qui pût être venue à l'esprit d'un économiste théoricien. Il y a quelque trente ans que j'en fis aussi, en rougissant et en secret, un petit essai, mais seulement en mélange avec du trèfle, et je n'y revins pas une seconde fois.

Peu nourrissante, épuisant le sol, mais haute et donnant dans l'œil, telles sont les qualités que j'ai pu reconnaître à cette plante. Mise dans une terre très-grasse, fumée et lisée tous les ans, elle donne des produits assez considérables en volume, mais reste toujours un mauvais fourrage vert. Quelle différence, si on la compare avec du trèfle traité de la même manière! et si seulement ceux qui prennent la peine de vanter les nouvelles découvertes voulaient prendre aussi celle d'en faire d'abord l'expérience, pour ne pas se rendre complices du tort qu'elles causent souvent à ceux qui se laissent prendre à de pompeux éloges, contre lesquels la vérité a souvent du mal à prévaloir!

§ 9. *Avoine.*

Meyer de Kupferzell regardait, et avec raison à mon sens, l'avoine verte comme le fourrage le plus productif de lait qu'on pût donner aux vaches. Il est dommage seulement que le rendement de cette culture n'en couvre pas tout à fait les frais. Aussi ne sème-t-on guère l'avoine fourrage qu'en mélange avec des vesces ou avec du trèfle, et, dans ce dernier cas surtout, on obtient un rendement qui dépasse de beaucoup les frais.

§ 10. *Seigle*.

Le seigle est beaucoup plus profitable, comme
fourrage vert, que l'avoine. La propriété la plus
précieuse qu'on recherche dans les fourragères sup-
plétives est celle surtout de présenter une ressource
en attendant que le trèfle commence à rendre, c'est-
à-dire de le devancer. Telle est particulièrement la
propriété du seigle; il devance même la luzerne.
Cette propriété est surtout précieuse pour le nourrisseur à l'étable, qui n'est pas pourvu de luzerne
et qui a besoin de donner de bonne heure du fourrage vert à ses vaches laitières. On trouve cette pratique généralement suivie dans les Pays-Bas, où
manque la luzerne et où la combinaison même des
exploitations est cause qu'on ne cherche point à en
produire. Si le seigle fourrage a pu être semé au
commencement de septembre dans une terre encore
en force, et s'il a été semé assez dru, ses produits
surpassent souvent toute attente. Du seigle, que je
semai de cette manière, me rendit, au commencement de mai 1825 et malgré le printemps le plus
défavorable, 134,5 quintaux métriques de fourrage
vert, qui, séchés à l'air et au soleil, conservèrent
30 pour 100 de leur poids et donnèrent ainsi
41,86 quintaux métriques de fourrage sec par hectare. Il ne devrait pas y avoir un cultivateur qui
négligeât de semer en seigle fourrage une partie de

ses meilleurs chaumes de céréales destinée à être mise en jachère, ou à porter une plante jachère l'année suivante.

Comme le seigle fourrage laisse le sol libre dès la fin d'avril, ou du moins dès la première quinzaine de mai, on peut très-bien y cultiver ensuite des pommes de terre, des navets repiqués ou des betteraves. Peut-être le maïs fourrage serait-il un bon successeur à donner au seigle fourrage : pour en faire l'expérience, j'ai soumis une sole particulière à la rotation que voici : elle avait porté, en 1824, de la navette ; elle fut seulement écorchée, fortement hersée, fumée, puis labourée deux fois, et, dans les premiers jours de septembre, semée de seigle destiné à être donné aux vaches à la fin d'avril 1825. Après la coupe, on arrose le seigle de fumier liquide, pour obtenir une recrue, on le renverse après six ou sept semaines, et dans les premiers jours de juin on sème du maïs pour fourrage vert d'automne. En octobre, on met de nouveau de la navette. Cette rotation : 1° seigle et maïs fourrages ; 2° navette plantée, m'a assez bien réussi pour que je me sois déterminé à continuer aussi longtemps que les résultats répondront à mon attente.

§ 11. *Spergule.*

L'espargoutte, la spergule, ou l'espergule, *spuri, spergula arvensis,* dont l'existence entière n'est que de trois mois , est la fourragère particulière, sinon unique , des pays de sable aride dans lequel on ne peut faire croître le trèfle et les herbages ordinaires. Nul doute qu'elle ne réussisse mieux dans les bonnes terres sableuses et dans les sables argileux ; mais elle convient moins à mesure que le sol est plus lourd. Dans les bonnes terres, capables de porter du trèfle, la spergule ne paye pas ses frais : elle n'est donc et ne sera jamais qu'une ressource pour les mauvaises terres de sable.

Fanée, aussi bien que verte , la spergule est un excellent fourrage qui produit beaucoup de lait et de beurre, et qui communique particulièrement au beurre la propriété de se conserver plus longtemps.

La spergule sèche, dont on a récolté la graine, est égale, en valeur, au foin des prairies naturelles ; on la réserve pour l'hiver, et on la donne dans l'eau blanche ou le potage. Le foin de spergule , coupé avant la maturité de la graine, est un fourrage plus substantiel encore ; la graine est plus nourrissante que les tourteaux de navette.

A cause du peu de durée de sa végétation, soixante jours y suffisent ; il est facile de cultiver la spergule en seconde récolte, il est possible même de l'intercaler, en automne, entre deux céréales se succédant dans la même année, sans faire de tort à la seconde des deux céréales. Elle y gagne , au contraire, lorsqu'on fait pâturer la spergule sur place, de telle sorte que le second seigle rend davantage et réussit plus certainement que si l'on n'avait pas intercalé la spergule. De cette manière, la spergule produit de l'engrais sans en avoir demandé ; elle surpasse en qualité de substance nutritive le trèfle et les herbes d'automne.

On cultive la spergule, soit en jachère, soit sur chaume. Dans le premier cas, on a pour but, soit la production de la semence, soit de procurer au sol un temps de repos dans la production annuelle et non interrompue du seigle, soit de procurer au cultivateur qui nourrit à l'étable, et qui ne peut produire de trèfle, une quantité suffisante de fourrage vert pour l'été.

Dans ce dernier cas, on sème successivement, d'époque en époque, en commençant avec le mois de mars, et l'on peut commencer à faucher au mois de mai. Si on laisse mûrir les premières semailles, on peut en récolter la graine avant la Saint-Jean et la ressemer la même année. On est généralement d'accord sur ce point, que la spergule jachère, même alors qu'on en récolte la graine, est la meilleure préparation pour le seigle. On convertit rarement en foin la spergule cultivée autrement et dont on a recueilli la graine.

Je dois faire remarquer ici que tout ce que je dis de la spergule s'applique spécialement aux pays de sable.

On emploie beaucoup plus communément la spergule comme pâturage d'été que comme pâturage d'automne. On y attache toujours le bétail , parce que , sans cette précaution , il gâterait une trop grande quantité de fourrage et qu'on courrait le risque des indigestions et même des météorisations. On a remarqué que les vaches qui rentrent du pâturage de la spergule recherchent le vacinet noir, auquel elles ne touchent jamais dans toute autre circonstance, et l'on croit généralement qu'il ne faut pas contrarier ce besoin instinctif.

La spergule ne demande qu'une préparation très-simple. On laboure très-superficiellement le chaume, et le plus tôt possible, après la récolte de la céréale. Labourer profondément ou labourer deux fois est peine inutile et fait plus de mal que de bien. On herse légèrement, on sème et on passe le rouleau. Plus parfaitement on pulvérise avec la herse une couche très-mince à la surface et mieux on la fait adhérer ensuite avec le rouleau , mieux la spergule réussit. Malgré que la semence soit très-fine, il convient de semer assez dru ; on prend ordinairement de 80 à 100 litres par hectare.

La spergule jachère se trouve surtout parfaitement bien de l'application des engrais liquides. Semée en mars, on la fauche à la fin de mai ou au commencement de juin. Elle rend trente voitures à un cheval par hectare, et, après cette récolte, on en peut faire encore une très-bonne en pommes de terre. Son produit peut être considéré comme égal à celui d'une coupe de trèfle en terrain ordinaire.

Elle est très-facile à faner ; on s'y prend de la même manière que pour le trèfle. Une longue pluie, survenue après la coupe, ne lui fait guère perdre en qualité.

Cependant il ne faut attendre de bonne graine que de la spergule semée de bonne heure. Celle qui a été semée tard mûrit difficilement et incomplétement sa graine. La maturité étant arrivée, il ne faut pas en laisser passer le moment, parce que la graine s'échappe facilement ; on fauche et on fane, et mieux encore, on sèche sur des perches sur lesquelles on pose la spergule roulée en boudins. La spergule porte une très-grande quantité de graine qui, broyée au moulin, est une excellente nourriture pour les chevaux. Pour les bêtes à cornes, on la leur donne en potage, échaudée et tiède, condition sans laquelle ils ne la digèrent pas. Son bon effet sur la production du lait et du beurre est particulièrement remarquable.

Je ne puis abandonner ce sujet sans faire mention du fermier d'une exploitation rurale du pays de Munster ; il se nomme Boss, et on lui donne le surnom de Bussmann, sous lequel il est généralement connu comme un des praticiens les plus intelligents et les plus expérimentés des environs. Il y avait un grand nombre d'années déjà que je l'avais déterminé à entreprendre la nourriture à l'étable, dans un pays où elle était entièrement inconnue, et il s'y était tellement attaché qu'il avait peine

à l'interrompre pendant quelques semaines de l'automne pour faire pâturer les spergules ; aussi finit-
il par faire faucher les spergules pour les faire consommer à l'étable. Pour en avoir de bonne heure
et d'époque en époque, il fait faucher avant sa maturité une de ses pièces de seigle, qu'il fait passer
au hache-paille, et réserve pour la nourriture de
ses chevaux. Cette pièce est aussitôt semée de spergule. Bientôt après, aussitôt la maturité du seigle,
une seconde pièce est coupée pour faire place à la
spergule. Enfin, lorsque la récolte du seigle est terminée, la spergule prend partout sa place. La spergule à peine enlevée, on laboure, on herse, on fume,
on laboure et on sème du seigle. Ayant une grande
quantité de spergule à donner à ses bêtes, Bussmann
craint toujours les accidents, y veille sans cesse et
use constamment des précautions les plus attentives
et commence à douter si c'est à ces précautions ou
à leur inutilité qu'il est redevable de n'avoir encore
éprouvé aucun accident.

C'est un spectacle des plus intéressants que de
voir un simple paysan lutter avec persévérance
contre des difficultés devant lesquelles eussent re-
culé, dans peu de temps, des économistes instruits
et éclairés. Honneur à un tel homme ! Heureux les
pays, comme celui de Munster et le comté de Mark,
où l'on rencontre tant de bons et d'intelligents cultivateurs dans les classes des paysans et des fermiers!

DEUXIÈME DIVISION.

CULTURE DES PLANTES FOURRAGÈRES.

DEUXIÈME SUBDIVISION.

RACINES ET TUBERCULES.

CHAPITRE PREMIER.

Conditions de la culture.

Il n'est personne qui, ayant essayé de l'exploitation et de l'économie rurale, n'accorde à la culture
de ces plantes, sous le rapport de la nourriture des
bestiaux, une importance considérable. Il faut
avouer cependant que quelques-uns ont exagéré
cette importance, ou du moins l'ont présentée d'une
manière trop absolue, et qu'ils ont fait faire des
écoles à ceux qui ont adopté et appliqué sans examen
leur opinion. Nous allons essayer de faire voir la
vérité où elle se trouve, entre les extrêmes, et de
donner à la pratique la mesure des avantages et des
inconvénients.

La convenance particulière du sol à cette espèce

de végétaux, le revient plus ou moins élevé des frais de production, leur emploi plus ou moins utile, l'appréciation aussi exacte que possible de leur part contributive dans la production des engrais, les besoins qu'elles font éprouver au sol sous ce rapport, la bonne combinaison des rotations de culture et la bonne distribution des assolements, et enfin l'organisation générale de l'exploitation, sont les éléments qui déterminent le plus ou moins d'avantages ou d'inconvénients de la culture en grand des racines et des tubercules. Nous allons essayer de développer en peu de mots ces considérations.

1° Le cultivateur qui s'appuie principalement, en terrain sablonneux, sur la spergule, en bonne terre argileuse, sur le trèfle, en terre forte et profonde, sur la luzerne, en terre calcaire pierreuse, sur l'esparcette, est dans la bonne voie; celui qui s'écarte de ces données se trompe et se ruine.

Le cultivateur du Norfolk sème ses terres sablonneuses de navets, qu'il fait pâturer dans la saison par ses moutons; le cultivateur allemand plante ses terres sèches et légères de pommes de terre et de navets-jachère, qu'il fait consommer à l'étable. Les uns et les autres suivent une bonne pratique, qui s'accorde avec leur condition. Celui qui, sur un sol lié, soumis à la persistance de l'humidité, voudrait faire jouer un rôle important à ces cultures dans son système d'assolement, celui-là s'exposerait à de bien tristes mécomptes. Dans de pareils terrains, on ne fait pas fonctionner la houe à cheval quand et comme on veut, et, lorsqu'un automne pluvieux vient accompagner la récolte des pommes de terre, il suffit d'une expérience pour décider celui qui l'a faite à abandonner la culture des tubercules pour celle des fourragères proprement dites. Cette rotation : pommes de terre, orge, trèfle, et ainsi de suite, peut donc convenir à une bonne terre moyenne légère; mais il en est tout autrement dans une terre argileuse un peu forte, et le cultivateur y ferait une bien coûteuse école, qui voudrait y introduire en grand une pareille rotation, et croirait pouvoir se dispenser ainsi de la jachère.

2° Dans un pays peuplé, où la main-d'œuvre est à un prix élevé, où la viande, le beurre, le lait sont à bon marché, vouloir cultiver les terrains au cordeau, à la bêche et à la houe à main, et les cultiver en grand, est une entreprise très-coûteuse, et qui ne peut se soutenir qu'à la condition de produits bruts assez considérables pour réaliser un produit net. Mais, si le produit net est d'autant plus petit, que les frais de culture sont plus élevés, le contraire arrive lorsqu'on parvient à diminuer ces frais. S'il est certain que la substitution des attelages à la main-d'œuvre pour les binages en général est un avantage, c'est un fait bien plus saillant encore dans la culture des racines. Et fût-il vrai, ce que croient encore un petit nombre de cultivateurs, que les produits de la culture à bras sont plus considérables

que ceux de la culture par les attelages, cette proportion un peu plus grande de produits ne serait pas
assez grande pour compenser l'énorme différence
dans le montant des frais. L'introduction de l'emploi des animaux, au moyen de machines bien en-
tendues, à la culture des racines et des plantes de
commerce est une des plus importantes améliorations que les temps modernes aient apportées à
l'agriculture et à l'économie rurale.

3° Bien que l'augmentation de production d'engrais qui résulte de la culture des racines soit, aux
yeux de ses partisans exclusifs, la circonstance
principale sur laquelle ils fondent les avantages de
cette culture, il reste encore à examiner s'il se rencontre en effet, dans cette augmentation de production d'engrais, un avantage aussi considérable et
aussi réel qu'on le prétend ; car, comme les racines
exigent qu'on leur applique une grande, sinon la
plus grande partie de cet engrais, le reste en plus
des engrais produits peut bien ne pas suffire pour
couvrir l'augmentation de dépense qu'entraîne cette
culture, et l'opinion de ceux qui la regardent comme
une mauvaise économie pourrait bien n'être pas
sans fondement ; et ils auraient raison de dire que
c'est mal calculer « que d'établir dans la culture
« des champs une grande production d'engrais avec
« des cultures qui en exigent elles-mêmes beau-
« coup. »

L'opinion d'Arthur Young sur ce point est re-

marquable : « Les assolements, dit-il, dans lesquels
« les navets, les choux, les betteraves, les pommes
« de terre reviennent le plus souvent, sont ceux qui,
« en dernière analyse, rendent le moins, et donnent
« le plus petit bénéfice. »

4° Lorsqu'on cherche l'avantage propre et, en
même temps, le principal avantage de cette culture
dans la nourriture des bestiaux, on entre dans la
bonne voie pour se tirer de cette difficulté d'appréciation, si obscure, de la production et de la consommation des engrais. Mais il faut, avant tout,
s'assurer, par un calcul rigoureux, si l'on obtient avec
cette nourriture un profit plus considérable qu'avec
des fourrages coûtant moins à produire, résultat
auquel, malgré l'apparence, en ce qui concerne le
lait, le beurre, le fromage, on n'arrive pas toujours
dans nos contrées. Il faut, dans tous les pays, bien
examiner à quelle espèce de bétail il convient de
donner les racines, dans quel but on doit les lui
donner, et reprendre souvent la comparaison des
résultats avec ceux d'une autre nourriture. Il ne
faut pas oublier de faire entrer en ligne de compte
les frais de conservation et de préparation des racines. La conservation des fourrages secs n'est ac-
compagnée d'aucun danger, d'aucun embarras; il
n'en est pas de même des racines et des plantes
bulbeuses dont la qualité tient aux sucs qu'elles
contiennent. La construction des silos, leur réou-
verture, le lavage, la nécessité de préparer ou de

couper sont autant de conditions qui ne laissent pas que d'avoir leurs inconvénients et d'augmenter la valeur du fourrage.

Lorsque ces plantes peuvent être employées à un usage quelconque, avant de l'être à la nourriture des bestiaux, c'est-à-dire lorsque l'on n'emploie comme fourrage que leurs résidus, après en avoir tiré du sucre, de l'alcool, etc., une triple application, comme matière première, comme fourrage et comme engrais, conduit sans doute à des résultats plus avantageux, et c'est ainsi que, par la distillation des pommes de terre, le Palatinat est entré dans une si belle voie de prospérité. Cultivées pour la vente, les racines et les plantes bulbeuses peuvent aussi, dans des circonstances données, procurer des bénéfices ; mais ce sont des circonstances exceptionnelles, puisqu'elles s'écartent de la règle de faire consommer dans l'exploitation et ont pour résultat d'en faire sortir des engrais.

5° L'engrais a une valeur d'autant plus grande, ou d'autant moindre, qu'il est employé plus ou moins judicieusement. Là donc, où, comme cela ressort de ce qui a été dit tout à l'heure, la valeur des plantes fourragères dépend en plus grande partie de celle des engrais, il ressort aussi qu'il résulte de leur culture plus ou moins d'avantage pour l'exploitation en général, selon que l'application des engrais a lieu avec plus ou moins de connaissance de cause. Dans une exploitation ayant pour objet principal la production des céréales, un surcroît d'engrais reste sans aucun avantage, lorsqu'elle ne cherche pas à l'utiliser pour la culture de plantes de commerce exigeant beaucoup d'engrais et donnant plus de bénéfices.

6° **La production des engrais** est plus importante dans les sols maigres que dans les sols gras; les moyens de les produire ont donc une importance plus grande pour les uns que pour les autres. Si donc, comme cela ne peut être mis en doute, le plus grand avantage que comportent les racines et les plantes bulbeuses consiste dans la production des engrais, cet avantage doit être d'autant moins important que la nature du sol est moins exigeante sous ce rapport, et dans ce cas les règles d'une bonne économie indiquent les bornes dans lesquelles il convient de restreindre la culture de ces plantes, surtout de celles dont les façons sont les plus chères, et l'extension à donner à la culture des céréales et des plantes de commerce. Aussi remarque-t-on que l'on s'adonne beaucoup moins à la culture des racines dans les bonnes terres que dans les mauvaises, bien que les bonnes terres y conviennent beaucoup mieux que les mauvaises. On remarque encore généralement la même circonstance dans les contrées où l'industrie a atteint un haut degré de perfection; la terre et le temps y ont acquis une telle valeur, qu'on ne les prodigue pas à de simples accessoires. Et, si l'on n'abandonne pas absolument ces accessoires, on les dérobe en quelque sorte, en les produisant en seconde récolte, dans la même année où la terre a déjà produit une récolte principale et en addition à celle-là. Les Alsaciens, dans leurs bonnes terres, les habitants des Pays-Bas, avec leur industrie poussée si loin, ne manquent ni de carottes, ni de navets; mais ils les sèment après ou dans leur lin et leurs céréales.

7° La combinaison des assolements peut ajouter aussi à la valeur propre des racines : celui qui les ferait entrer dans l'assolement triennal en les plaçant dans l'année jachère et en les faisant suivre de céréales, celui-là n'en doit pas attendre grand profit; souvent il perdra davantage en valeur de paille et de grain qu'il ne gagnera en valeur de racines. La culture alterne n'est pas soumise à cet inconvénient, parce que celui qui la suit est toujours le maître de faire succéder les unes aux autres les céréales ou les plantes qui s'arrangent le mieux d'avoir les racines pour précédents.

8° Enfin la constitution même de l'exploitation est un élément important à considérer dans la question des avantages de la culture des racines. Dans les terres éloignées du centre, cette culture devient très-difficile; lorsqu'on a une grande quantité d'herbages naturels, l'extension de cette culture est superflue; lorsque l'exploitation manque des moyens de produire et de consommer, elle est une ruine; la culture des racines pour la vente n'est permise qu'à la condition d'appliquer une bonne partie du produit à l'acquisition d'engrais, ou d'avoir des terres qui n'en demandent qu'une très-petite quantité.

De toutes les considérations que nous venons d'indiquer, il résulte qu'il ne faut pas se déterminer sans un mûr examen à la culture en grand des racines et plantes bulbeuses. Le défaut de calcul et d'appréciation préalable des conditions énoncées et d'une foule d'autres circonstances encore a conduit bien des commençants, séduits par l'appât de la nouveauté, à des mécomptes ruineux et à attribuer au système mal appliqué les fâcheuses conséquences de leur propre irréflexion.

CHAPITRE II.

Navets.

De toutes les plantes bulbeuses et tuberculeuses, le navet, la rave commune, est la plus répandue, et sa culture n'a pu être restreinte que par l'extension de la culture des pommes de terre. Dans les pays à terres légères et sablonneuses, il est la base de toute bonne nourriture des bestiaux et en quelque sorte le pivot autour duquel tournent toutes les rotations de cultures. — Qui ne connaît cette rotation anglaise : turneps, orge, trèfle et froment ?

Je ne saurais dire pourquoi la mode a baptisé la vieille rave allemande du nom de turneps, mais je sais bien qu'elle est parvenue à persuader beaucoup de nouveaux cultivateurs que le turneps était une espèce différente de nos navets, ce qui est une erreur; car, en Allemagne comme en Angleterre, on cultive des navets blancs, violets, verts, jaunes, plats, longs, ronds, suivant la coutume locale et même suivant la fantaisie du cultivateur; on aurait tort de faire venir à grands frais des graines de turneps d'outre-mer, quand on peut en trouver chez tout paysan en Allemagne. En Alsace, on a aussi une variété noire, à laquelle, d'après son extérieur, on donnerait plus proprement le nom de rave; elle supporte l'hiver en plein champ, elle a un bon goût, mais on ne la cultive, et je ne sais pourquoi, que dans les jardins. Le navet long, ou fusiforme, a la propriété de prendre presque tout son développement hors de terre, ce qui en facilite beaucoup la récolte. On le prise beaucoup dans certaines localités et il est d'un bon rapport; mais il se creuse quand on le laisse longtemps debout et ne supporte pas la gelée.

Le sol qui convient le mieux aux navets est un sol léger, peu lié; mais ils ne répugnent pas absolument à un sol plus compacte quand il produit bien le seigle, ou l'orge. Pour qu'un sol froid et tenace puisse produire des navets, il faut qu'il soit marné. Un sol sec et un ciel humide sont les conditions les plus favorables pour la culture des navets.

Dans la description de la culture des navets, nous suivrons leur division en navets jachère et en navets sur chaume ; division indépendante des variétés de couleur et de forme, déterminée seulement et tout naturellement par les époques de semaille. La culture des navets jachère est particulièrement usitée en Angleterre, celle des navets sur chaume est propre aux Pays-Bas, au bord du Rhin et à une grande partie de l'Allemagne méridionale. Dans les contrées les mieux cultivées on ne voit guère que des navets sur chaume. La terre y est à un trop haut prix pour qu'on puisse l'abandonner une année entière à une plante qui demande et ne rend guère que de l'engrais.

§ 1. *Culture des navets jachère.*

Il faut rendre cette justice aux Anglais, qu'ils sont nos maîtres dans cette culture. Mais c'est une question de savoir si, dans nos conditions ordinaires, il y aurait avantage pour nous à devenir en ce point leurs émules. Ce serait, pour mon compte, la dernière branche de l'industrie agricole anglaise que je voudrais greffer sur la nôtre. Cependant la culture des navets jachère, en petit, comme elle a lieu chez nous, n'est pas sans avantage. Lorsque la nourriture au trèfle vert tire à sa fin, le cultivateur qui n'est pas pourvu de luzerne, de maïs ou de choux est souvent embarrassé de savoir ce qu'il donnera à ses bêtes jusqu'au moment où il pourra disposer de ses betteraves et de ses pommes de terre. Les navets jachère remplissent à merveille cette lacune et conduisent jusqu'au moment d'effeuiller les betteraves et les choux ; viennent alors les navets sur chaume et enfin les pommes de terre et les betteraves. Si le cultivateur qui calcule rigoureusement ne trouve pas toujours son compte à cette succession de fourrages, ses vaches y trouvent du moins très-bien le leur.

Pour leurs navets jachère les habitants du Nor-folk donnent en automne un labour aussi profond que le sol peut le permettre, afin, comme ils le disent, d'y faire pénétrer l'hiver. Lorsque le temps de la semaille des orges est passé, on donne un second labour à la terre, qui a eu le temps de se remplir de mauvaises herbes, non pas en travers, comme cela semblerait indiqué, mais dans le sens du premier labour. On herse et on laboure une troisième fois ; on ramasse avec le plus grand soin les mauvaises herbes arrachées et déracinées par le labour et on les brûle ; on répand le fumier, on l'enfouit par un labour superficiel et on se sert encore de la herse pour le bien mêler à la terre ; enfin on donne le cinquième et dernier labour. Dans les terres lourdes, on supprime quelquefois le quatrième labour et on enfouit l'engrais par le labour de semaille. On voit que ces labours de printemps doivent se suivre coup sur coup, depuis la mi-mai jusqu'au commencement de juin.

L'engrais que les cultivateurs du Norfolk donnent à leurs chers navets jachère est un compost de fumier court et de marne ou de bonne terre. Les navets sont du petit nombre de plantes auxquelles on ne court jamais le risque de donner trop d'engrais. Aussi arrive-t-il souvent à ces cultivateurs de donner à leurs navets jachère tout l'engrais qu'ils ont sous la main, sauf à venir au secours de leur froment avec de la chaux, de la drèche, des tourteaux et de la suie.

Mais, quelque procédé qu'on se détermine à suivre pour la culture des navets, il ne faut jamais s'écarter de la règle absolue *de ne les mettre que dans une terre bien fumée, bien préparée et bien propre*, règle suivant laquelle on ne peut pas donner trop de labours, fumer trop fort, herser trop énergiquement, si l'on veut obtenir de belles récoltes.

On sème chez nous les navets jachère dans la première quinzaine de juillet, comme on dit, à la Saint-Kilian. Sous des climats plus rudes et plus froids, on devance d'un mois cette époque ; on sème de 2 et demi à 4 kilogrammes au plus de graine par hectare. Rien n'est plus nuisible aux navets qu'une semaille trop drue. En semant des navets, il ne faut pas compter sur le moyen de l'arrachage pour les éclaircir, car leur venue trop serrée leur a déjà nui lorsque ce moyen devient praticable ; pour

les faire lever plus vite, on les sème sur le sillon ouvert, qu'on abat légèrement à la herse dans le cas
où il paraît un peu trop profond et trop tranché.
On enfouit en passant deux fois la herse, mais en
la faisant marcher les dents inclinées en arrière.

Bien que, chez nous, on bine rarement les navets jachère, même dans les localités où l'on
accorde les honneurs de cette façon aux navets sur
chaume, il conviendrait, surtout dans l'intérêt du
sol lui-même, de biner aussi les navets jachère.
C'est, en grande partie, sinon exclusivement, au
défaut de cette façon qu'il faut attribuer l'opinion,
constatée par l'expérience, que les navets jachère
sont un très-mauvais précédent pour les céréales.
— Que dirait un Anglais qui verrait un champ de
navets non biné? Cependant le défaut de binage peut
être compensé en grande partie par le hersage dont
nous parlerons et dont nous décrirons le procédé,
ainsi que celui du binage, au paragraphe des navets
sur chaume. J'ai même rencontré, sur les bords du
Weser, un excellent cultivateur qui me dit qu'il pré-
férait voir un champ de navets hersé et non biné
que biné et non hersé. Il est vrai qu'il ne se vantait
pas encore, comme les Anglais, de produire des navets
du poids de 30 kilogrammes et qu'il en produisait
seulement de 7 à 8.

Bien qu'en Westphalie, comme en Angleterre, on
se vante encore de produire des navets anglais de
cinq au quintal métrique, il ne faudrait pas qu'on en

conclût que les turneps atteignent généralement un
pareil volume. « Dans le temps, dit Marshall, où
« les turneps commencèrent à s'établir dans le Nor-
« folk, on avait coutume de marner très-fortement
« les terres, et le sol, généreux comme il l'est tou-
« jours pour les plantes qu'il n'a pas encore produites
« ou qu'il a été longtemps sans produire, fournis-
« sait en abondance les sucs qui leur convenaient.
« Les navets atteignaient un diamètre de 25 à
« 30 centimètres. Mais, de nos jours, les terres
« semblent fatiguées de produire des turneps, ou
« du moins ils n'atteignent plus le développement
« qu'ils atteignaient alors. Il est aujourd'hui très-
« rare de voir des turneps de 20 centimètres de
« diamètre, et le plus grand nombre ne dépasse
« pas 10 ou 12 centimètres. » Nous empruntons
ces lignes à Marshall, à un Anglais, pour consoler
les cultivateurs allemands.

Un autre Anglais, Watson, se fonde sur trois
expériences, pour compter à 759 quintaux métriques le produit d'un hectare de navets jachère. Pour
faire somme ronde, on peut négliger les 59 quintaux.
Les 700 quintaux peuvent être regardés comme
l'équivalent de 131 quintaux métriques de foin ou
de 262 de pommes de terre. 262 quintaux métriques de pommes de terre donnant 304 hectolitres,
et les pommes de terre n'en rendant que 276 par
hectare, il s'ensuivrait, si l'on prenait la donnée de
Watson comme moyenne, qu'un hectare de navets

fournirait plus de substance nutritive qu'un hectare de pommes de terre.

Pour éviter des redites, je crois devoir renvoyer aux principes d'économie rurale de J. Sinclair ceux qui voudraient s'initier dans les nouveaux procédés de la culture anglaise, ou plutôt écossaise, des navets jachère.

Les navets jachère ne sont pas non plus tout à fait inconnus en Flandre, seulement on comprend sous cette dénomination ceux qu'on sème après la navette. Pour cette culture, on rompt le chaume de la navette aussitôt après la récolte, et, entre ce moment et le 15 juillet, on donne deux à trois labours. Avant le dernier labour, on répand de la chaux sur les terres lourdes, et du fumier sur les terres légères. L'un ou l'autre engrais ne s'enfouit que superficiellement. Ces navets atteignent un grand développement; on les arrache au fur et à mesure des besoins, depuis la Toussaint jusqu'à la Chandeleur. Cette pratique présuppose qu'on renonce à semer une céréale d'hiver après les navets et qu'on leur fera succéder, au printemps, du lin ou des fèves.

§ 2. *Culture des navets sur chaume.*

J'ai déjà rappelé que là où le sol, à cause de sa qualité, ou à cause de la perfection locale de la culture et de l'industrie, est d'une grande valeur; il n'est pas profitable de le consacrer, pour une année entière, à la production des plantes racines ou bulbeuses, si ce n'est à celle des pommes de terre. Cette remarque s'applique particulièrement aux navets, quelle que soit leur utilité pour la nourriture des vaches, d'autant plus qu'ils n'ont pas seulement la propriété de supporter une semaille tardive, mais que les navets semés tard ont meilleur goût et se conservent mieux que les navets semés de bonne heure ; on les considère comme un bénéfice net, comme une récolte dérobée d'autant plus précieuse qu'elle ne prend la place d'aucune autre. Les navets sur chaume sont, dans de telles conditions, l'appui principal de l'économie intérieure pendant l'hiver, et, si leur culture n'est pas aussi généralement répandue dans le Palatinat, cela tient à l'extension de l'industrie de la pomme de terre, dont les résidus remplissent une bonne partie des besoins que les navets sur chaume ont pour destination de remplir.

a. *Tour de rotation.*

On met le plus ordinairement les navets dans les chaumes des céréales d'hiver ; mais on peut les mettre aussi dans les chaumes des orges d'été, lorsqu'on peut leur donner des lisées ou du fumier liquide. Cette pratique est la plus convenable à l'agriculture triennale, parce que, avec tous les avantages qu'ils apportent à l'exploitation, les navets sur chaume apportent aussi, il faut bien le reconnaître, l'inconvénient d'exercer une influence fâcheuse sur la céréale d'été qui leur succède. En Alsace, aucun bon cultivateur ne les met dans un champ dans lequel il a l'intention de semer ensuite de l'orge, sachant bien qu'il diminuerait ainsi d'une manière sensible le rendement de cette dernière. Il existe, dans le Palatinat, un dicton qui exprime la pensée qu'il ne faut pas passer en automne, avec de la graine de navets dans sa poche, à côté de son champ, si l'on ne veut en être puni l'année suivante.

Plus il existe un grand nombre de navets sur une surface donnée, plus leur action est nuisible. Il est même des cultivateurs qui prétendent que, quand les navets pourrissent et qu'on les enfouit comme engrais, ils agissent encore en diminution de la récolte suivante d'orge. Leur influence nuisible sur le rendement du lin est également constatée par l'expérience. Dans les Pays-Bas, on préfère un champ non fumé, qui n'a pas porté de navets sur chaume, à un champ fumé qui en a porté : même alors qu'on fait suivre les navets d'une jachère complète, quelques cultivateurs prétendent avoir encore remarqué une diminution appréciable dans le rendement de la céréale d'hiver et de la navette qui y prend place.

Bien qu'il y ait quelque exagération dans cette opinion comme dans celle exprimée par le proverbe des Pays-Bas, leur concordance n'en fonde pas moins un préjugé défavorable aux navets sur chaume. Quoi qu'il en soit, leur culture se maintient dans tous les pays où elle s'est établie, à cause

de la modicité des frais qu'elle comporte, de la
quantité de fourrage qu'elle procure, de la masse
d'engrais qui en ressort, des avantages qu'elle apporte dans l'exploitation, et les cultivateurs de ces
contrées ne tiennent pas moins à leurs navets sur
chaume, produits à si bon marché, que les Anglais
à leurs turneps, produits à si grands frais. Il est,
d'ailleurs, facile, dans une exploitation basée sur la
culture alterne, d'éviter les inconvénients attribués
aux navets sur chaume, en faisant succéder, à une
partie de ses céréales d'hiver, des fèves, des vesces à
consommer en vert, ou des pommes de terre. L'Alsacien obtient ainsi ses navets sur chaume par-dessus
le marché et trouve mieux son compte, en général
et pour leur culture, s'il nourrit à l'étable, que les
Anglais ne le trouvent à la culture des navets
jachère.

b. Pratique des Pays-Bas.

Après avoir renversé le chaume de céréale par un
labour superficiel, on donne un hersage énergique,
on roule une première et une seconde fois, on herse
de nouveau, puis on enlève avec soin au râteau le
chaume et les racines de mauvaises herbes. Après
cette opération, on laboure de nouveau, on herse
légèrement, on sème, on enfouit légèrement à la
herse, et, suivant les circonstances, on passe le
rouleau. Quelques-uns répandent des eaux grasses
et de la cendre ; jamais on ne fume. On peut encore

répandre les eaux grasses quand les navets ont développé quatre à six feuilles. Quand les feuilles ont atteint la longueur de la main, on herse le plus énergiquement possible, en suivant le proverbe qui dit : *Celui qui herse des navets ne doit pas regarder derrière lui*, afin de ne pas se laisser épouvanter par le résultat momentané de son travail. Dans quelques localités on renouvelle ce hersage jusqu'à trois fois, de huit en huit jours, et en croisant les traits de herse. Dans le pays de Clèves, comme dans le Palatinat, on fait agir la herse à toute la profondeur que ses dents peuvent atteindre, au risque de voir les plants arrachés par le vent ; et, lorsque le hersage n'a laissé debout que quelques rares jeunes plants et qu'il a couché ou dérangé tous les autres, on regarde l'opération comme bien faite.

Burger donne aussi son assentiment à la pratique des Pays-Bas, et il le fait en ces termes : « Cette prati-
« que, dit-il, de herser deux fois les navets, au lieu
« de biner, que j'ai observée pendant cinq années
« d'expériences comparatives, présente de si grands
« avantages, qu'elle mérite d'être généralement
« adoptée. Je fais retourner profondément le chaume,
« aussitôt après la récolte, et passer la herse. Au
« commencement d'août, on répand du fumier, on
« l'enfouit par un labour, sur lequel on sème et on
« herse. Aussitôt que les navets ont poussé six
« feuilles et que leur tige a atteint la longueur de la
« main, on herse ; on détruit, dans cette opération,

« une très-grande quantité de navets ; mais cette
« destruction est nécessaire pour les éclaircir.
« Après huit ou dix jours, on herse de nouveau. »

c. *Pratique d'Alsace.*

En Alsace on ne donne qu'un seul labour, sur
lequel on sème ; puis on enfouit la semence par un
hersage léger. Quelquefois on fume avec des plumes,
ce qui produit de très-beaux navets. Si l'on épargne
aux navets le travail des attelages, on leur donne
ensuite d'autant plus de travail manuel. On dénude
presque entièrement les navets par le binage, de
manière à les laisser attachés par un fil au fond
d'une petite cuvette, dans laquelle le vent les tourne
et retourne pendant les premiers jours. On dit que
les navets veulent être déchaussés et dérangés pour
bien réussir. En même temps on détruit tous les
plants superflus, de manière à espacer de 35 centimètres environ les plants qu'on conserve. Comme
il faut disposer la terre en cuvette autour de chaque
plant de navet, on la rejette tantôt dans une direction,
tantôt dans l'autre, de manière à les débarrasser
tout à fait, et on la réunit en petites buttes dans les
intervalles des plants, pour y étouffer les mauvaises
herbes. Chaque navet reste ainsi isolé, au fond de
sa cuvette, et, quoique ne tenant à la terre que par
un fil, se relève et prospère en peu de jours. Les
frais d'un pareil binage s'élèvent de 20 à 24 francs

par hectare. Beaucoup de cultivateurs font biner deux fois leurs navets.

C'est une circonstance digne de remarque que la similitude de la manière de s'y prendre des Alsaciens et des Anglais pour donner cette façon ; on dirait qu'ils ont été à l'école les uns chez les autres : adresse égale dans le coup de main de ce binage, adresse qui ne peut s'apprendre que par un exercice commencé dès la première jeunesse; même manière de former des cuvettes, même attention à déchausser presque entièrement la racine, et même prix. Seulement, dans les sables du Norfolk, le prix est d'un tiers environ moins élevé. Comme nous l'avons déjà vu, il est regardé comme indispensable, en Angleterre, de donner aux navets un second binage, dont les frais sont compris dans la somme indiquée plus haut; par la même raison on les espace de quelques centimètres de plus qu'en Alsace, mais, cependant, pas au delà de ce que leur feuillage peut couvrir étant arrivé à son plus grand développement, principe à observer dans la culture de toutes les racines.

d. *Culture dans les sables.*

Dans les sables du Brabant, qui ne produisent pas sans fumure, on s'y prend de la manière suivante : sur une largeur de huit sillons, on n'en ouvre que six à la charrue; laissant entre eux une bande intacte de la largeur de deux sillons, on répand le fumier et on sème sur le fumier bien également étendu. Pour couvrir la semence, on se sert de la bêche, avec laquelle on répand le sable des bandes laissées en réserve entre les sillons labourés et ensemencés. Dans les Pays-Bas, comme en Alsace, on ne fume les navets sur chaume que lorsqu'il faut les produire dans du sable. Dans un tel sol, seulement, le fumier est indispensable pour obtenir de beaux navets. Burger a observé aussi, en Carinthie, la pratique de répandre la semence sur le fumier et d'enfouir ensemble la semence et l'engrais.

c. *Temps de la semaille et quantité de semence.*

Il est de règle, pour tous les pays de sable, de ne semer ni avant la Saint-Laurent, ni après le 15 août. Dans les terres plus lourdes, il convient de semer aussitôt la céréale enlevée. De là le proverbe alsacien : « Qui veut semer des navets doit atteler sa « charrue derrière son chariot de récolte. »

D'après Burger, il faut prendre 2 kilogr. et demi de semence par hectare; en Flandre, on en prend, dans quelques localités, 3 kilogr. et, dans d'autres, jusqu'à 4. Dans le Brabant, on sème un peu moins de 2 kilogr. par hectare.

§ 3. *Rendement et emploi.*

a. *Rendement.*

Le rendement des navets jachère est ordinairement plus considérable que celui des navets sur chaume. Les Anglais évaluent le rendement de leurs navets jachère, si soigneusement cultivés, de 6 à 800 quintaux métriques par hectare. Lorsqu'ils vendent la récolte sur pied, avec cette condition qu'elle sera pâturée sur place, le prix est ordinairement de 130 à 150 fr., parce que le vendeur fait entrer en ligne de compte les déjections des animaux, aussi bien que les restes non consommés, qui tournent au profit de la terre. Il se rencontre rarement, en Angleterre, des vendeurs, à la condition que la récolte sera enlevée pour être consommée hors du champ qui l'a produite. Un pareil marché ne se fait que sous l'empire de la nécessité, par les plus petits cultivateurs, qui n'ont pas assez de bétail pour consommer une récolte un peu trop considérable en navets.

On compte, dans les environs d'Anvers, qu'il faut 5 un quart hectares de navets sur chaume pour nourrir, pendant l'automne et l'hiver, dix vaches auxquelles on donne d'ailleurs de la paille et du potage. En admettant qu'on donne, par jour, à chaque vache, 50 kilogrammes, cela fait, pour dix vaches et 160 journées de nourriture, 800 quintaux métriques ; conséquemment, cela ne porte le rendement par hectare qu'à 152 quintaux métriques. Le produit d'un hectare se vend assez fréquemment de 99 à 138 francs. A ce prix, la nourriture d'automne et d'hiver reviendrait, en navets, de 52 à 71 francs, ou de 32 à 44 cent. par jour.

Dans la Flandre occidentale, on compte le rendement d'un hectare de navets semés sur chaume de navette à 250 quintaux métriques.

« J'ai plusieurs fois vérifié, dit Burger, mais en
« parlant de navets fumés, j'ai plusieurs fois véri-
« fié, en volume comme en poids, le rendement des
« navets. En 1815, lorsque j'introduisis la pratique
« belge, le hersage, le joch ne me rendit que
« 238 quintaux de navets, sans les fanes et les
« queues ; en 1817, j'en obtins 377, et 380 en
« 1818. » Conséquemment, en moyenne, 320 quintaux métriques par hectare.

Thaër fait descendre cette moyenne, pour ses cultures, à 46 quintaux métriques.

En Alsace, comme dans les Pays-Bas, où les navets de 8 à 9 livres ne sont pas regardés comme des singularités, on compte sur 750 paniers de navets par hectare. Le panier compté à 25 kilogrammes, le rendement par hectare ne comporte pas plus de 187 quintaux métriques.

En réunissant les données que nous venons de rapporter, elles font ressortir un rendement moyen de 191 quintaux métriques, égaux en substance nutritive à 36 quintaux métriques de foin.

b. *Emplois.*

Non-seulement en Angleterre, mais encore dans plusieurs contrées du continent, les navets sont un des principaux appuis, un des fondements de l'économie rurale. En Angleterre, pour les moutons et l'engraissement ; dans les Pays-Bas, pour les vaches ; en Alsace, pour les chevaux. Partout on les regarde comme un fourrage très-sain ; partout on entend les plaintes les plus vives, lorsque la récolte des navets vient à manquer.

Un Anglais comprend difficilement qu'il soit possible d'engraisser des bestiaux sans turneps et sans ray-grass. La viande des bêtes engraissées à ce régime est d'une qualité si supérieure et de si bon goût, que les bouchers se plaignent d'être trompés, lorsqu'on leur vend des animaux dont on a soutenu et hâté l'engraissement avec de l'orge égrugée. L'effet sur les vaches laitières de leur nourriture avec des navets est également sensible. Sans les navets sur chaume, le cultivateur des Pays-Bas n'aurait guère que de la paille à donner à ses vaches pendant l'hiver. En Alsace, l'usage de nourrir les chevaux aux navets est très-répandu ; on les regarde, pour cet usage surtout, comme un fourrage très-sain. Dans plusieurs localités, les chevaux ne voient

pas autre chose, pendant tout l'hiver, que des navets et de la paille ; on les coupe ou on les broie,
et on y mêle un peu de balle. On nourrit un cheval
avec trois paniers de navets par jour.

Il existe, entre les Allemands et les Anglais, une
très-grande différence dans la manière d'employer
les navets : tandis que les premiers ne les donnent
aux bestiaux qu'à l'étable, les derniers ne les font
consommer que dans les champs. Bien que cette
méthode ne soit pas de nature à trouver beaucoup
d'imitateurs dans nos contrées, il n'est cependant
pas sans intérêt d'en dire quelques mots, quand ce
ne serait que pour ne pas ignorer les pratiques éco-
nomiques des pays étrangers.

Dans presque toutes les parties de l'Angleterre,
où l'on ne cultive guère les navets que pour les
moutons, l'usage a prévalu de les faire pâturer sur
place. On en agit autrement lorsque, comme dans
le Norfolk, on destine les navets à l'engraissement,
soit des bêtes à cornes, soit des moutons. Dans ce
dernier cas, qui est le plus fréquent, on les arrache
au fur et à mesure des besoins, et on les transporte
sur une jachère, ou sur un chaume, ou sur un pré,
en suivant un certain ordre qui fait durer cette manière de nourrir jusqu'au printemps. Dans les premières semaines, à commencer du 10 octobre, on
répand ainsi les navets sur les chaumes du froment
qui doivent porter de l'orge l'été suivant. Lorsque
vient le moment de rompre ces chaumes, on trans-

porte les navets sur les chaumes d'orge. Au mois de janvier, lorsque c'est au tour des chaumes d'orges, on transporte les navets sur les trèfles de deux ans, où on les fait consommer jusqu'à ce que le trèfle commence à pousser. Ce qui reste de navets à faire pâturer se transporte ensuite sur les terres qui doivent porter des navets dans l'année. Il faut entendre ici par trèfles de deux ans ceux qui ont été employés à la faux l'année précédente, et qui restent pour être pâturés. La première année après la semaille du trèfle, on n'étend pas dessus des navets pour les faire consommer par le bétail, parce qu'on craint le dégât que causerait le piétinement des animaux. Mais cette pratique, pendant le second hiver, est regardée comme très-importante, et c'est une des raisons pour lesquelles les habitants du Norfolk ont tant d'herbages de deux ans, consistant en un mélange de trèfle et de ray-grass, et font en sorte d'en avoir le plus possible, afin que leurs bestiaux, mangeant des navets sur un sol couvert de gazon, ne soient pas dans la boue pendant un hiver souvent pluvieux, ce qui leur est très-nuisible. Pour donner une intelligence complète de cette pratique, il est bon de faire remarquer encore que la rotation la plus usuelle du Norfolk est 1, navets; 2, orge; 3, trèfle; 4, trèfle et pâture; 5, froment; 6, orge.

Pour distribuer convenablement les navets sur le sol, on les décharge à la main et on les répand à un mètre environ les uns des autres. Afin que les déjections animales ne profitent pas seulement à une des parties du champ, on ne répand de nouveau des navets sur la partie qui a été pâturée la première qu'après que toutes les autres l'ont été à leur tour. Les bêtes à l'engrais ont toujours la première place à ce banquet en plein champ; ce qu'elles laissent revient aux moutons, aux vaches et aux veaux. Pour le repos de la nuit, on fait, dans un coin du champ, un peu de litière avec de la paille d'orge ; on renouvelle cette litière tous les jours afin que les bêtes puissent en manger, et, comme on dit dans le Norfolk, se nettoyer la bouche, besoin que leur fait éprouver la terre qui reste attachée aux navets.

« C'est un fait remarquable, dit Marshall, qu'entre
« dix bœufs gras, engraissés dans le Norfolk, il s'en
« rencontre rarement un qui ait mangé pendant
« tout le temps de son engraissement une poignée
« de foin ou d'autre fourrage sec, si ce n'est ce peu
« de paille d'orge. Cependant les cultivateurs pré-
« voyants mettent toujours un peu de foin en ré-
« serve pour le cas où les navets viendraient à s'é-
« puiser avant la fin de l'engraissement. »

Sur les terres grasses, argileuses, et dans les an-nées humides, les Anglais préfèrent cependant, et non sans raison, malgré le surcroît de besogne, faire consommer les navets dans la cour de la ferme, et reconnaissent que le bétail y engraisse plus vite, surtout lorsque cette cour est en partie couverte d'un hangar sous lequel les bêtes peuvent se mettre à l'abri des intempéries de la saison. **Sur les terres légères, ils donnent toujours la préférence à l'en-graissement dans les champs, d'une part, parce qu'il dispense du chargement, du charriage et de la dispersion de l'engrais, d'autre part, parce que le piétinement des bestiaux procure au sol le tassement et la liaison dont il a besoin.**

Lorsque les navets sont destinés aux moutons d'élève, on les fait consommer de trois manières différentes. La première consiste à chasser tout sim-plement les moutons sur les champs, pour les lais-ser se nourrir à leur guise, en arrachant et en man-geant les navets suivant leur caprice. Cette pratique est évidemment la plus simple et le moyen le moins coûteux de bien préparer le sol, non-seulement par les déjections des moutons, mais par les débris de navets qui restent en terre, à produire dans une forte proportion l'orge qui doit succéder et le trèfle qui doit être semé dans l'orge. Mais il est évident aussi qu'une pareille pratique ne convient que là où il y a surabondance de navets. La seconde manière est plus économique, en ce sens qu'elle ménage davantage les ressources en navets ; elle consiste à faire arracher les navets pour les faire consommer sur le sol même qui les a produits, et par conséquent à régler le pâturage. Mais cette pratique comporte encore un inconvénient sous le rapport de l'économie, lorsqu'elle a lieu sur des champs de navets très-bien venus, parce que l'abondance de la

nourriture est cause que le bétail en gâte une partie. Cette observation a conduit à une troisième manière, qui consiste à mettre de côté la moitié des navets arrachés, pour les employer ailleurs, et à ne
faire consommer sur le sol producteur, par les moutons, que l'autre moitié, pratique par laquelle on
n'évite pas encore tout à fait la perte d'une certaine
quantité de navets, qui est toujours gâtée par les
moutons. Mais, encore que les moutons s'engraissent
plus vite avec les navets arrachés et qu'il y ait une
perte moins considérable en navets gâtés ou détruits, les Anglais préfèrent le procédé de faire pâturer les navets tenant au sol, surtout pour les moutons, soit parce qu'il y a économie des frais d'arrachage, soit surtout parce qu'ils regardent cette
manière de faire pâturer comme beaucoup plus
améliorative pour le sol.

La nourriture d'hiver des bêtes à l'engrais, en
plein champ, explique aux cultivateurs allemands
comment, à latitudes égales, il y a des hivers différents en Allemagne et en Angleterre. Quelque sin-
gulier que nous paraisse cet usage, il faut reconnaître qu'il est de tous le plus économique pour les
exploitations ayant beaucoup de moutons et jouis-
sant d'un climat assez doux pour qu'il soit possible
de le pratiquer. Point de frais de récolte, de charriage, de conservation, toutes choses indispensables
avec la nourriture à l'étable, et qui forment, pour
les racines surtout, un article de dépense très con-

sidérable. Même économie du chargement, du charriage, de la dispersion du fumier, et, de plus, ab-
sence de l'inconvénient de porter avec le fumier,
dans les champs, la grande quantité de graines de
mauvaises herbes qui y est toujours contenue ; enfin
l'amélioration du sol, l'augmentation de sa puissance
productive, par la manière même dont il reçoit
l'engrais, avantages qui compensent largement les
inconvénients attachés à la culture des navets et le
tort qu'elle causerait autrement au sol lui-même.
Ne nous étonnons donc plus de ce que les cultivateurs anglais, comme les écrivains, soient intaris-
sables dans leurs éloges de cette pratique, eux qui,
outre les avantages d'économie intérieure qu'elle
leur procure, jouissent encore d'un prix très-élevé
de la viande, et par conséquent de beaux bénéfices
sur l'engraissement.

c. Conservation. Propriétés nutritives.

Dans des pays tempérés, comme l'Angleterre, et
en partie du moins comme les Pays-Bas, les navets
supportent le plus grand nombre des hivers, principalement ceux qui ont été semés tard, raison pour
laquelle les Anglais sèment au mois de juin les navets destinés à être consommés en automne, et un
mois entier plus tard ceux qu'ils destinent au pâturage d'hiver. Les navets sur chaume et ceux qu'on
sème dans la première quinzaine d'août sont plus

robustes encore. La raison en consiste, sans doute, en ce qu'ils sont moins remplis de suc, et peut-être encore en ce que la force vitale est plus grande dans des plantes plus jeunes. Leur conservation à la ferme ou dans les silos est également plus facile et plus sûre que celle des navets semés de bonne heure.

Dans les contrées tempérées du continent, particulièrement dans celles qui ont un sol sablonneux, on ne court pas grand risque à suivre l'exemple des Anglais en laissant les navets dans les champs pendant l'hiver. Cependant il faut faire exception pour les navets très-déchaussés et qui restent nus au-dessus du sol ; ils ne supportent pas la gelée. Dans les Pays-Bas, qui jouissent de circonstances favorables de climat et de sol, on arrache les navets au fur et à mesure des besoins. Lorsqu'il arrive un froid assez rigoureux pour rendre l'arrachement difficile ou impossible, on remplace les navets par un autre fourrage. Une partie des navets restent ainsi dans les champs jusqu'au printemps, et, à cette époque, on les donne aux vaches avec leurs fanes, leurs tiges et leurs fleurs.

La fane des navets est d'une grande valeur pour la nourriture d'automne ; il ne faut jamais arracher plus de navets qu'on n'en peut faire consommer. Les navets qui sont restés petits se donnent avec leurs feuilles, après avoir été coupés, ou seulement fendus avec un instrument formé de deux lames en croix, dont on tient le manche verticalement ; on prend cette précaution pour éviter les accidents qui pourraient résulter de la voracité des animaux qui, sans cela, avaleraient quelquefois des navets entiers. Les navets effeuillés se conservent assez longtemps sans autre précaution que de les garantir du contact trop vif de l'air. Pendant les grands froids, il convient de les serrer dans des caves ou dans des silos. Pour former les silos de navets, on creuse une fosse ronde de très-peu de profondeur, on entasse les navets en forme de cône, on les entoure d'une couche mince de paille sur laquelle on applique une couche de terre de 15 à 16 centimètres d'épaisseur. Il ne faut pas mettre plus de 25 à 30 paniers dans chaque silo.

La quantité de substance nutritive contenue dans les navets est l'objet d'évaluations très-différentes ; 100 kilogrammes de navets équivalent, suivant

> Thaër. . . . . à 22 kilogr. de foin.
> Block. 18,75
> Murre (Anglais). . 15
> Middleton. 12,50

La moyenne de ces données est 18,75, tandis que 100 kil. de pommes de terre équivalent à 50 de foin; d'où il suit que 3 kil. de pommes de terre contiendraient autant de substance nutritive que 8 de navets. Quoi qu'il en soit, je préférerai toujours les navets quand je voudrai avoir beaucoup et de bon lait.

§ 4. *Production de semence.*

C'est dans la seule contrée où une plante est devenue une des branches principales de l'économie agricole, qu'il faut chercher sa culture perfectionnée et qu'on peut la trouver parvenue à un haut degré de perfection. Les lecteurs allemands me pardonneront donc, après ce que j'ai déjà dit de la culture anglaise, de faire un nouvel emprunt à l'expérience des Anglais et de rapporter la pratique du Norfolk pour la production de la graine de navets, pratique qui a tant d'analogie avec celle des Belges, et de me servir des expressions mêmes de l'observateur anglais le plus judicieux.

« Une longue observation, dit Marshall, a con-
« vaincu les habitants du Norfolk que, lorsqu'on
« recueillait pendant plusieurs années de suite de
« la graine des mêmes navets transplantés, la ra-
« cine subissait des modifications de forme et de
« qualité; que le même résultat se manifestait quand
« on faisait la même expérience sur des navets non
« transplantés. Dans le premier cas, le col (la cou-
« ronne) devient toujours plus étroit, le feuillage
« moins long, mais plus doux, la racine plus ten-
« dre, mais plus mince. Dans le second cas, la
« couronne devient plus ample, son écorce plus
« rude, la partie supérieure du navet écailleuse, sa
« chair dure et fibreuse; le pivot se bifurque et la

« partie inférieure du navet contracte une prédis-
« position à la pourriture ; en un mot, la plante tend
« à reprendre le caractère sauvage de son origine
« et à perdre ceux que la culture lui avait donnés.
« En conséquence de cette observation, le cultiva-
« teur cherche à éviter les deux extrèmes, en fai-
« sant porter graine, tantôt à des navets transplan-
« tés, tantôt à des navets non transplantés, sui-
« vant que le produit des uns ou des autres menace
« de s'éloigner des caractères reconnus comme
« normaux. Conséquemment encore, il ne suit pas
« de règle fixe pour le nombre d'années pendant
« lesquelles il demande alternativement ses semen-
« ces à l'un ou à l'autre procédé. Pendant deux,
« trois, quatre ans il transplante les navets porte-
« graine, puis il reprend de la graine de navets non
« transplantés. — La transplantation se fait en hi-
« ver ; le choix des sujets ne se détermine pas sur
« le volume, mais sur les caractères extérieurs, la
« forme et l'apparence de vigueur : on choisit, pour
« les y transplanter, un bon sol, à portée de la
« ferme ; on plante en lignes espacées de 65 à
« 70 centimètres, pour pouvoir tenir facilement le
« sol bien net de mauvaises herbes. Vers le temps
« de la maturité, on donne un gardien au carreau
« de semence, pour le garantir de la voracité des
« oiseaux, gardien qu'on remplace quelquefois par
« une sonnette dont on fait aboutir le cordon dans la
« ferme, au passage qui conduit à la cuisine, cor-

« don que chacun tire en passant, afin que le bruit
« de la sonnette effraye et chasse les oiseaux. »

CHAPITRE III.

Betteraves.

Les betteraves, navets de Bourgogne, *beta cicla altissima*, offrent tout autant de variétés de formes et de couleur que les navets. Il y en a de rouge foncé, de rouge clair, de roses, de blanches, de jaunes, de sphériques, d'elliptiques, de longues. Les jaunes se distinguent particulièrement par une saveur plus douce et plus amère et par une chair plus ferme. Les betteraves affectent dans leur port des différences encore plus marquées. Les longues portent les trois quarts de leur volume au-dessus du sol et n'y tiennent guère que par le chevelu de leur racine. Un vent un peu fort suffit pour renverser les plus lourdes. Celles qui se rapprochent davantage de la forme de l'œuf surgissent moins au-dessus du sol, où elles restent enfoncées à moitié, et les rondes y restent presque entières. Il est difficile de dire quelle espèce, eu égard à la forme, est la plus productive. Il me semble cependant que les longues conviennent particulièrement aux sols qui ne comportent pas un labour profond. Elles ont un avantage qui n'est pas à dédaigner, c'est que leur récolte est plus facile et qu'elles se récoltent beaucoup plus propres.

Les betteraves demandent une bonne terre, grasse, profonde, plutôt lourde que légère. Dans une terre profondément essartée et soigneusement ameublie, elles atteignent la limite de leur développement. Au besoin, elles peuvent se passer moins difficilement d'engrais que d'une bonne préparation du sol, bien qu'elles soient avides de fumier et aient la propriété de s'en assimiler une forte proportion.

On les cultive de deux manières : soit en plantant la graine à des distances régulières, soit en produisant des replants et en les repiquant. Les deux méthodes ont, suivant les circonstances, leurs avantages et leurs inconvénients. La première donne plus de besogne pour biner, sarcler, éclaircir ou remplacer ; la seconde prépare le sol de telle sorte que les mauvaises herbes qui surviennent trouvent déjà la plante assez forte pour soutenir la lutte. La première est bonne dans les années sèches, la seconde meilleure dans les années humides.

§ 1. *Plantation des graines.*

Ce procédé de culture exige deux conditions indispensables : 1° que le sol ait été rendu aussi meuble que possible ; 2° que le fumier ait été donné avant l'hiver et aussi intimement incorporé que possible à la terre. Pour une terre bien tenue cependant un arrosage copieux avec de la mare ou des lizées peut suppléer à la fumure. Le mieux, lorsqu'on le peut, est d'employer simultanément le fumier et les engrais liquides. Mais, dans un sol négligemment tenu, ces moyens d'en augmenter la force productive augmentent aussi la besogne du sarclage. Par cette raison aussi on ne devrait jamais faire venir les betteraves de graine dans un pareil sol.

On s'y prend de la manière suivante pour la plantation des grains. Après avoir donné, au mois d'avril, le dernier labour, on ne passe pas la herse. Deux personnes suivent immédiatement la charrue; l'une fait, avec la main, une petite excavation dans la tranche retournée, où l'autre dépose un ou deux grains et les recouvre de 2 centimètres de terre. Pour espacer également les plants, la première personne porte à la main une mesure de 50 centimètres. Dans le Palatinat, on donne à cette mesure jusqu'à 80 centimètres. On saute un ou deux sillons entre chaque ligne, suivant que la charrue a renversé des tranches plus ou moins larges; 65 centimètres d'une ligne à l'autre sont l'intervalle le plus convenable. Les grains ainsi plantés, on passe un rouleau assez lourd pour bien affermir la surface. Lorsque le sol est sujet à l'humidité, il est bon de le mettre en billons étroits par le dernier labour, ce qu'on fait avec la charrue ordinaire, et mieux encore avec la charrue à butter; en employant la dernière, il est bon de la faire précéder d'un trait de rayonneur.

Comme il importe que les betteraves lèvent le plus vite possible, il est bon de faire macérer la graine quelques jours d'avance dans de l'eau douce; mais il ne faut pas ensuite la laisser sécher, et elle doit être mise en terre tout humide. L'immersion de la graine est d'ailleurs le moyen de séparer de la bonne la mauvaise qui surnage. Pour pouvoir manier plus facilement la graine encore humide, on la saupoudre de plâtre, de cendre, ou de chaux bien pulvérisée.

On a prôné la pratique, possible pour ceux qui sont abondamment pourvus de fumier, de ne pas le répandre comme à l'ordinaire, mais d'en remplir le sillon et de le couvrir avec la tranche dans laquelle les grains doivent être plantés. Il y a longtemps que j'ai essayé de cette pratique, et que l'expérience me l'a fait abandonner. Les betteraves ne pénètrent pas plus avant que là où elles rencontrent le fumier ainsi disposé, et, au lieu d'enfoncer leur pivot, elles projettent latéralement un grand nombre de petites racines, qui s'étendent dans le fumier. J'ai été convaincu, par cette expérience, que ce qui convenait au navet déprimé en forme de disque ne convenait pas également à la betterave, sinon à l'espèce qui prend presque tout son développement au-dessus du sol.

Un triple binage est nécessaire aux betteraves venues de graine. Aussitôt que les plants, et avec

eux les mauvaises herbes, commencent à se montrer,
on bine les lignes avec la houe à main et les intervalles avec la houe à cheval. Le plus souvent il arrive cependant qu'on ne peut employer les attelages
et qu'il faut faire toute la besogne à la main. Le
premier binage est presque aussitôt suivi d'un second, dans lequel on supprime les plants doubles ou
surabondants, pour n'en laisser qu'un à chaque
place. Les capsules contiennent, en effet, deux à trois
grains chacune, et plusieurs plants levant ensemble
se nuisent réciproquement. Au commencement
d'août, on donne le troisième binage, par lequel on
enlève une partie de la terre dans les lignes, pour la
rassembler en ados dans les intervalles, de manière
à dénuder à moitié les betteraves qui, alors déjà,
ont atteint un volume assez considérable. Je ne con-
teste pas l'utilité de cette pratique pour les betteraves semées en place, mais je ne puis la regarder
comme utile pour les betteraves repiquées.

§ 2. *Culture transplantée.*

Le terrain dans lequel on veut élever les replants doit être fumé avant l'hiver, bien préparé,
bien disposé à se ressuyer facilement, afin qu'on
puisse semer de très-bonne heure; la meilleure manière est de le retourner profondément à la bêche,
de lui donner une forte fumure et de la bien couvrir.
On divise au cordeau en billons d'un mètre de lar-

geur, et on laisse entre les billons des ruelles de 20
à 25 centimètres. On donne un coup de bêche de
plus aux ruelles, et on en jette la terre sur le fumier
répandu sur les billons ; on laisse ensuite reposer le
sol jusque vers la mi-mars. On fait alors de petites
rigoles, à 15 centimètres les unes des autres, en travers des billons, on les foule un peu du pied, on
sème et on recouvre avec un peu de terreau.

L'avantage d'une semaille hâtive sur une semaille
tardive est presque sans limite. Une différence de
20 à 25 jours peut avoir pour résultat, en plus ou
en moins, la moitié de la récolte. On s'applique donc
à pouvoir disposer des replants avant la fin de mai ;
cependant il ne faut pas les transplanter avant que
la racine ait atteint le diamètre d'une grosse plume
d'oie ; le terrain qui leur est destiné doit être fumé
et labouré deux à trois fois pendant l'hiver. Autant
que possible, on attend pour la transplantation une
bonne pluie, ou du moins un temps gris. Lorsque
ces circonstances favorables se font trop longtemps
attendre, il faut baigner les replants. Nous avons
employé ce moyen au printemps si sec de 1821, et
pas un replant n'a manqué, bien qu'ils soient tous
restés assez longtemps en souffrance. Dans les
mêmes circonstances, l'arrosement préalable du sol
avec des eaux grasses est le moyen le plus efficace
à employer quand on le peut.

On transplante, soit au plantoir, soit en plaçant
les replants contre la tranche en suivant la charrue ;

mais ce dernier procédé n'est praticable qu'avec des replants très-forts.

On donne un premier trait superficiel avec une charrue sans versoir, puis un second trait, plus profond, avec une charrue à versoir. C'est contre la tranche de ce dernier trait de charrue qu'on pose les replants; on les y fait entrer un peu en les y appuyant, et on les couvre par un troisième trait de charrue. On recommence par un trait superficiel de la charrue sans versoir, et ainsi de suite. On prend ses dimensions de manière à ce que les trois traits de charrue embrassent ensemble une largeur de 65 à 70 centimètres. Dans les lignes, on met les replants à 50 centimètres les uns des autres.

Lorsqu'on repique au plantoir, on écourte le pivot de la racine, afin qu'en la mettant dans le trou du plantoir on ne la recourbe pas vers la surface, ce qui l'empêcherait de produire une betterave bien développée. Les trous de plantoir doivent être faits dans la tranche immédiatement retournée, et il faut avoir soin de les diriger bien verticalement. Lorsque les replants sont un peu forts, il faut enfoncer le plantoir assez avant pour leur faire assez de place et pour éviter la courbure de la racine, dont le résultat est toujours la difformité de la betterave. Il convient de donner pour longueur totale, au plantoir, la distance qu'on veut donner aux plants entre eux, pour que le planteur ait en même temps à la main sa mesure et son instrument. Il faut dix personnes par charrue pour expédier le travail à la main en même temps que celui des attelages. De ces dix personnes, deux apportent les replants, deux les répartissent le long des tranches, et les six autres plantent. La moitié des travailleurs se place le long des sillons ouverts en allant, l'autre moitié le long des sillons ouverts en revenant. Lorsqu'on fait fonctionner plusieurs charrues à la fois, il ne faut pas absolument dix personnes par charrue, mais il faut élever le nombre des ouvriers en proportion de celui des charrues, en suivant les mêmes principes pour la répartition du travail.

Lorsque les plants repiqués commencent à pousser il faut biner, mais pas plus tôt. Le second binage se donne quand le feuillage commence à s'étendre et avant qu'il couvre le sol ; c'est après ce second binage que les betteraves commencent à augmenter visiblement de volume. L'expérience me porte à regarder comme superflue, pour les betteraves, l'opération, si utile pour les navets, de les déchausser et de les dénuder presque entièrement. En 1823, j'ai essayé d'en faire butter un certain nombre, et je n'en ai observé aucun inconvénient; au contraire, à la fin de l'été, les betteraves buttées avaient un feuillage plus étendu et une apparence plus vigoureuse que celles qui ne l'avaient pas été. Le produit des unes et des autres est resté exactement égal ; mais, comme les betteraves buttées avaient été transplantées quinze jours plus tard que les autres, je suis disposé à penser que, toutes circonstances d'ailleurs égales, elles auraient dépassé en produit les betteraves non buttées. La température de 1824 mit obstacle à la continuation de cette expérience.

§ 3. *Récolte.*

Les inconvénients de l'effeuillage, avant la récolte des racines, que j'ai signalés en faisant connaître des essais comparatifs faits il y a trente-six ans, sont aujourd'hui généralement constatés. Les lecteurs de mon ouvrage sur l'économie rurale de la Belgique se souviendront que j'y ai fait remarquer qu'un seul effeuillage ne causait pas un très-grand tort à la racine, mais que les bénéfices n'en pouvaient couvrir les frais que dans les très-petites exploitations. Dans l'observation que j'ai rapportée, un seul effeuillage a fait baisser le produit en racines de 7 pour 100, et un double effeuillage de 36 pour 100. En outre, ce feuillage, consommé seul, est le purgatif le plus énergique qu'on puisse donner aux vaches, et gare aux agronomes fashionables qui visiteraient les étables pendant que ce fourrage y serait employé. Il résulte encore, des observations les plus minutieuses auxquelles je me suis livré, que les betteraves non effeuillées donnent, à la récolte, deux fois autant de fanes qu'on en obtient en effeuillant deux fois. Il n'est pas difficile de comprendre encore, après ces observations, que les feuilles séparées de la racine, en automne, avec une partie de la couronne, donnée en même temps aux bestiaux, constituent un fourrage plus sain, et qui arrive plus à propos, dans les étables, que les feuilles seules, en été, lorsque le trèfle se présente à la faux dans toute sa force. Enfin je dois faire remarquer encore que l'effeuillage allonge le col de la betterave, le rend ligneux, et fait perdre à la racine même une bonne partie de sa propriété nutritive.

Mais l'économie rurale est condamnée à prévoir et à subir tous les accidents, et par conséquent aussi le manque de fourrage au moment où il peut être le plus embarrassant, de manière à ce qu'un second effeuillage des betteraves devienne, comme le premier, une nécessité. Dans ce cas même, je suis convaincu qu'il serait d'une meilleure économie d'arracher les betteraves tout entières, feuilles et racines, de donner tout entières aux animaux celles qui ne seraient encore arrivées qu'à la moitié de leur développement, de vider le champ et de se hâter de le réensemencer en navets.

La récolte des feuilles est, en automne, d'une valeur considérable pour le cultivateur et lui offre un avantage qu'il ne rencontre pas dans la pomme de terre. Les carottes mêmes, dont les fanes sont un mauvais fourrage, le cèdent en ce point aux betteraves. Pour employer avec profit les feuilles de betteraves, on n'en arrache que la quantité qu'on peut faire consommer en un jour. Lorsque le sol est sensiblement humide , il convient , aussitôt l'arrachage, de séparer les fanes des racines , et de serrer chaque partie séparément. Des racines couvertes de terre, chargées pêle-mêle avec les feuilles, ne peuvent que gâter celles-ci et les rendre désagréables aux animaux. Par le beau temps et la terre étant bien sèche, on peut charger ensemble racines et feuilles, pour ne les séparer qu'à la ferme.

Le rendement des betteraves est très-considérable, il surpasse en volume celui des carottes et de beaucoup celui des pommes de terre; j'en ai récolté souvent 360 quintaux métriques par hectare : c'est aussi la quantité indiquée par Thaër pour les sols qui conviennent à cette culture. Il est hors de doute que, dans des circonstances très-favorables, on peut porter ce rendement jusqu'à 5 et 600 quintaux. Le plus haut produit obtenu par Moellinger, en dix ans, n'a cependant été que de 467 quintaux métriques par hectare, et la moyenne des dix années que de 271. On peut évaluer la proportion des feuilles à un quart dans le poids total ; mais on ne peut leur attribuer que le douzième en valeur. En admettant que 100 kil. de betteraves soient égaux à 30 kil. de foin, l'hectare, au rendement moyen de 360 quintaux métriques, produit la valeur de 108 quintaux métriques de foin. En ajoutant un douzième pour la substance nutritive des feuilles, soit 9 quintaux, le produit total ressort équivalent à 117 quintaux métriques de foin. En comparant les betteraves avec les pommes de terre, les dernières ne donnant que 270 quintaux métriques, poids brut, mais se trouvant avec le foin, sous le rapport de la substance nutritive, comme 50 est à 100, il s'ensuit que le rendement est égal à 135 quintaux métriques de foin, et qu'elles dépassent de 15 pour 100 la proportion de substance nutritive de la betterave.

§ 4. *Conservation et emplois.*

La conservation des betteraves est plus difficile que celle des pommes de terre. Les unes et les autres supportent, je le crois, un égal degré de froid; mais il est plus difficile de garantir les betteraves du froid qui dépasse ce degré, parce que dans les caves, dans les endroits tempérés, lorsqu'elles y ont été apportées mouillées ou seulement humides, lorsqu'on est obligé de les réunir en quantité un peu considérable, elles sont plus prédisposées à la pourriture que les pommes de terre, tout en l'étant un peu moins que les choux-raves. La meilleure manière de les conserver est de les mettre en silos, et les silos les plus petits sont les meilleurs pour les betteraves. En ne donnant aux silos, sur 80 centimètres de profondeur, que 70 centimètres de diamètre à l'orifice et 35 centimètres de diamètre au fond, les betteraves se conservent très-fraîches, même jusqu'en été. Il ne faut remplir les silos que jusqu'à la surface du sol; on les couvre de paille, et on les recouvre de la terre tirée de leur excavation et réunie en forme de butte.

Lorsque, pour épargner le travail, on a fait des silos plus larges, ce qui suffit, à la rigueur, pour les betteraves qu'on n'a besoin de conserver que jusqu'au printemps, il faut, aussitôt que le temps des gelées est passé, vider les silos, rejeter les racines attaquées de pourriture et remettre dans les silos les racines saines. Après ce triage et ce renouvellement des silos, les betteraves se conservent de nouveau pendant un temps assez long, surtout quand on prend le soin de mettre des couches de terre sèche très-minces entre les couches de racines.

Les betteraves produisent peu de lait ; c'est par cette raison qu'elles ont été peu accueillies dans les contrées où régnent les navets sur chaume, comme l'Alsace, et n'ont pas pénétré dans les Pays-Bas ; même dans les pays où elles avaient fait invasion, comme matière première pour la fabrication du sucre, elles ne se sont pas maintenues après avoir perdu la protection que leur avait donnée le système d'exclusion du sucre colonial inventé par Napoléon. L'expérience a fait reconnaître que, lorsque les vaches étaient mises au régime des betteraves, pendant deux jours seulement, la production de lait diminuait pour reprendre aussitôt que les betteraves étaient remplacées par des navets.

Malgré tout cela, les betteraves n'en sont pas moins une ressource très-utile, même quant aux vaches, pour les maintenir en chair et en bon état pendant l'hiver et jusqu'au moment où il est possible de commencer la nourriture au trèfle vert; en les donnant en mélange avec les pommes de terre ou avec les navets qui poussent plus au lait, tandis que les betteraves poussent plus à la viande, on leur fait rendre tout le profit qu'il est possible d'en tirer. Comme moyen d'engraissement, les betteraves ont surtout une grande valeur, supérieure peut-être à celle des pommes de terre crues, dont tous les bestiaux ne supportent pas le régime. Mais, dans ce but aussi, le mélange des deux racines rend les plus grands services. Dans ce cas, on donne pour ration à un bœuf à l'engrais deux paniers de betteraves et un panier de pommes de terre. On coupe les racines mêlées à un peu de balle ou de cosse de navette, avec un foulon à lames en croix, et on humecte avec de l'eau froide. On donne avec cette nourriture, ainsi préparée, un peu de foin ou de paille d'orge, et on supprime le breuvage. On ne donne que deux repas par jour. Les bouchers préfèrent de beaucoup les bœufs engraissés de cette manière à ceux qu'on engraisse avec les résidus de la distillation.

Suivant de nombreuses expériences faites dans le Palatinat, c'est à la nourriture des chevaux qu'on emploie le plus avantageusement la betterave : dans quelques localités, on en nourrit les chevaux pendant tout l'hiver, et cela depuis le commencement d'octobre jusqu'au mois de juin, au moment où le trèfle commence à bien donner; on les mêle avec de la paille hachée, et on donne, par supplément, une petite quantité de foin. On prétend généralement que les chevaux se trouvent si bien de ce régime, qu'ils augmentent en chair, même pendant les travaux.

Les cultivateurs qui font de la betterave un objet important de leur exploitation, et qui sont, par conséquent, attentifs au maintien des bonnes espèces, choisissent pour porte-graine les racines qui ne dépassent pas beaucoup le sol, qui sont de grosseur moyenne, qui ne sont pas fourchues, et portent un feuillage bien vert et bien vigoureux; on les met à part en ayant soin de ne pas blesser la couronne en les arrachant, et on les ensable, en les dressant verticalement, dans des caves sèches et fraîches; au printemps, on les repique au jardin, et on donne un tuteur à la tige. C'est une question à résoudre encore par l'observation et l'expérience que celle de savoir s'il ne serait pas utile de supprimer plus tard la pousse du cœur destinée à porter fleur, pour ne conserver que celles qui sortent en grand nombre latéralement à la tige; de supprimer plus tard encore l'extrémité des bouquets, vers laquelle les grains sont toujours d'autant plus petits qu'ils en sont plus rapprochés.

Je me suis assuré que la graine conserve pendant six à sept ans la propriété germinative, et je regarde comme probable qu'elle peut la conserver plus long-temps encore.

La question de savoir si la betterave épuise le sol n'en est pas une ; elle produit assez pour qu'on ne lui en fasse pas un reproche. La question de savoir si elle épuise le sol plus ou moins que la pomme de terre n'est pas résolue, que je sache, bien qu'elle soit importante ; mais les questions de cette nature sont destinées à rester longtemps obscures, parce que les éléments en sont peu déterminés et impossibles à réduire en formules mathématiques. Les orges qui succédèrent, en 1825, à Hohenheim, à des betteraves transplantées témoignèrent, par leur vigueur, qu'elles avaient trouvé le sol moins épuisé que les orges succédant, la même année, à des pommes de terre. Mais il est vraisemblable, il ne faut pas l'oublier, que les betteraves repiquées épuisent moins le sol que les betteraves non transplantées.

CHAPITRE IV.

Choux-raves.

Un grand nombre de noms, allemands, suédois, français, anglais désignent une seule et même plante et en distinguent tout au plus des variétés dont les caractères sont très-peu tranchés : erdkohlraben, bodenkohlraben, krautraben, steckraben, rutabaga, navet de Suède, chou-rave de Suède, chou ou navet d'Idolsberg, dorschen, *brassica napo-brassica,* ne forment qu'une seule et même espèce. Il se peut, mais cela n'importe guère, que le nom de ruta ou rota baga dérive de la dénomination anglaise turnip rooted cabbage. Quelque anglais que soient cette étymologie et le nom qui en dérive, l'origine de la plante n'en est pas moins allemande; c'est d'Allemagne que les Anglais en ont tiré la semence, inconnue dans les Pays-Bas, et qui y est revenue avec une origine et un nom anglais. Peu prisée jusque-là dans son pays originaire, son nom nouveau lui donna de la valeur, et elle fut prônée parce qu'elle revenait de loin, avec un prix plus élevé. « Le monde est ainsi fait, dit « Arthur Young, qu'il n'estime pas ce qui coûte « peu. Lorsque Reynolds, bon cultivateur prati- « cien, recommanda les choux-raves, ni son auto- « rité, ni celle de la société dont il était membre ne « purent faire adopter une plante aussi utile, qu'a- « près qu'un marchand de semences de Londres se « fut mis de la partie, en l'annonçant sous le nom « de *chou lapon* et en mettant la livre de graine « au prix de 12 schellings. A 1 schelling la livre, « personne n'en eût voulu. »

Si, dans les plaines, dans les terrains un peu légers et assez riches, les betteraves rendent plus en quantité que les choux-raves, l'inverse arrive pour les sols plus tenaces, rudes, humides, et surtout dans les pays montueux. Aussi n'ai-je guère rencontré de choux-raves dans des conditions un peu favorables, en pays de montagnes, que comme exception. Les essais que j'ai tentés à Hohenheim n'ont pas eu de brillants résultats. Un collet très-long et très-ligneux, un diamètre des deux tiers à peine de celui des betteraves, c'est tout ce que j'ai pu obtenir de plus beau.

Les procédés de culture sont exactement les mêmes que ceux de la betterave; seulement il est toujours plus chanceux de semer sur place, parce que la puce de terre se montre presque infailliblement là où se montre une jeune pousse de chou-rave; aussi je n'ai trouvé nulle part l'usage de la semaille bien établi. Même dans les pépinières, on a peine à se garantir des pucerons. Autant que possible, il faut choisir l'emplacement d'une pépinière au bord d'un cours d'eau ou d'une mare dont le voisinage permet de faire utilement la guerre à ces petits dévastateurs. Burger indique, comme moyens pour atteindre le même but, l'arrosage avec le purin ou les lizées, de semer de très-bonne heure, et, dans les saisons très-froides ou très-chaudes, de couvrir avec de la paille ou de la litière. Le sol d'une pépinière doit être très-riche ou contenir beaucoup de vieille force. La fumure fraîche ou l'application des engrais liquides rend les replants trop délicats. Il convient, par conséquent, d'éviter la nécessité de recourir à ces deux moyens. On emploie environ 30 grammes de semence pour 50 centiares de surface en pépinière. Le sarclage, répété autant de fois que le besoin s'en fait remarquer, est absolument indispensable.

Il faut, aussi nécessairement que pour les betteraves, fumer les terres dans lesquelles ou transplante les choux-raves. La meilleure manière d'appliquer l'engrais, surtout pour les choux-raves, quand même ce serait du fumier long, est de le répandre en couverture; mais, pour ne pas déranger ou endommager les replants, il faut donner la fumure avant la transplantation et répandre sur le sol non hersé. Plus tard on donne aux choux-raves non-seulement un binage, mais encore un buttage, pour les empêcher de devenir ligneux. Pour toutes les plantes analogues cette manière de fumer est regardée comme la meilleure.

Le produit en masse des choux-raves est très-considérable, et leur fane serait une ressource précieuse, si elle était assurée, ou moins exposée aux ravages des chenilles. Burger porte, pour sa contrée montueuse, le rendement ordinaire des choux-raves à 389, le fort rendement de 487 à 584 quintaux métriques par hectare, rendement plus considérable que celui de la betterave, obtenu, sans doute, dans son exploitation, mais que je n'ai rencontré dans aucune autre.

Les choux-raves ont la propriété de résister beaucoup mieux à la gelée que toutes les autres bulbes et racines , les topinambours exceptés ; lorsqu'ils ont été buttés, on peut, sans crainte aucune , les laisser passer l'hiver sur pied. Je dois remarquer cependant qu'il ne faut effeuiller aucune plante, de quelque espèce que ce soit, qui doit passer l'hiver sur pied ; la feuille est le manteau de la tige et de la racine. — Il est plus difficile de conserver les choux-raves arrachés , parce qu'ils redoutent plus encore une température un peu élevée que le froid, même rigoureux : soit dans des caves, soit dans des silos, il ne faut en réunir que de petites quantités, si l'on tient à les sauver de la pourr iure.

Il ne faut jamais faire de silos de plus de 50 centimètres de largeur : le mieux est de les déposer dans de simples rigoles, auxquelles on ne donne, en largeur et en profondeur, que les dimensions d'un bon coup de bêche ; on y dépose les choux-raves, un à un, à la suite les uns des autres, et on recouvre la première rigole avec la terre qu'on enlève en ouvrant la suivante. Au moyen de ce procédé, sans doute un peu long pour une grande exploitation , mais très-facile pour les petites, on conserve parfaitement les choux-raves jusqu'à la Pentecôte. Dans les caves, on les dispose en petits talus alignés et séparés les uns des autres , sans qu'il soit nécessaire de les couvrir, ou de répandre du sable ou de la terre dans les interlignes. Si ce n'est par les plus fortes gelées, il faut toujours maintenir un courant d'air. Une chambre, à une exposition abritée, privée de jour, conviendrait mieux encore qu'une cave. Cette dernière manière de conserver les choux-raves me parait d'autant plus facile et plus sûre, qu'on peut les conserver, même en plein air, en les disposant au pied d'un mur qui les abrite du vent du nord et en les couvrant d'un peu de paille à l'approche des grands froids.

Il n'y a qu'une voix sur l'excellence des choux-raves comme fourrage. Partout où j'ai fait cette question, particulièrement dans les pays de montagnes, quel est le meilleur de tous les fourrages pour l'engraissement, il ne m'a été fait qu'une seule et même réponse, les choux-raves ; partout on les préfère, aussi bien aux carottes qu'aux pommes de terre. Quelques cultivateurs soutiennent qu'un quintal de choux-raves équivaut à trois quintaux de pommes de terre. Ils exercent aussi une influence marquée sur la production du lait. Il faut user de quelque précaution dans leur emploi, parce que le bétail s'étrangle quelquefois quand on les lui présente en grande quantité. Aux moutons, il ne faut pas les donner en gros morceaux et encore bien moins entiers, parce qu'ils ont assez de consistance pour ébranler la dent et la dénuder, en repoussant la partie la plus faible de la gencive, accident qu'il faut être attentif à éviter, particulièrement pour les moutons de race noble, dont l'existence doit se prolonger beaucoup plus que celle des moutons communs.

CHAPITRE V.

Carottes (Daucus carota).

Si les carottes n'exigeaient pas un travail si long et si soigneux de sarclage, si elles supportaient au contraire, comme les betteraves, la transplantation et le binage, si elles pouvaient souffrir les mêmes traitements que les pommes de terre, il n'y aurait pas une racine, pas un tubercule à leur comparer comme fourrage, aucune plante de cette nature ne l'égalant en bonté, en propriété d'être agréable au bétail, ni même en produit. Les ayant soumises depuis très-longtemps à la culture en grand, je puis en parler avec quelque autorité. Je dirai plus loin quelques mots sur leurs avantages et leurs propriétés.

On cultive les carottes soit sur chaume, soit en jachère.

§ 1. *Carottes sur chaume.*

On sème les carottes après les céréales d'hiver, la navette et le lin ; jamais je n'en ai rencontré qui aient été semées après une céréale d'été, sans doute parce que cette récolte ne débarrasse le sol que trop tard et le laisse trop épuisé; il pourrait y avoir, sous ce rapport, une exception pour les pays plus méridionaux.

Sur chaume de céréales d'hiver on peut semer avant et après l'hiver. La semaille avant l'hiver convient aux sols secs et légers, pour lesquels elle est préférable à la semaille de printemps; elle n'est pas du tout applicable aux terrains humides. La semaille de printemps se fait en février, ou en mars, lorsque la terre est encore ameublie par la gelée et gonflée d'humidité, ou bien lorsqu'elle est couverte d'un peu de neige. On emploie de 3 à 5 kilogrammes de semence par hectare.

Aussitôt la céréale enlevée, on herse en long et en large, on rassemble au râteau les éteules et les mauvaises herbes, on les transporte hors du champ, et on herse de nouveau très-énergiquement. Lorsque le sol n'est pas propre, on répète les hersages jusqu'à trois et quatre fois. Assez communément, on recourt encore au moyen du sarclage à la main. S'il s'agit d'un champ de navette, on en arrache les tiges, on sarcle ou on bine, on donne un fort hersage, et, après un temps très-court, on bine une seconde fois. Dans cette dernière façon, on commence à supprimer les carottes dans les endroits où la semaille a levé trop dru. Si, de cette manière, la culture des carottes après la navette exige plus de main-d'œuvre qu'après les céréales, elles les surpassent aussi très-souvent en produit. On obtient de la sorte deux récoltes complètes dans la même année. Mais, lorsqu'on fait succéder une céréale à la navette, après cette intercalation des carottes, il ne faut pas compter sur une récolte aussi belle que d'une céréale venue immédiatement après la navette.

Les carottes sur céréales se distinguent surtout par leur bon goût, mais elles ne deviennent pas aussi grosses et n'atteignent pas, par conséquent, le rendement des carottes jachères. Je n'ai donc pas la moindre confiance dans l'indication d'un rendement de 383 hectolitres par hectare de carottes sur chaume, alors que je ne puis admettre, à la condition d'une bonne culture, qu'un rendement de 320 à 350 hectolitres par hectare de carottes jachères. Les carottes que je vis sur pied chez un cultivateur énonçant la prétention d'un pareil rendement ne me parurent pas du tout devoir la justifier. Une pareille attente ne saurait guère être remplie que par un sol en pleine force, dans des circonstances tout particulièrement favorables, conditions qui ne se rencontrent pas fréquemment réunies. — Ceci soit dit en passant pour tempérer les espérances données par quelques nouveaux théoriciens. Des calculs de rendement sont bientôt faits sur des données que l'expérience et l'observation n'ont pas rectifiées ; mais aussi, dans de pareils calculs les erreurs se glissent on ne peut plus facilement.

§ 2. *Carottes jachères.*

a. *Sol.*

Les carottes demandent un sol profond, plutôt léger que lourd, et, pour bien réussir, elles exigent que ce sol soit plein de force. « C'est l'opinion « commune, dit A. Young, que le sable léger con- « vient seul aux carottes ; mais c'est là un préjugé. « Le meilleur sol pour cette culture est l'argile sa- « blonneuse, qui, lorsque le labour a pénétré jus- « qu'au sous-sol, n'en présente pas moins une « constitution homogène. Toutefois on peut aussi « obtenir un rendement considérable en carottes, « dans les argiles lourdes, pourvu qu'elles ne soient « pas humides. Dans les argiles graveleuses des « prés, qui peuvent se labourer facilement, les ca- « rottes réussissent encore très-bien. »

Ce que les carottes demandent surtout, c'est l'homogénéité du sol ; j'en ai fait l'expérience dans un terrain parfaitement uniforme et sans mélange de pierres jusqu'à une très-grande profondeur. Des carottes produites par ce sol et arrachées avec précaution avaient souvent une racine pivot fusiforme dont la longueur atteignait et dépassait même 3 mètres. Ce sol contenait l'argile en si forte proportion, qu'après en avoir enlevé la couche supérieure on avait continué pour en faire des briques. Le rendement ordinaire de ce terrain était de 1700 paniers par hectare, le panier, à 24 kilogrammes, donnant 408 quintaux métriques. Grand nombre de carottes étaient du poids de 2,50 à 3 kilogram.; quelques-unes, du poids de 4 kilogrammes.

Dans les années sèches, les carottes ne réussissent pas tout à fait aussi bien que dans les années un peu humides; c'est le contraire de ce qui arrive pour les betteraves.

b. *Tour de rotation.*

Comme toutes les plantes racines, elles succèdent à peu près indifféremment à toutes les cultures, mais de préférence à celles pour lesquelles le sol a été plus profondément retourné et tenu plus propre. Ainsi leurs meilleurs précédents sont, en premier lieu, la garance, en second lieu les pommes de terre. Cependant une semblable rotation, parfaite en théorie, ne s'encadre pas bien dans la pratique. On cultive les plantes jachères pour reposer le sol de la production des céréales, et, par suite, les céréales deviennent le précédent habituel des carottes. Elles sont plus difficiles sous le rapport de leurs succédanées, parce qu'elles laissent le sol libre beaucoup plus tard que les autres plantes jachères, et que la céréale d'hiver qui les remplace a peine à réussir, si ce n'est dans les sols sablonneux. C'est par cette raison que l'agriculture triennale les place dans la sole d'été et fait succéder, autant que possible, le lin, qui réussit parfaitement lorsque tous les soins convenables ont été donnés à la culture des carottes.

c. *Préparation du sol.*

En préparant le sol pour les carottes jachéres, il faut toujours avoir soin de faire pénétrer la charrue plus avant que de coutume, même dans les terrains où on ne le fait pour aucune autre culture ; on s'y prend soit par un double labour, soit en recourant à la bêche là où l'on n'est pas pourvu de charrues pouvant faire un labour très-profond. Lorsqu'on fait approfondir à la bêche le sillon ouvert par la charrue, il faut veiller attentivement à ce que les ouvriers ne sautent pas de sillon et ne laissent pas d'intervalles entre les coups de bêche ; c'est, par conséquent, un travail qu'il ne faut pas faire faire à la tâche. Il faut, autant que possible, donner cette façon avant l'hiver. Pendant les gelées, on étend du fumier long sur les sillons, ou bien on les couvre, en février, avec du fumier court. Au commencement de mars, on enfouit l'engrais en donnant des traits de charrue superficiels et rapprochés ; on sème ensuite sur les sillons ouverts, on herse et on roule légèrement. Lorsque le labour profond n'a pas pu être donné avant l'hiver, on le donne le plus tôt possible au printemps. Dans ce cas, la meilleure manière d'appliquer l'engrais est de le donner

en couverture, après la semaille; au premier sarclage, on ratisse la paille sèche restée à la surface.

A raison même de sa contradiction avec les préceptes qui précèdent, je crois devoir rapporter ici
un passage d'A. Young : « La meilleure préparation
« pour les carottes est de laisser intact le chaume
« des orges jusqu'à ce qu'on puisse semer aussitôt
« après avoir labouré, et de n'ouvrir qu'un seul
« sillon. Les labours répétés ne me paraissent pas
« convenir aux carottes. » — Tout en protestant
de mon respect pour les paroles d'A. Young, je
dois déclarer que je n'ai jamais vu son conseil suivi
par les praticiens. J'engage ces derniers à bien examiner laquelle des préparations indiquées peut convenir le mieux à leurs terres.

d. *Soins et façons.*

Le sarclage est absolument indispensable aux carottes. Cette plante est si petite et si délicate dans
les premiers temps de sa croissance, que, sans les
soins les plus minutieux, elle succomberait infailliblement à l'invasion des mauvaises herbes. Les sar-
cleurs doivent travailler à genoux, pour voir de près
à leur besogne; leur main droite doit être armée
d'un couteau à sarcler, pour déchausser toutes les
mauvaises herbes, qui doivent être complétement arrachées par leur main gauche. Le couteau à sarcler
consiste en une spatule carrée de 4 centimètres de

côté, ayant une tige en fer de 12 centimètres, en-
châssée en travers dans un manche rond en bois,
de 10 centimètres de long. Dans les sols peu consistants on peut aussi se servir, au lieu du couteau à
sarcler, d'une petite binette de 5 centimètres de
large, ayant un manche de 30 à 35 centimètres au
plus, avec laquelle on gratte pour ainsi dire la surface du sol. Plus tard et lorsque les plantes deviennent plus faciles à distinguer, on bine, et, dans les
localités où le binage est inconnu, on sarcle une seconde fois.

Qu'il y ait des localités où le binage est inconnu,
c'est ce qui surprendra, sans doute, les cultivateurs
des contrées où l'on regarde avec raison cette façon
comme aussi importante, aussi indispensable même
que celles qu'on peut donner avec la charrue ; et cependant il existe, en effet, des contrées où le binage
est encore inconnu. — Dans un pays où j'ai séjourné
assez longtemps, la binette et la houe étaient choses
absolument inconnues, et cependant les cultivateurs,
et même les savants du pays, se croyaient aussi
avancés que partout ailleurs et pensaient n'avoir plus
grand'chose, sinon plus rien à apprendre.

Sans le binage, il n'y a pas de rendement considérable à attendre des carottes, et la terre qui les a
produites est assez gâtée pour faire subir une diminution sensible au rendement de la culture qui leur
succède.

e. *Récolte.*

Si l'on veut augmenter la quantité et même la qualité des carottes, il faut les laisser en terre en automne aussi longtemps que possible.

Dans le pays que j'habitais en 1802, l'été se passa tout entier sans une goutte de pluie ; au commencement de septembre, une seule petite pluie tomba, qui ne put produire aucun effet ; lorsque, à la fin du même mois, époque habituelle alors de la récolte, on voulut arracher les carottes, la terre formait une croûte si dure et si épaisse, que, avec le plus grand effort, la meilleure charrue de Brabant aurait eu peine à la rompre. Les fanes des carottes, comme celles des betteraves, étaient collées à la terre, tout étiolées. Pendant une récolte bien difficile et, par conséquent, bien lente, il y eut de la pluie les 5, 7, 10, 11 et 12 octobre. Les carottes qui étaient restées en terre recommencèrent à végéter ; elles projetèrent une grande quantité de chevelu formé de radicules toutes blanches, grossirent à vue d'œil, et celles qui furent récoltées les dernières avaient gagné un tiers en grosseur de plus que celles récoltées les premières. Il n'est d'ailleurs pas nécessaire de se hâter pour la récolte des carottes, auxquelles une première gelée, même assez forte, ne fait aucun mal. Seulement, s'il dégèle et regèle coup sur coup, les carottes sont perdues.

Lorsque, comme cela arrive très-souvent dans les terres argileuses, les carottes se récoltent couvertes de terre, on les dispose en obélisques, c'est-à-dire en tas aussi élevés, sur une base aussi étroite que possible, en mettant les fanes à l'intérieur et les racines à l'extérieur. L'action alternative du soleil, de l'air et de la pluie, à laquelle les carottes se trouvent ainsi favorablement exposées, les sèche, les nettoie et les met dans l'état qui convient pour se conserver.

Pour conserver longtemps les racines, l'expérience a montré qu'il était avantageux de couper, en même temps que la fane, un disque mince de la couronne, et de laisser les carottes un certain temps à l'air pour guérir la plaie, avant de les enserrer. Elles ne se conservent bien que dans un lieu sec, et au mieux dans une chambre froide bien fermée ; on les y dispose en un tas quadrangulaire allongé, qui ne doit toucher aux murs par aucun point et laisser une espèce de chemin de ronde tout autour. Lorsqu'une couche de carottes est arrangée, on répand, par-dessus, une couche de terre sèche de 2 à 3 centimètres d'épaisseur, et on continue ainsi par couches alternatives de carottes et de terre jusqu'à une hauteur indéterminée.

Dans les Pays-Bas, on dispose les carottes comme les navets et les pommes de terre, en tas ronds, à cette différence près, cependant, qu'on met une couche de paille entre deux couches de carottes : lors-

qu'on veut les conserver jusqu'à Pâques, on les dépose dans des fosses longues et étroites ; on met au
fond un lit de paille, puis alternativement une couche de carottes et une de paille, jusqu'à une hauteur au-dessus du sol, qui permette de couvrir le
tout d'un petit ados formé avec la quantité de terre
produite par l'excavation des fosses.

f. *Valeur et emplois.*

Il n'est pas de plante racine qui soit pus du goût
de tous les animaux et qui leur réussisse mieux, depuis la volaille jusqu'au cheval, que la carotte ; elle
ne le cède qu'à la pomme de terre, sous le rapport
de la quantité de parties nutritives contenues dans
un poids donné. Suivant les données le plus généralement adoptées, 200 kilogrammes de pommes de
terre sont égaux, sous ce rapport, à 270 kilogrammes de carottes *. Mais si l'on établit la comparaison
entre la quantité de parties nutritives contenues dans
le rendement total d'une surface donnée, et c'est là
la comparaison la plus importante pour le producteur, celle qu'il doit toujours faire avec le plus grand
soin, on voit disparaître toute différence, parce que
le rendement des carottes est beaucoup plus consi-

* Lorsque le conseiller Block , qui a fait de si utiles expériences,
évalue 200 kilogr. de pommes de terre comme égaux à 338 kilogr.
de carottes et de betteraves , je puis être d'accord avec lui en ce qui
concerne les betteraves, mais pas le moins du monde pour les carottes.

dérable que celui des pommes de terre. De plus, le lait est plus aqueux, le beurre est moins beau et de moins bon goût, lorsque les vaches sont nourries aux pommes de terre, que lorsqu'elles le sont aux carottes. Pour les brebis et les agneaux, il n'existe pas de meilleur fourrage que les carottes. Dans l'engraissement des porcs, elles produisent un lard plus ferme que celui qu'on obtient avec les pommes de terre.

Pour la nourriture des chevaux, les carottes sont de beaucoup préférables aux navets et aux betteraves. « Les chevaux, dit A. Young, ne peuvent « être nourris d'une manière plus profitable « qu'avec les carottes. » — Avec de la paille hachée, sans avoine et sans foin, la ration est de 71 litres par jour et par tête ; avec 5 litres d'avoine il ne faut que 36 litres de carottes. Un hectare qui rend 357 hectolitres de carottes suffit pour nourrir un attelage de 4 chevaux pendant 125 jours, sans qu'il soit besoin d'un grain d'avoine, et en maintenant les chevaux en très-bon état. En mettant la ration journalière d'un cheval à 11 litres d'avoine, la nourriture aux carottes, pendant le temps indiqué, fait faire l'économie de 55 hectolitres d'avoine. Comme l'avoine ne rend, en moyenne, que 44 hectolitres par hectare, il s'ensuit que 4 hectares de carottes sont l'équivalent de 5 hectares d'avoine. Il est vrai que l'avoine donne, outre son rendement en grain, un rendement en paille ; mais, en compensation, les

125 jours de nourriture aux carottes font faire aussi une économie de 25 quintaux métriques de foin, égaux en valeur à 50 quintaux métriques de paille : il s'ensuit que, en ce point encore, les carottes l'emportent d'un cinquième sur l'avoine, et de plus d'un cinquième, si l'on fait entrer en ligne de compte la fane des carottes, qui n'est pas sans valeur. Si les frais de culture sont plus considérables pour les carottes que pour l'avoine, la différence n'égale pas la valeur du cinquième du produit total *. Je ne crois pas non plus qu'on puisse rencontrer quelque part un cultivateur qui consentît à donner un hectare de carottes pour un hectare d'avoine, à la seule condition d'être indemnisé pour la différence des frais de culture.

M. Clémens a fait de nombreuses expériences qui ont eu pour résultat de constater la préférence marquée de tous les animaux pour les carottes. Par exemple, ayant fait couvrir des carottes coupées avec des betteraves également coupées, le fumet de la carotte fut aussitôt reconnu par le bétail, qui écarta la couverture de betteraves, pour se jeter avidement sur les carottes et ne revenir aux unes qu'après avoir dévoré toutes les autres.

Le même effet du principe colorant contenu dans les carottes, qui se remarque sur le beurre, se remarque aussi sur la graisse des animaux engraissés

* Il n'y a point de battage en grange pour les carottes.

avec des carottes; mais il ne se manifeste aucune action sur la qualité de la viande.

g. Production de semence.

Pour faire des porte-graine, on choisit de belles racines d'un jaune doré, bien fusiformes, sans fourche; on en écourte un peu la fane et on les conserve dans une cave sèche, pour les repiquer après l'hiver, soit dans un jardin, soit sur une place de choix dans les champs, ou bien on les repique dès l'automne, et l'on a soin de les couvrir de paille pendant la saison des gelées.

On coupe les tiges de porte-graine, on les suspend renversées, et on n'en sépare la graine qu'au moment de semer. Pour séparer la graine, il faut étendre les tiges au soleil, puis bien frotter les cosses entre les mains pour en détacher les petits crochets laineux dont elle est entourée et qui attachent les grains les uns aux autres, précaution sans laquelle il serait impossible de semer également. Par la même raison, il est extrêmement difficile de semer les carottes à la machine.

§ 3. *Culture perfectionnée.*

Comme les carottes ne viennent que sur place, ne se transplantent pas aussi bien que les betteraves et les choux-raves, ne se montrent hors de terre qu'au bout de trente et même de quarante jours ; comme elles laissent aux mauvaises herbes tout loisir de s'étendre dans les champs et sont d'abord si chétives et ont une si grande ressemblance avec quelques-unes des mauvaises herbes les plus pernicieuses, le premier sarclage et le sarclage à donner ensuite sont d'autant plus coûteux et plus difficiles que les plants se trouvent plus irrégulièrement placés. Pour parer aux deux principaux inconvénients à la fois, j'ai fait cultiver les carottes au rayonneur, en lignes, à 60 centimètres d'intervalle, en faisant déposer la graine dans les sillons par les ouvriers les plus adroits et les plus attentifs et en faisant couvrir par un léger traînage. Il va sans dire que le sol était d'avance profondément et soigneusement labouré, ainsi qu'abondamment fumé.

Il n'est pas facile de déposer dans de très-petits sillons la graine de carottes, de toute manière difficile à semer; mais, par contre, le sarclage devient d'autant plus facile, en ce que les lignes dirigent le travail des sarcleuses et qu'il n'est nécessaire de sarcler que les lignes et non les intervalles. On tire ensuite un grand avantage de l'emploi de la houe à cheval, bien qu'elle ne dispense pas tout à fait, la première fois, de l'emploi de la houe à main. Enfin la culture en lignes rend possible aussi l'emploi de la charrue pour la récolte et de sortir de cette manière les plus belles racines sans les blesser, ce qui, comme j'en ai l'expérience, est très-difficile dans les terres fortement argileuses, et à peine faisable soit à la bêche, soit au hoyau, soit à la fourche. Si l'on était disposé à croire qu'un espacement de 60 centimètres entre les lignes doit être trop considérable, comme l'aspect des champs le fait paraître, en effet, pendant les deux premiers mois, je puis donner pleine et entière assurance que, plus tard, les fanes se joignent de si près, qu'il est à peine possible de passer entre les lignes.

Pour obtenir de bons résultats de cette méthode de culture, il faut observer exactement les préceptes qui suivent :

1° Sécher et nettoyer le plus soigneusement possible la semence.

2° Ne pas économiser sur la quantité de semence.

3° Avoir de bonne heure en réserve une petite pépinière de replants de betteraves, pour pouvoir en repiquer, le cas échéant, dans les vides que pourraient présenter les lignes de carottes.

4° Ne pas semer de trop bonne heure pour se donner le temps de bien préparer le sol, et ne mettre que très-peu de terre sur la semence. — Les carottes lèvent très-bien pour peu que la graine reste en contact avec la terre.

5° Sarcler d'abord les lignes à la main et biner les intervalles avec la houe à main. — Un couteau-pelle, à long manche, comme ceux dont on se sert pour nettoyer les allées des jardins, convient très-bien pour ce travail. La différence entre les deux instruments, ou plutôt entre leurs effets, consiste en ce que l'ouvrier qui travaille avec la houe à main fait sa besogne en avançant et, par conséquent, en marchant sur son binage, tandis que celui qui travaille avec le couteau fait la sienne à reculons et ne réaffermit pas au sol, en marchant dessus, les mauvaises herbes qu'il a coupées sous la surface. Cette circonstance est surtout importante lorsque le travail doit se faire par un temps humide.

6° Aussitôt que les mauvaises herbes commencent à se montrer de nouveau, biner les lignes avec la houe à main et les intervalles avec la houe à cheval; en même temps supprimer les plants trop serrés dans les lignes.

7° Donner un second binage à la main, lorsque les carottes commencent à prendre de la force; et, dans cette opération, supprimer sans hésiter toutes les carottes qui se trouvent rapprochées à plus de 15 centimètres les unes des autres. Faire passer dans les intervalles une charrue à soc en forme de coin, ou mieux encore les rompre avec une charrue tranchante.

8° Ne pas sarcler par un temps trop sec; ne pas biner ou faire fonctionner la houe à cheval et la charrue quand la terre est trop humide, surtout dans les terrains argileux et glaiseux.

9° Ne pas s'en reposer sur les machines et les

attelages ; leur action ne peut s'exercer dans les lignes, et on ne peut même les faire fonctionner très-près des plants; elle ne peut ainsi suppléer à celle de la houe à main.

10° Lorsque les fanes des carottes paraissent ne pas devoir couvrir suffisamment les lignes et donner assez d'ombre, on peut répandre immédiatement avant le dernier binage de la graine de navets.

11° Il ne faut pas négliger d'inspecter assez souvent les champs de carottes, pour arracher ou faire arracher, à mesure qu'elles se montrent, les plantes parasites qui répandent leurs semences et les carottes qui montent en graine.

12° Retarder, surtout après un été sec, la récolte des carottes et ne pas donner trop d'importance à la crainte d'être dérangé dans la récolte par le mauvais temps. En récoltant trop tôt, on diminue très-sensiblement le produit et on ne fait qu'augmenter la difficulté de l'arrachage. Les carottes, laissées en terre, continuent à grossir pendant tout le mois d'octobre.

13° Cultivées en lignes, les carottes se récoltent plus facilement encore à la charrue qu'avec les outils à main. Deux charrues et dix enfants de douze à seize ans suffisent à recueillir en un jour les carottes d'un hectare, et les enfants peuvent encore couper les fanes d'une grande partie de cette récolte. Le travail de la charrue ne doit d'ailleurs pas être mis au compte des frais de culture des carottes, mais à celui de la plante suivante, pour laquelle il aurait toujours fallu donner un labour.

Les frais de culture se sont élevés, suivant une moyenne de trois années, pour les carottes ainsi traitées, et par hectare :

Semaille en ligne.	2 f. 40 c.
Sarclage et binage.	68 »
Arrachage, coupe des fanes, charriage.	51 20 c.
Total des frais. . .	121 f. 60 c.

Pour obtenir 120 quintaux métriques de fanes.	49 f. » c.
Et 340 quintaux métr. de racines. .	449 80
Total des produits. . .	498 80

De laquelle somme il faut déduire encore, outre les frais de culture indiqués pour labourage, hersage, roulage, engrais, charriage et distribution d'engrais, 154 fr. 10 c., ce qui réduit le produit net à 223 fr. 10.

Quelques expériences comparatives ont suffi pour me démontrer dans quelle proportion il était possible à une culture perfectionnée d'augmenter le produit des carottes. Ainsi ces produits ont été, à surface et qualité de sol égales, pour des carottes non fumées, ni binées, mais

Seulement sarclées, de.	100
Fumées et non binées.	133
Fumées et binées.	156

Les panais.

Quelque bruit qu'on ait tenté de faire de leurs avantages, ils méritent à peine qu'il en soit fait mention dans un ouvrage sur l'économie rurale. Dans le sol le plus riche et le mieux travaillé d'un jardin, ils produisent, il est vrai, un peu plus que les carottes ; dans les champs, c'est le contraire qui arrive. Ils sont très-bons pour l'engraissement ; donnés aux vaches, ils communiquent au lait, particulièrement au printemps, une saveur amère. La meilleure manière de les employer est de les donner en mélange avec des carottes. Je conseillerais au cultivateur qui en voudrait faire l'essai de semer les panais en mélange avec des carottes ; les deux plantes se supportent très-bien et demandent les mêmes soins et les mêmes façons. Le principal avantage des panais est celui de supporter l'hiver en plein champ.

CHAPITRE VI.

Pommes de terre.

On peut dire avec vérité que, dans les conditions actuelles de l'agriculture, les pommes de terre sont la plus précieuse de toutes les plantes de grande culture. L'éloge qui en est fait, comme à l'envi, par tous les économistes et tous les agronomes, est mérité, et il serait superflu d'ajouter à ce concert unanime ; s'il y avait quelque chose à faire sur ce sujet, ce serait peut-être de ramener de l'exagération à la vérité, ce qui a été dit par quelques-uns.

Originaires du nouveau monde, où la Providence les avait placées sous la main de peuples destinés à rester longtemps aux plus bas degrés de la civilisation, et à pourvoir à leurs besoins avec des moyens peu nombreux et peu perfectionnés, c'est depuis un siècle à peine que les pommes de terre ont pris possession du sol de l'Allemagne, où elles ont été reçues à bras ouverts, comme un bienfait, par une agriculture alors encore assez imparfaite.

Je ne connais aucune plante qui, nouvellement importée, ait été si promptement adoptée, se soit aussi promptement répandue que la pomme de terre. Comme légume, bientôt comme pain, elle ne tarda pas à resserrer l'espace occupé par les topinambours, les navets, les carottes, à diminuer la culture des pois, à entrer dans le pain à la place du seigle, et à remplacer les céréales pour la fabrication de l'eau-de-vie. Depuis lors, si la louange de la pomme de terre peut emprunter, sans trop de prétention, une forme assez poétique, elle brilla, avec raison, du plus vif éclat et comme une étoile du premier ordre dans le firmament des économistes. Cependant il faut bien qu'un vieil observateur de la vieille Europe ait fini par découvrir

quelques taches sur ce disque éclatant, et messieurs
les enthousiastes me permettront d'en faire mention
sous la réserve de tout mon respect pour le précieux
et surtout utile tubercule.

Qu'il soit vrai, comme le dit Burger, qu'une
grande population ne puisse trouver une garantie
certaine contre la disette et la famine que dans la
pomme de terre, que l'immense population de la
Chine ne connaît pas, c'est une question. Mais une
question non moins importante est celle de savoir
si cette plante, par la facilité qu'elle offre de parer
au plus pressant besoin, celui de la sustentation,
n'est pas et ne doit pas être nécessairement la cause
d'une multiplication toujours croissante de la population. Et cette augmentation de population, parvenue à de certaines limites, pour des pays dont
l'existence tout entière est attachée à la culture,
est-elle bien réellement un bienfait ? Cette grande
augmentation de population est-elle un bienfait
pour un État qui, parce que les sujets n'y sont pas
seulement considérés comme des bêtes de somme,
ne compte pas seulement ses forces par le nombre
des têtes et ne peut subsister à la condition de per-
cevoir des impôts en pommes de terre ? ou bien
l'existence seule suffit-elle pour faire le bonheur des
individus, et les citoyens d'un État civilisé n'ont-
ils pas d'autres besoins encore que celui d'apaiser
leur faim avec des pommes de terre ? En Irlande,
la possession d'une hutte en terre glaise, d'un sac

de pommes de terre et d'une botte de paille est
un avoir suffisant pour fonder un ménage et créer
une famille de mendiants. La manie de mariage
qui s'est emparée de nos mangeurs de pommes de
terre doit nous conduire à grands pas vers un résultat semblable, ou, bien mieux, la tolérance il-
limitée des mariages entre gens qui n'ont rien ne
l'a-t-elle pas déjà produit chez nous? Les pommes
de terre n'ont-elles pas, de commun avec cette tolérance, une part à cette dégénérescence morale toujours plus effrayante et à laquelle vient contribuer
l'usage toujours plus immodéré de l'eau-de-vie,
auquel excite la nourriture à la pomme de terre?
Si les pommes de terre sont une ressource pour les
temps de disette de céréales, à supposer qu'elles ne
puissent pas manquer en même temps, comme cela
est arrivé en 1816, peut-on, d'un autre côté, les
tenir quittes du reproche d'être la cause de l'énorme
abaissement de valeur, ou, pour mieux dire, de
prix des grains, et, par suite, de la décadence générale de l'industrie agricole? A mon sens, il ne
nous manque plus qu'une espèce d'arbre à pain
pour faire tomber tout à fait la culture des céréales,
et que quelques feuilles de palmier pour couvrir
notre nudité et nous rendre complétement indé-
pendants les uns des autres quant à tous nos besoins.

J'espère que ces observations ne me feront pas
mettre au nombre des ennemis ou des détracteurs
de la pomme de terre; elle ne saurait en avoir, et

l'on trouverait la preuve du contraire à la page 315 de ma description de l'économie rurale de l'Alsace. J'ai voulu seulement indiquer, rendre sensible, qu'on pouvait dire trop de bien, même d'une bonne chose, et avoir tort de prôner outre mesure une branche de culture qui, si elle doit convenir généralement, doit être employée avec une certaine mesure pour être utile et n'avoir pas d'inconvénients. L'étendue de terrain donné à la culture de la pomme de terre, la difficulté que présente une récolte considérable dans les automnes pluvieux, et les terres fortement argileuses, les soins et les embarras pour la conservation et la consommation des produits, les obstacles que rencontre la culture triennale à la caser dans ses rotations et les désavantages qu'elle y apporte, sont des circonstances qu'il ne faut et qu'on ne peut pas perdre de vue dans sa culture en grand. Aussi je ne pense pas qu'un praticien expérimenté et sachant bien calculer se détermine légèrement à leur donner une trop large place, et surtout que celui qui a une assez forte proportion de prairies naturelles et un sol propre à la culture du trèfle trouve du profit à la culture étendue des pommes de terre. Dans de pareilles circonstances, je ne vois guère que les bouilleurs qui puissent faire exception.

§ 1. *Sol.*

On trouverait difficilement une plante aussi accommodante que la pomme de terre sur la qualité du sol. A condition de beaucoup d'engrais, elle ne fait même pas exception pour les sables les plus arides, ni pour les argiles les plus tenaces, bien qu'il n'y ait pas grand profit à tirer de l'une ou de l'autre de ces violences à faire à la nature. Dans la dernière espèce de terre, elles prennent un mauvais goût et une chair pâteuse difficile à digérer. Les fondrières et les terres contenant de l'humidité stagnante, les marais, ne valent absolument rien pour la culture de la pomme de terre.

Un sol plutôt sec qu'humide, plutôt léger que lourd, un terrain d'alluvion écobué, un défrichement, sont les places favorites de la pomme de terre. Les gros graviers calcaires lui conviennent moins encore que les argiles pierreuses.

Ses fanes sont très-sensibles aux gelées du printemps, comme ses tubercules le sont à celles d'automne. Lorsque la fane s'étiole et se dessèche en automne, avant le temps de la maturité, il ne faut pas retarder la récolte, parce que, s'il survient de la pluie, les tubercules commencent à fermenter et à germer, et qu'il n'y a plus rien à gagner pour attendre.

§ 2. *Tour de rotation.*

Le tour de rotation d'une plante dépend plus ou moins du degré de vieille force qu'elle demande à la terre, de la force nouvelle qu'on peut lui donner, de l'état de force dans lequel elle laisse la terre, de l'état de propreté et d'ameublissement que produit la culture qu'elle exige, et enfin de la durée de sa végétation. Plus toutes ces considérations ont pu être exactement pesées dans la détermination du tour et de la place de chaque plante, plus le cultivateur pourra se promettre, sinon de chaque plante en particulier, mais toujours de l'ensemble de son système d'assolement et de l'ensemble de ses produits. Aussi, lorsque beaucoup de cultivateurs voient leur attente trompée par telle ou telle de leurs cultures, c'est souvent bien moins à la plante elle-même qu'ils devraient s'en prendre qu'à la mauvaise place et au mauvais traitement qu'ils lui ont donnés, au mauvais parti qu'eux-mêmes en ont tiré. Je veux seulement appliquer ces principes, que je crois les seuls vrais, à la culture de la pomme de terre, en rappelant qu'il ne peut être question ici de discuter si cette culture convient à l'ensemble d'une économie rurale, d'une exploitation, mais seulement de reconnaître la place qu'il convient de lui assigner dans les champs, eu égard aux cultures qui la précèdent et la suivent.

Il y a bien peu de plantes auxquelles la vieille force ne profite pas sensiblement, même alors qu'on leur donne un nouvel engrais ; mais, comme elles ne sont pas toutes également accommodantes, on n'a pas coutume d'assigner à l'accommodante pomme de terre, qui se tire d'affaire comme elle peut, une des meilleures places, et on cherche à lui rendre, avec du fumier frais, ce qu'elle rencontre rarement en vieille force. Qu'on ait toujours raison d'en agir ainsi, c'est ce qui est au moins très-douteux.

On range, et non sans raison, les pommes de terre parmi les plantes jachères ; car, encore bien que la grande proportion de substance farineuse qu'elles contiennent puisse les faire compter au nombre des céréales, leur culture exige de telles façons, que le sol s'en trouve complétement jachéré, ce que ne comporte pas la culture des céréales, même semées en lignes. C'est pour cette raison que, dans l'assolement triennal, la plupart des cultivateurs (non pas tous, il est vrai) croient devoir les placer dans la troisième sole, où, lorsqu'elles sont convenablement fumées et lorsque toutes les façons sont bien données, elles réussissent très-bien. Une plante aussi robuste ne redoute aucun précédent, à moins qu'il n'ait laissé le sol excessivement infesté de chiendent, inconvénient auquel un homme du métier doit toujours savoir parer.

Dans le système de culture alterne, on a les coudées plus franches ; on est à peu près libre de mettre

les pommes de terre dans les chaumes de trèfle et
de luzerne, où elles réussissent éminemment bien ;
dans les herbages rompus, ou après les céréales
d'hiver, dont le sol est encore en vieille force. On
y est également peu embarrassé pour les succédanées des pommes de terre, et on ne les fait pas
suivre légèrement par des céréales d'hiver. La culture alterne commence le plus souvent et en toute
assurance ses rotations par les pommes de terre,
tandis qu'il n'est pas rare que le cultivateur triennal
soit obligé de les rejeter à la fin des siennes.

La difficulté que présente l'introduction de la
pomme de terre dans l'assolement, c'est que la
céréale d'hiver, et particulièrement le seigle, qui
lui succède, ne réussit que médiocrement, ce qui
provient de l'état d'épuisement dans lequel elle
laisse la terre, et de l'époque tardive de sa récolte
qui, les sables exceptés, ne permet pas de semer à
temps utile, et au sol trop ameubli de se retasser, à
moins qu'on ne laisse passer par-dessus un hiver
entier. S'il n'a pas été fumé, ou s'il n'a été fumé
que faiblement pour les pommes de terre, et s'il faut
fumer et compléter la fumure pour la céréale d'hiver, les inconvénients sont assez grands, à cause du
retard de la semaille et parce que la terre se creuse.
Dans ce cas, le cultivateur qui ne sera pas assez
largement pourvu d'engrais trouvera plus de profit
à n'en pas donner aux pommes de terre, pour pouvoir en donner suffisamment à la céréale. La récolte

de pommes de terre ne sera sans doute pas brillante; mais celle du froment ou du blé de mars n'en sera que plus belle. Le trèfle semé dans la céréale en profitera sensiblement, et l'ensemble de l'économie y trouvera un avantage marqué. Pourvu que le sol soit assez profondément rompu pour les pommes de terre pour qu'elles trouvent de la terre nouvelle, leur rendement sera encore plus satisfaisant qu'une pareille pratique ne semble permettre de l'espérer.

Dans ce cas encore, et pour obvier aux inconvénients d'une fumure donnée à la hâte, d'une semaille tardive et du creusement du sol, on ne fume qu'après la semaille, à la fin de l'automne ou pendant les gelées, en couverture, sur la céréale levée, ce dont le froment et l'épeautre s'arrangent cependant mieux que le seigle. Pour empêcher le sol de s'encroûter, ce qui arrive facilement par les pluies, dans l'état de pulvérisation où la culture de la pomme de terre a laissé le sol, on ne fait que herser grossièrement pour la céréale d'hiver, en n'écorchant la terre qu'autant qu'il est nécessaire pour que la semence puisse être couverte. Mieux vaut encore ne pas herser du tout et enfouir la semence à la charrue; de cette manière, on peut introduire sans inconvénient la pomme de terre dans l'assolement triennal ordinaire.

Quelques praticiens expérimentés, et qu'une demi-science théorique n'a pas fourvoyés, emploient encore un moyen beaucoup meilleur pour arriver au même résultat. Comme les industrieux et intelligents cultivateurs de l'Alsace, ils mettent tout de suite les pommes de terre dans la sole d'été et les font suivre, dans l'année jachère, par des fèves ou du tabac. Comme toutes les deux sont d'excellents précédents pour le froment, cette pratique mérite non-seulement la préférence sur celle indiquée plus haut, mais elle est encore réellement un moyen d'ennoblir en quelque sorte le sol, et de le purger pour plusieurs années des mauvaises herbes, notamment du faux raifort.

En présence d'une si grande masse de substance farineuse que celle contenue dans une récolte de pommes de terre, leur propriété d'épuiser le sol ne saurait être mise en doute, et ce n'est certainement pas sérieusement que quelques écrivains agronomes prétendent qu'elles n'épuisent que peu ou point le sol, à moins que les mêmes écrivains ne parviennent à expliquer comment les substances nutritives se forment en grande proportion dans la plante, sans que celle-ci les dérobe au sol. S'ils se trompent dans ce point, comme dans beaucoup d'autres, cela vient apparemment du parfait état d'ameublissement, de division, de propreté dans lequel les pommes de terre laissent le sol. Cette amélioration est à mes yeux si importante, que je ne puis repousser au delà de certaines limites la culture des pommes de terre, quelque persuadé que je sois qu'on peut très-bien s'en passer comme produit, et quelque inconvénient, quelque embarras que je trouve à les employer comme fourrage.

Les Anglais aussi regardent la pomme de terre comme une plante très-épuisante. « Les pommes « de terre, dit A. Young, épuisent le sol plus que « toute autre plante jachère (*fallow crop*), plus « que l'orge, plus même que le froment. »

Les observations que j'ai recueillies en Alsace m'ont appris à quel point, dans un sol qui leur convient, les pommes de terre sont peu difficiles pour se succéder à elles-mêmes. Dans telle localité j'ai trouvé des champs destinés à porter et portant, en effet, des pommes de terre tous les ans ; dans d'autres, on les met 4, 5 et 6 ans de suite dans les mêmes terres, sans que leur rendement diminue, pourvu qu'on donne une fumure tous les deux ans. A Meistratzheim on m'a parlé de champs qui ont rendu des pommes de terre six années de suite *sans fumure ;* après lesquelles six années ces champs produisirent encore une belle récolte d'orge. A de pareils exemples, il n'y a qu'une chose à dire, c'est qu'il n'est pas de règle sans exception. Dans une autre localité, on me fit voir une pièce de terre qui, dans vingt ans, avait porté une fois de l'orge et dix-neuf fois des pommes de terre. Dans le Wurtemberg, on m'a cité un garde-chasse qui avait planté, pendant trente-deux ans de suite, des pommes de terre à la même place, mais en donnant du fumier tous les ans. Vers la fin, cependant, les tubercules diminuèrent de volume et, la dernière année, ils ne dépassèrent pas la grosseur d'une noix.

§ 3. *Préparation du sol.*

Malgré les différences que déterminent les habitudes et les circonstances locales, on remarque cependant presque partout l'observation de cette règle générale : labourer souvent et une fois au moins très-profondément, afin de donner à la pomme de terre une masse de terre meuble et, autant que possible, de terre neuve, dans laquelle elle puisse s'étendre et développer ses tubercules.

Partout où l'épaisseur de la couche végétale le permet, une profondeur de 28 à 32 centimètres n'est pas seulement utile à la plante, mais encore au sol lui-même, et le moyen de l'améliorer impunément. Doit-il suivre du trèfle, la profondeur du labour est nécessaire à sa réussite, comme nous l'avons déjà remarqué en étudiant sa culture, non moins qu'à celle de la pomme de terre elle-même.

C'est la nature du sol qui doit décider la question de savoir si le labour profond doit être donné après ou avant l'hiver. Dans les sols argileux, absorbant une grande quantité d'humidité, il ne serait pas prudent, et il serait rarement possible de donner cette façon avant l'hiver. Dans ce cas, il convient de donner deux labours ordinaires d'automne et un labour profond au printemps. Mais, partout où les labours profonds sont praticables et sans inconvénient avant l'hiver, il est très-utile de les donner à cette époque, parce que la terre brute amenée à la surface, restant en sillon, a tout le temps et toutes les chances d'ameublissement que donnent l'hiver et les gelées.

Dans les lourdes terres de la Flandre, on ne se contente même pas d'un seul labour profond, et on a coutume d'en donner deux. Plus tôt le premier de ces deux labours profonds peut être donné, et mieux cela vaut.

Dans le Brabant, où, pour toutes les autres façons, on n'attelle jamais plus de deux chevaux à la charrue, j'en ai vu mettre quatre pour retourner à la profondeur de 38 à 44 centimètres un sol sablonneux, auquel on n'applique jamais la fumure en donnant ce labour. Lorsqu'on doit fumer à ce moment, on donne un double labour, ainsi que nous le verrons plus loin. Un double labour, mesuré de la surface intacte, pénètre à 33 et, dans les sols les plus sablonneux, jusqu'à 43 centimètres; la première charrue est attelée d'un seul cheval et la seconde de deux.

§ 4. *Engrais.*

A peu d'exceptions près, il n'est guère possible de fumer trop fortement pour les pommes de terre. Il est cependant difficile de déterminer dans quelle proportion un plus fort rendement répond à une plus forte fumure, du moins en général, parce que, sous ce rapport, tout dépend de l'état du sol, de sa constitution propre, de l'année d'assolement, de la température de l'année, des procédés de culture et de l'espèce de pommes de terre. Cette appréciation est moins difficile sous le rapport de l'utilité pour l'exploitation et l'économie de la ferme, auquel cas elle se mesure sur la quantité d'engrais qu'il est possible de donner à cette culture, sans en retrancher aux autres.

Le cultivateur pauvre d'engrais ferait un faux calcul en favorisant aux dépens des autres une plante à laquelle ses procédés de culture l'obligent déjà à faire une assez large part et qui se tire d'affaire avec cette part.

Le cultivateur riche d'engrais ferait un plus faux calcul encore de n'en pas donner très-largement à une plante qui, par la force qu'elle demande à trouver dans le sol, par les façons qu'elle exige, rend à son amélioration des services si marqués, en le laissant plus propre, plus meuble et plus profond.

La pomme de terre s'accommode de tous les engrais et en profite, dans quelque état qu'on les lui donne. Le fumier de mouton, surtout celui d'hiver, exerce une action très-marquée sur son rendement ; seulement il exerce en même temps une action qui la rend moins propre à la sustentation de l'homme. Il en est de même du fumier de parcage. Les gazons, la chaux, les lisées, les eaux grasses, les chiffons de laine, la vase qui se dépose dans les fossés sont de bons, souvent d'excellents engrais. Dans les sols tenaces, le fumier long et pailleux est le meilleur, parce qu'il agit mécaniquement pour diviser la terre et facilite l'extension des racines et le développement des tubercules.

On fume soit avant, soit pendant, soit après l'hiver, ou en plantant les pommes de terre, ou bien encore après qu'elles ont levé.

Lorsqu'on fume avant l'hiver, on enfouit aussitôt, par un labour assez superficiel, qui doit avoir pour effet d'incorporer l'engrais à la terre et d'ameublir le sol. Dans les sols serrés, froids, qui ne décomposent que lentement le fumier, cette pratique est parfaitement à sa place ; elle convient beaucoup moins aux sols chauds. En général, d'ailleurs, la fin de l'automne est l'époque où le cultivateur est le moins abondamment pourvu d'engrais et où il peut le moins l'épargner sur ses autres cultures.

Aussi l'on voit bien plus souvent couvrir de fumier long encore tout frais, pendant l'hiver, les sillons bruts de terres profondément labourées. Cette pratique convient surtout au plus grand nombre des exploitations, parce qu'elle permet au cultivateur de ne pas laisser se tasser et diminuer sur ses fosses les fumiers qui s'y accumulent à cette époque, et d'occuper ses attelages dans un moment où, surtout quand il gèle , ils restent désœuvrés. Répandu sur les sillons bruts et en partie ouverts , le fumier abandonne , par le lavage des pluies et des dégels et au profit de la terre , les parties les plus grasses , qui s'y infiltrent, tandis qu'elles se perdraient sans profit sur les fosses, et les résidus pailleux laissés à la surface contribuent à l'ameublissement des mottes les plus grosses et les plus serrées.

La fumure, après l'hiver, est souvent un embarras pour d'autres travaux, et il arrive qu'on est obligé de la retarder, par cette raison, jusqu'à la plantation. La fumure, donnée et enfouie avant la plantation, a cet avantage que la pomme de terre contracte une saveur plus agréable que lorsque la fumure est enfouie en même temps que le tubercule. La fumure donnée en deux fois, moitié avant et moitié après l'hiver , est, lorsqu'il est possible de la donner de cette manière, la meilleure de toutes, surtout lorsque le sol est un peu épuisé, parce que la portion d'engrais donnée avant l'hiver a le temps de se convertir en humus et exerce une action plus marquée sur la portion donnée en dernier lieu.

La pratique , sans doute , la plus générale, est de donner le fumier au moment de la plantation. Elle est également facile et employée , soit qu'on dépose les tubercules en suivant la charrue, soit qu'on les dépose dans des fosses ouvertes à la houe. Dans le premier cas, le fumier est tantôt étendu au préalable sur toute la pièce, ou déposé, en lignes et en très-petits tas rapprochés, pour être poussé ou tiré dans le sillon ouvert. On ne prend pas garde à ce que la pomme de terre de semence se trouve placée dessus ou dessous le fumier; cependant l'un est plus favorable dans les sols humides, et l'autre dans les sols secs. Lorsque l'on vise plutôt à la quantité des pommes de terre qu'à l'économie du fumier, l'enfouissement par portion donnée à chaque plant est la pratique qu'il faut préférer; mais, lorsqu'on veut faire profiter également la fumure à la culture suivante, il faut la répandre également sur toute la surface du sol. Cependant cette règle subit aussi des exceptions. Si le sol est chaud, d'une nature dévorante, en d'autres termes, si c'est du sable, c'est une dilapidation que de donner plus d'engrais qu'il n'en faut pour les plants mêmes des pommes de terre, parce que le fumier est absorbé sans résultat dans les intervalles et reste perdu pour la culture suivante. Il convient, dans ce cas, de donner, pour ainsi dire, à chaque plant sa ration et de la placer aussi près de lui que possible.

Mais, de quelque manière qu'on applique le fumier, la règle générale qu'il faut observer est de ne pas trop le couvrir, de ne pas enfouir le talent.

Mais, comme il est des circonstances dans lesquelles la couverture du fumier doit coïncider avec le labour profond, il faut alors recourir au double labour et introduire le fumier entre les deux tranches.

La fumure par-dessus, appliquée aux pommes de terre déjà plantées, et dont il nous reste à parler, n'a pas seulement déjà beaucoup de partisans et de prôneurs, mais se propage tous les jours et s'établit plus généralement dans la pratique. Des cultivateurs intelligents soutiennent, en s'appuyant sur l'expérience, que cette fumure profite mieux à la pomme de terre elle-même, aussi bien qu'à la culture suivante. Dans les étés humides surtout, cette manière de fumer ne peut avoir que de bons résultats et augmenter sensiblement le rendement des pommes de terre. Dans tous les cas, la fumure par-dessus, qu'il faudrait appeler fumure de seconde façon, pour la pomme de terre, présente cet avantage qu'il n'est pas indispensable d'être pourvu d'engrais au moment de la plantation. Lorsque les pommes de terre sont sorties de terre et qu'on leur donne un premier hersage ou un premier binage, on amène le fumier et on le répand de suite. Lorsque les pommes de terre l'ont dépassé, on butte à la houe à main. Lorsque le fumier est assez court, on peut aussi se servir du buttoir, et, par conséquent, employer les attelages et épargner la main-d'œuvre.

En Flandre, on emploie d'autres substances encore que le fumier pour engraisser les pommes de terre, telles que la chaux, la cendre, les tourteaux, la lessive. Dans les terrains lourds et froids, c'est la chaux qu'on emploie. On la répand quelques jours après la plantation des pommes de terre, puis on passe la herse renversée pour attacher et mêler la chaux à la terre. Cette espèce de fumure à la chaux profite encore d'une manière remarquable au froment ou aux fèves qui succèdent aux pommes de terre. L'application de la chaux a donc lieu pour les terres lourdes ; celle des tourteaux convient aux terres légères. Mais ces deux engrais ne doivent pas être tout bonnement répandus sur le sol, mais bien déposés par poignées dans les fosses ou tout contre les buttes. La lessive ne doit être répandue sur les pommes de terre que lorsqu'elles sont bien levées ; mais, toutes les fois qu'on a donné de la chaux, il faut se garder de donner encore de la lessive.

C'est ici le lieu de faire mention de la fumure verte usitée en Flandre pour la pomme de terre. Les marais, les fossés, les cours d'eau paresseux produisent, dans ce pays, une grande quantité de plantes aquatiques que le soigneux cultivateur flamand ne manque pas de recueillir et de donner à ses pommes de terre plantées en terrains secs. Bien que l'effet de cette fumure ne soit pas persistant, elle n'en suffit pas moins pour produire, sans autre engrais, une bonne récolte de pommes de terre, particulièrement dans les années sèches. On s'y prend de la manière suivante : les plantes aquatiques, coupées et retirées de l'eau, sont aussitôt transportées sur les champs, dont la préparation doit être terminée. On fait des fosses de 10 à 12 centimètres de profondeur, on les remplit d'herbes, sur lesquelles on dépose une pomme de terre par fosse, ou bien on dépose la pomme de terre au fond de la fosse et l'herbe par-dessus, dans le cas où la terre est très-sèche. Il faut rigoureusement observer que les herbes doivent être enterrées dans les quarante-huit heures de la coupe, condition sans laquelle elles perdent leur action fertilisante. Cette propriété consiste principalement dans la fermentation extraordinairement violente à laquelle passe l'herbe enfouie toute fraîche, fermentation qui chauffe le sol et détermine très-promptement la germination de la pomme de terre. De plus, l'herbe, très-aqueuse, entretient l'humidité dans le sol, ce qui est si important pour les terrains secs et légers dans lesquels cette culture se pratique. Les Flamands se sont tellement convaincus de l'utilité de cette manière de fumer que, dépourvus d'autres semblables moyens d'engrais, ils coupent assez souvent du trèfle, pour en remplir les fosses de pommes de terre.

§ 5. *Temps de la plantation Reproducteurs.*

Les pommes de terre peuvent se planter de bonne heure, comme aussi elles peuvent se planter tard.

Le meilleur moment, cependant, est celui où l'activité et la chaleur commencent à s'étendre dans le sol, par conséquent, depuis la première quinzaine d'avril jusqu'à la mi-mai. D'une plantation faite plus tôt on retirera rarement quelque profit, et on souffrira souvent des inconvénients d'une plantation plus tardive, surtout si l'on fait succéder aux pommes de terre une céréale d'hiver.

Il n'est guère de moyen qui n'ait été tenté, de tour de force qu'on n'ait fait faire à la nature endurante de la pomme de terre, soit pour épargner quelque chose sur la valeur assez considérable de la semence, de la quantité de tubercules nécessaires pour planter, soit pour en obtenir une plus large compensation par le choix des variétés. On plante les plus grosses pommes de terre, les plus mûres, le second choix, les moyennes, les petites, les plus petites, les rebuts ; on plante des moitiés, des quarts, des racines portant un germe, des pelures portant des yeux, des yeux enlevés à la pointe du couteau. On repique des germes développés sur les pommes de terre conservées, des jets séparés avec quelque peu de racines, des tiges sans racines, des boutures, et tout cela prend, tout cela pousse et réussit plus ou moins, selon qu'on y a employé plus ou moins de soin et que le sol a été plus ou moins bien préparé. Comme nous ne traitons pas de jardinage, nous n'entrerons pas dans le détail de tous ces petits artifices et ne rapporterons que les pratiques éprouvées par l'expérience et susceptibles d'être employées dans la culture en plain champ.

Dans le choix des pommes de terre destinées à la reproduction, il faut partir du principe que la substance de la plante reproduite doit être fournie tout entière, pendant un temps donné, par le reproducteur, jusqu'à ce que les racines des nouveaux sujets puissent en extraire de la terre. Ce mode de nutrition des produits nouveaux est plus facile à observer sur la pomme de terre que sur toute autre plante. Lorsqu'un certain degré de température arrive dans le lieu où l'on conserve des tubercules, on les voit projeter des tiges d'une longueur extraordinaire. Lorsqu'on les met dans l'eau, on les voit pousser des tiges et des feuilles, sans qu'elles aient pu s'assimiler d'autres substances que celles qui peuvent se trouver dans le liquide, quelque pur qu'il soit. Il suit de ces observations que les jeunes pommes de terre doivent avoir une première croissance d'autant plus prompte et plus vigoureuse, que la pomme de terre mère, à laquelle elles restent liées, leur fournit plus de substance nutritive, jusqu'à ce que, en quelque sorte sevrées et assez fortes pour se suffire à elles-mêmes, elles n'aient plus besoin du sein maternel. Une grosse pomme de terre, bien saine, pleine de suc, doit donc avoir, toutes conditions d'ailleurs égales, une progéniture plus forte et plus nombreuse qu'une pomme de terre moyenne, et, à plus forte raison, qu'une petite. Dans toute autre circonstance que la pénurie, on ferait donc un faux calcul en ne choisissant pas les plus belles pommes de terre pour la reproduction.

Il est bien certain que, même en espaçant plus largement les fosses, ce que l'on peut faire quand on emploie des pommes de terre plus grosses, il arrive que la masse totale des reproducteurs employés est à peu près double de ce qu'elle aurait été en pommes de terre moyennes. Lorsqu'on a des pommes de terre très-grosses, la division devient un bon moyen de diminuer la quantité de semence. Le quart d'une très-grosse pomme de terre vaut mieux que la moitié d'une moyenne et que deux petites pommes de terre entières.

Quelques praticiens, cependant, s'élèvent absolument contre la division. Ils ont raison dans beaucoup de circonstances. L'humidité surtout, qu'elle provienne du sol ou de la température, est une des circonstances les plus contraires à la reproduction par fragments. On conçoit facilement qu'une pomme de terre entièrement revêtue de sa pelure résiste mieux à l'humidité qu'une tranche toute nue sur une assez large face. Il a été fait, en Belgique, par Van Aelbroeck, une expérience, due au hasard, dont je crois devoir mettre le résumé sous les yeux de mes lecteurs : Une averse vint surprendre deux de ses voisins pendant le travail de la plantation au moment où ils avaient fait les deux tiers de la besogne. Les pommes de terre, coupées, restèrent à la pluie. Les plan-

teurs revinrent aussitôt l'averse passée et terminé-
rent la plantation. Deux mois plus tard, la moitié
à peine des pommes de terre plantées après la pluie
avait levé. On rouvrit les fosses et on trouva que
les pommes de terre avaient pourri sans pousser de
germes.

Dans les expériences d'Anderson, le rapport du
rendement de grandes pommes de terre plantées
entières à celui de petites plantées de la même manière a été, déduction faite de la semence, comme
283 est à 153. Le rapport de rendement de grandes
pommes de terre coupées par morceaux ne portant
qu'un œil, à celui de pommes de terre partagées, a
été comme 231 est à 125. Dans la première expérience, la masse de semence des grandes pommes
de terre était à celle des petites comme 23 est à 1;
dans la seconde, les masses de semence étaient
comme 6 est à 1. Anderson conclut de ces expériences, et de beaucoup d'autres, *que la quantité
produite dépend toujours plus ou moins du volume des tubercules reproducteurs, et que, dans
aucun cas, il ne faut planter de petites pommes
de terre.* Il suit encore des mêmes expériences que
le produit brut de grandes pommes de terre entières
est beaucoup plus fort que celui des mêmes pommes
de terre coupées et plantées à égal espacement, les
premières ayant donné 453, et les secondes seulement 266 en mesure de capacité ; toutefois, la déduction de la quantité plantée abaissant plus sensi-

blement le produit net des unes que celui des autres, et laissant, après cette déduction, le premier produit à 283, et le second à 231. Ainsi les pommes de terre entières se seraient multipliées par 3, et les pommes de terre coupées par 7 2/5, ce qui fait ressortir une différence qui ne laisse pas que de mériter quelque considération, eu égard à ce que les pommes de terre ont perdu à la conservation et à la valeur plus grande qu'elles ont, à masse égale, au temps de la plantation.

Les plus chétifs résultats des expériences d'Anderson sont ceux qui répondent à l'emploi des tranches plates et des disques, coupés aux extrémités supérieures des pommes de terre. Le rapport de leur rendement à celui des petites pommes de terre entières, dont il a été parlé plus haut, s'y présente comme 1 est à 2, et avec celui des grandes pommes de terre comme 1 est à 5, bien que les tranches et les disques eussent été pris, non sur de petits, mais sur de gros tubercules. Une expérience comparative, faite préalablement par Anderson, sur les disques et les tranches, avait fait ressortir un avantage marqué du côté des tranches; mais le même résultat n'ayant pas suivi une seconde expérience, et les deux rendements ayant été, cette fois, à très-peu près égaux, il en conclut que le plus fort produit des tranches, dans la première expérience, tenait à l'inégalité d'épaisseur entre les disques et les tranches qui avaient été faits d'épaisseur égale dans la seconde. L'exactitude de cette conclusion fut démontrée à Anderson par la plantation de tranches prises dans le plus grand diamètre de la pomme de terre, auxquelles il n'avait été laissé également qu'un seul œil, mais dix-sept fois plus de chair. Suivant d'autres expériences d'Anderson, il ne pense pas qu'un œil pris sur telle ou telle partie de la pomme de terre soit plus ou moins productif à raison de la partie sur laquelle il a été pris.

Je passe ici sous silence mes propres expériences, commencées il y a plus de trente ans, et en partie déjà publiées dans d'autres ouvrages, pour rapporter celles de M. Bergier de Renens, près Lausanne, décisives sur le point en question.

Il disposa douze lignes de seize plants chacune, et en fit quatre numéros de trois lignes chacun. Il planta :

Nº 1. De grosses pommes de terre du poids de. . . . . 18 liv. 6 onc.

2. De moyennes, du poids de. 8   1

3. De petites, du poids de. 4   8

4. De morceaux, portant 2 à 3 yeux, du poids de. 2   2

Les résultats furent :

Nº 1. Produit brut. . . . . . 203 liv. 4 onc.

Semence. 18   6

Produit net. 184   14

N° 2. Produit brut. 158   12
    Semence.   8   1
    Produit net. 150   11

N° 3. Produit brut. 149   12
    Semence.   4   8
    Produit net. 145   4

N° 4. Produit brut. 125   4
    Semence.   2   2
    Produit net. 123   2

L'avantage d'employer de forts tubercules ne saurait guère s'étayer d'expériences plus concluantes.

Enfin je ne veux pas me refuser à admettre qu'en employant de petites pommes de terre, des dés, des tranches minces, et en rapprochant davantage les plants, on ne parvienne à obtenir un rendement égal en quantité à celui de tubercules entiers, ou de grands quartiers ; mais je n'admettrai pas, sans l'avoir vu, qu'on puisse rapprocher les produits en qualité.

De tout ce que nous avons dit jusqu'ici, il ressort que le quantum de semence ne peut être déterminé, et que, suivant l'espacement plus large ou plus resserré, les tubercules plus grands ou plus petits, il en faut une plus ou moins grande quantité. Chez M. de Thaër, on plante 12, dans les environs de Bruges 25, dans ceux d'Anvers 34, chez Moellinger 13 1/2, en Alsace 23. On peut poser en principe, cependant, en tenant compte de l'espèce de pomme de terre, de la préparation donnée au sol, de sa nature et de sa force, qu'il faut régler l'espacement de manière à ce que la fane, parvenue à son entier développement, puisse couvrir entièrement le sol de son ombre, sans que les plants se gênent les uns les autres. Je ne me hasarderai pas à décider pour ou contre quelques praticiens qui soutiennent que, dans les sols maigres, il faut élargir l'espacement plus encore que dans les sols gras, afin de pouvoir compenser, par des façons mieux soignées, après la plantation, ce qui manque de force au sol lui-même.

§ 6. *Pratiques de plantation.*

On plante les pommes de terre, soit à la main, soit en s'aidant des attelages.

Pour planter à la main, les pratiques sont très-diverses. Ici l'on se sert de la bêche, là de la houe; ici de la pioche, là d'un plantoir en forme de coin.

La besogne à l'aide du coin, comme elle se fait dans une partie de la Belgique, est la plus expéditive. Quatre hommes et deux femmes peuvent faire autant d'ouvrage, de cette manière, que huit hommes et deux femmes travaillant à la bêche : Van Aelbroeck prétend même qu'un bon piqueur au plantoir peut occuper trois semeurs de pommes de terre, femmes ou enfants ; et qu'ainsi ces quatre

personnes peuvent planter, dans un jour, un hectare et 3/4, ce qui me paraît cependant à peine
croyable. Le plantoir ne peut guère s'employer que
dans les terrains de sable. On fait les trous à distance de 45 à 48 centimètres ; les traits de charrue
donnent la direction. Le plantoir doit avoir 1 mèt.
30 centimèt. de long, et 7 à 8 centimèt. de plus fort
diamètre. Les semeurs déposent, dans chaque trou,
une ou deux pommes de terre, ou morceaux, suivant le volume. Après la plantation, on herse, pour
combler les trous, ou bien, sans herser, on les ferme
avec le pied.

Les procédés de plantation à la bêche, à la pioche
et à la houe sont généralement connus, et l'emploi
du cordeau est superflu pour des ouvriers quelque
peu exercés. On ne herse pas après le dernier labour
dont les sillons doivent diriger les hommes qui font
les fosses. Suivant l'espacement qui leur est indiqué, ils laissent un ou deux sillons entre ceux qu'ils
suivent en faisant les fosses, qu'on recouvre, soit
avec la terre provenant de la fosse ouverte immédiatement après, soit avec celle des fosses ouvertes
en suivant le sillon à côté. On ne donne guère aux
fosses que 10 à 11 centimètres de profondeur. Une
femme ou un enfant suffisent à déposer des pommes
de terre dans les fosses ouvertes par deux hommes.

La plantation à la main exigeant beaucoup de
travailleurs qui ne peuvent pas expédier beaucoup
de besogne, les grandes exploitations recourent à la

charrue et obtiennent, en même temps qu'une notable économie, une besogne également bien faite. On donne six semeurs par charrue, ou douze pour deux charrues. La semence se dépose de deux en deux sillons, ou dans chaque troisième sillon, lorsque les tranches sont étroites. Il ne faut pas espacer les lignes à plus de 65 centimètres les unes des autres, afin que le buttage puisse se faire parfaitement avec les attelages. La distance qu'on laisse entre les pommes de terre, d'un plant à l'autre en suivant les lignes, doit varier suivant le volume de la semence et le développement présumé de la fane, de 16 à 33 et à 50 centimètres.

Dans les terrains secs, il faut que la pomme de terre soit déposée dans l'angle formé par le fond du sillon et son côté vertical, ainsi du côté opposé à la tranche renversée; dans les terrains lourds et humides, au contraire, ce voisinage du sol ferme ne conviendrait pas, surtout dans les années pluvieuses; on dépose conséquemment la semence du côté de la tranche, dans laquelle on la fait pénétrer de quelques pouces, en appuyant dessus avec le pied. Elle rencontre ainsi une terre plus meuble et ne court pas risque d'être écrasée par le passage des attelages.

Si l'on était dans la nécessité de mettre des pommes de terre dans un terrain humide ou soumis à l'inondation, il faudrait les placer aussi haut que possible, sur la pente et non au fond des fosses on des sillons. Dans ce cas, on prépare le champ par un dernier labour, et les semeurs déposent les pommes de terre en lignes dans chaque second ou troisième sillon, bien entendu, sans avoir fait passer la herse après le labour. Si cependant les sillons d'un labour à tranches étroites n'étaient pas assez saillants, on ferait passer légèrement, d'abord la herse, puis le rouleau, et on ouvrirait de nouvelles lignes avec le rayonneur, en le réglant suivant les intervalles voulus, ou avec un rayonneur ordinaire, en ne déposant des pommes de terre que dans chaque seconde raie ; on passe ensuite le buttoir dans les raies vides pour couvrir la semence.

Une pratique toute contraire est usitée en Flandre pour les terrains secs. On laboure aussi à branches étroites, mais de manière à laisser des sillons vides, à distance convenable, au fond desquels on dépose les pommes de terre. On amène le fumier et on l'étend sur les lignes plantées. Ensuite on prend avec la houe à main, sur les tranches, la terre nécessaire pour couvrir, et on unit le sol en passant le rouleau. Plusieurs autres pratiques sont rapportées dans la description de l'économie rurale de la Belgique, tome 2, page 79-91.

La pratique de disposer les plants en carré ou en quinconce présente l'avantage, plus apparent que réel, de pouvoir prendre dans tous les sens et de tous les côtés la terre nécessaire pour butter ; mais elle n'est bien commodément applicable qu'aux pièces de terre très-larges et accessibles facilement des quatre côtés. L'espacement est la cause à laquelle on attribue avec plus ou moins de raison les rendements plus faibles de ce procédé de culture que de celui de la culture en lignes. Enfin les pommes de terre en lignes peuvent être buttées à moins de frais et aussi parfaitement, et leur récolte peut se faire à la charrue, ce qui n'est pas possible pour les pommes de terre plantées en quinconce. Il nous reste encore à faire mention de la pratique irlandaise.

Dans un pays où le plus déplorable concours de circonstances oblige sept millions d'hommes à ne vivre guère que de pommes de terre, la nécessité est devenue un excellent maitre et a fait des cultivateurs très-habiles dans leur spécialité. Il semble que leur procédé soit de tous celui qui perde le plus d'espace et exige le plus de frais ; mais il est tellement productif, que beaucoup de cultivateurs, après avoir essayé de la culture en lignes, n'hésitent pas à revenir bientôt à la pratique nationale, dont l'expérience leur a démontré les avantages. Cette pratique, il faut le remarquer, est celle qui convient le mieux aux terrains humides, même tourbeux, et aux herbages en général.

Lorsqu'on laboure, on le fait en billons qu'on ne fait ni plus étroits que quatre tranches, ni plus larges que six, et, entre chaque billon, on laisse non labouré un espace un peu plus large que le tiers du billon. On se sert le plus souvent de la houe on de la bêche pour remplacer la charrue, et en opérant de la même manière. Lorsque c'est un bon terrain d'herbage qu'on a devant les mains, on se dispense d'employer la houe ou la charrue, et on se contente de tracer les billons au cordeau; on donne aux billons, ainsi tracés, le nom de billons de paresseux, Lazibed.

Le sol disposé de l'une ou de l'autre manière, on charrie le fumier et on le répand sur les billons sans en donner aux intervalles. On séme, sans observer d'autre symétrie, des pommes de terre sur le fumier, de manière seulement à laisser de l'une à l'autre un espacement de 30 à 33 centimètres. On retourne alors les intervalles entre les billons, et si c'est un herbage, on enlève le gazon très-mince, afin qu'il puisse se diviser plus facilement. On répand le gazon ou la couche supérieure enlevée aux intervalles sur les pommes de terre, puis encore de la terre des intervalles, qui deviennent des fossés. Il n'est pas nécessaire de biner les pommes de terre qui commencent à lever sur les billons de paresseux, parce que le sol en est assez propre, quand ils ont été faits dans un herbage; mais on est obligé de donner cette façon aux pommes de terre dans les billons faits à la charrue, dans les terres qui ont été en culture l'année précédente.

Lorsque les plants dépassent le sol de 6 à 7 centimètres, on reprend de nouveau de la terre dans les intervalles pour en répandre sur les billons.

Quand les plants dépassent encore une fois cette seconde couverture, on leur en donne de la même manière une troisième ; en donnant cette dernière couverture, on coupe, à la bêche, les parois des fossés, et on en approprie le fond avec soin. Il se trouve, après cette opération, une différence de niveau de 36 à 40 centimètres entre les billons et les intervalles qui les séparent. Lors de la récolte et des préparations suivantes, les fossés se recomblent en partie, mais le champ conserve encore la forme de billons assez élevés.

On rencontre une pratique assez analogue dans les Pays-Bas. Lorsqu'on prévoit une année pluvieuse, on dispose le labour en billons étroits, de six tranches, et on plante les pommes de terre sur les billons, à la manière accoutumée, mais à la bêche, à la houe, ou au plantoir, et encore à la charrue. Ensuite on défonce les sillons de séparation, à la bêche, à la profondeur de 8 à 9 pouces au delà de leur fond, et on répand la terre ainsi obtenue sur les billons. Les rigoles étant profondes et proprement coupées, et les billons très-étroits, il ne peut pas rester, aux derniers, d'humidité surabondante. Ceux qui avaient suivi cette pratique, en 1816 et 1817, se trouvèrent dans l'abondance pendant que tous les autres eurent à souffrir de la disette.

§ 7. *Soins et façons.*

Les binages, buttages, à la main, soit à la pioche, à la houe, à la bêche, sont des travaux assez généralement connus pour qu'il soit superflu d'en décrire ici le coup de main. Les façons données à l'aide des attelages sont également très-simples.

Après la plantation des pommes de terre, on laisse la terre dans l'état où l'a mise cette opération, afin que la herse puisse l'attaquer au bout d'un certain temps avec plus d'assurance. Lorsque la nature du sol le prédispose à s'encroûter par la sécheresse, on herse quelques jours après la plantation ; dans tout autre cas, on ne herse pas avant que les pommes de terre commencent à se montrer ; même dans le cas où l'on a déjà hersé avant, il faut à ce moment herser de nouveau et énergiquement, si l'on veut que ce hersage soit efficace pour la destruction des mauvaises herbes précoces. Ce hersage peut être répété une seconde, même une troisième fois, si la présence des mauvaises herbes ou la dureté du sol à la surface le font juger utile. Il ne faut pas craindre, en donnant ces hersages, de blesser les jeunes tiges, ni de déranger ou de découvrir un peu les tubercules, ou d'ajouter de la terre à leur couverture. Lorsque les plants ont atteint la hauteur de 30 centimètres, on donne le premier buttage avec un double buttoir et, quinze jours après, le second ; superficiellement le premier, plus lourd le second : aucun instrument compliqué n'est nécessaire ; une bonne charrue à butter peut faire parfaitement l'opération.

La principale règle à observer, c'est de ne pas butter pendant que la terre est mouillée ou très-humide.

Lorsqu'on exploite une terre aride ou sous un climat méridional et très-chaud, les résultats du buttage sont, en moyenne d'années, plus nuisibles qu'utiles. On fait mieux alors, pour les pommes de terre, de même que pour les betteraves, de ne donner qu'un binage peu profond. C'est ce qu'on fait très-souvent dans les sables de la Belgique.

Comme l'homme n'est pas facile à satisfaire, il a bientôt cessé de l'être du produit cependant si considérable de la pomme de terre. Beaucoup d'essais ont été ainsi tentés pour l'augmenter : les uns ont supprimé toutes les fleurs aussitôt qu'elles commençaient à se montrer ; d'autres n'ont laissé à la fane qu'une seule tige. Les résultats étaient faciles à prévoir. Aucune de ces pratiques ne s'est maintenue, et il n'y a plus que quelques amateurs de nouveautés qui y recourent quelquefois, croyant en savoir plus que leurs devanciers.

D'autres encore ont essayé, outre l'utilité des tubercules, d'en tirer encore des fanes. Les auteurs de ces découvertes ne manquèrent pas de leur attribuer une grande importance. Les animaux les man-

gent!.... quand ils ont bien faim ou quand on y
ajoute une très-grande quantité de très-bon fourrage. Et moi aussi, j'en ai fait l'expérience, et je puis
dire, de science certaine, que la fane de pomme de
terre, même coupée à la moitié de sa croissance, est
un détestable fourrage pour les vaches. Arrivée à
sa maturité, sa place est sur le fumier; coupée avant
sa maturité, elle diminue sensiblement le rendement
des tubercules.

Suivant les expériences d'Anderson, les rapports
de rendement de neuf plants, dont la fane avait été
coupée, se sont trouvés avec neuf autres auxquels
elle avait été laissée, ainsi qu'il suit :

a. Effané le 2 août, a rendu.	2 liv.	12 onces.
Non effané.	12	12
b. Effané le 10 août.	5	8
Non effané.	13	11
c. Effané le 17 août..	6	2
Non effané.	13	12
d. Effané le 22 août.	9	5
Non effané..	13	13
e. Effané le 29 août..	10	10
Non effané.	14	1
f. Effané le 5 septembre. . .	12	»
Non effané.	13	8

La récolte de tous les plants ayant eu lieu le
même jour, 28 octobre.

Il y avait, en diminution de produit, pour les
plants successivement effanés :

a. 77 pour 100.
b. 60
c. 55
d. 32 1/2
e. 24 1/2
f. 11

Quel cultivateur voudrait acheter un mauvais fourrage à pareil prix ?

§ 8. *Récolte et rendement.*

Lorsque la fane commence à jaunir et lorsque les tubercules se séparent facilement des racines, la pomme de terre est mûre et le moment de la récolte est arrivé. Elle se fait, pour les pommes de terre plantées en fosses séparées, à la fourche, à la pioche, à la houe, ou à la bêche, et pour les pommes de terre semées en lignes, à la charrue. Entre les outils à main, la fourche et la pioche à deux dents méritent la préférence, la fourche surtout dans les terres légères.

L'ouvrier qui se sert de la fourche travaille à reculons. Il secoue les plants, après les avoir soulevés, et répand les tubercules sur le sol, sur lequel on les laisse pendant quelques heures pour les sécher, avant de les ramasser. Cette précaution, utile à la conservation, a encore un autre avantage ; les ouvriers qui ramassent ne suivent et n'attendent pas ceux qui déterrent, ce qui fait éviter les causeries et les pertes de temps. De cette manière dix-huit hommes et huit femmes expédient dans un jour, ensachement et chargement compris, 360 hectolitres, ou la récolte d'un hectare. La même besogne se fait encore avec onze hommes et vingt-deux femmes.

Le long du Rhin, on se sert presque exclusivement de houes, de hoyaux, de la meigle, Winzerháue. Chez le palatin Moellinger, pour recueillir 164 hectolitres de pommes de terre, qui sont la récolte d'un hectare, on emploie cinq travailleurs à la meigle, cinq secoueurs et dix ramasseurs. Suivant ces données, on récolterait 1 hectare au hoyau avec vingt personnes, tandis qu'il en faudrait vingt-six ou trente-trois pour le récolter à la fourche. Mais n'oublions pas que, là où l'on emploie ce dernier nombre d'ouvriers, on recueille un nombre double d'hectolitres. Comme, en effet, chez Moellinger, on plante 13 hectolitres et 1⁄5, et près d'Anvers 33 et 1⁄2, il s'ensuit que l'on a, dans une localité, une fois et demie plus de fosses à ouvrir que dans l'autre, et que, par conséquent, chaque ouvrier, dans la récolte à la fourche, fait un bon tiers de besogne de plus que chaque ouvrier dans la récolte au hoyau. Il faut cependant tenir compte encore d'une autre différence, de celle de la qualité du sol et de l'activité des ouvriers.

Chez Thaër, quatre ouvreurs, armés d'une meigle faite exprès, et trente femmes, recueillent 192 hectolitres, ou le produit d'un hectare par jour.

Ainsi, l'on peut compter, sous le rapport de la promptitude du travail et du procédé, chez Thaër 5,65 hectolitres, chez Moellinger 8,2, et dans les Pays-Bas, où l'on emploie la fourche, de 11 à 13,88 par personne.

Les pommes de terre semées, ou plantées en ligne, se récoltent, comme nous l'avons dit déjà, généralement à la charrue. On emploie, pour le service d'une charrue, en sol argileux, celui qui rend le travail le plus difficile, trente-deux à trente-six ouvriers, parmi lesquels on peut employer des enfants jusqu'à concurrence de moitié. On fait ainsi la besogne d'un morgen et demi par jour, proportion suivant laquelle il faut deux charrues et soixante-douze personnes par jour et par hectare. C'est la même pratique et le nombre de bras qu'on emploie chez nous. Je conviens volontiers que ce travail revient très-cher, et cependant, suivant notre expérience, c'est le procédé le moins cher que nous puissions employer. Burger emploie dix hommes et trente femmes par joch, ainsi soixante-dix personnes par hectare.

Dans les Pays-Bas, c'est un usage général et très-bien entendu, de séparer, en les recueillant, les toutes petites pommes de terre des grandes, pour être exclusivement employées à la nourriture des bestiaux. Ces petites pommes de terre se trouvent ordinairement dans la proportion de 1/18 de la récolte ; elles n'ont que 1/5 de la valeur des pommes de terre complétement développées.

Les procédés de culture et le quantum de semence étant très-divers, il s'ensuit que les proportions de rendement sont aussi très-variées. Nous rapportons les données, dignes de créances, que nous avons réunies.

	Par hectare.
Suivant neuf expériences, faites dans un égal nombre de districts, en Angleterre, moyenne.	289 hectol.
Voyage d'A. Young, en Angleterre.	354
— — en Irlande. .	290
Suivant treize observations de Burger, pour son exploitation et son voisinage.	293
A Contigh, Brabant.	362
Flandre occidentale..	295
Pays de Waes.	319
Pays de Tongres.	205
Conseiller Thaër.	181
Moellinger, en Palatinat, moyenne de dix ans.	164
En Alsace.	290

La moyenne de toutes ces données fait ressortir un rendement de 276 hectolitres par hectare.

D'après des observations qui m'ont été communiquées dans le Brabant, le rendement des pommes de terre en plein champ s'est élevé jusqu'à 477 hectolitres par hectare, et le docteur Burger en mentionne un de 416. Le plus faible rendement que je connaisse a été de 96 hectolitres et a eu lieu dans le Palatinat, chez Moellinger.

Je regrette de ne posséder que peu de renseignements bien certains sur la quantité proportionnelle de semence, parce que je crois qu'il y a un rapport nécessaire de quantité entre la semence et le produit : je veux dire que, dans mon opinion, celui qui emploie une grande quantité de semence sur une surface donnée doit obtenir un rendement plus considérable, semence déduite, que celui qui emploie une quantité moindre de semence. Des expériences que j'ai suivies avec une grande attention m'ont confirmé de la manière la plus évidente dans cette opinion. Elle est également confirmée par les données que nous avons rapportées plus haut.

Thaër et Moellinger plantent en moyenne 12 1/3 hectolitres et en récoltent, semence déduite, 160. En Alsace, on en plante 23, et on en récolte 267, semence déduite. Dans les Pays-Bas, on plante 29 1/2 et on récolte, semence déduite, 298 hectolitres par hectare.

Je n'hésite pas à attribuer les faibles rendements de Thaër et de Moellinger à la proportion trop faible de semence.

§ 9. *Conservation.*

La conservation des pommes de terre a lieu dans les caves, quand on en a d'assez grandes; ou dans des silos excavés, ce que je ne conseillerais pas ; ou, le plus communément, dans des silos ronds coniques, à fleur de sol. On n'excave que tout juste autant qu'il le faut pour avoir assez de terre pour couvrir les silos et tout au plus à 30 centimètres de profondeur. Les silos longs ont, sur les silos ronds, l'avantage que, sur une largeur de 2 mètres, on peut leur donner telle longueur que l'on veut et qu'on peut en extraire le contenu au fur et à mesure des besoins, tandis qu'il faut prendre en une fois tout le contenu des silos ronds. Par cette dernière raison, il faut faire un plus grand nombre de silos ronds, ce qui augmente le travail.

On couvre le fond du silo d'une couche de paille longue, de manière à ce qu'une bonne moitié de longueur de paille dépasse les bords de l'excavation, et on dépose les pommes de terre en les entassant légèrement en forme de parapet aussi incliné que possible ; puis on relève la paille du lit qu'on a laissé dépasser, on en dispose d'autre en toit sur le faîte et les côtés du tas, et on recouvre d'une couche de terre qu'on affermit en la frappant du plat de la bêche. Lorsque le froid devient rigoureux, on double la couverture de terre. Trente centimètres d'épaisseur de terre suffisent dans tous les cas, pourvu que le manteau de paille ne soit pas trop mince. Il va sans dire qu'il faut mettre un soin particulier à prévenir l'infiltration des eaux de pluie dans les parois et plus encore dans le fond des silos.

Il m'a paru utile de consigner encore ici quelques mots de Teichmann sur la conservation des pommes de terre. « Ont-elles été récoltées de bonne « heure, dit-il, par un temps chaud, n'ont-elles « pas été sorties de terre bien nettes, les a-t-on en- « tassées un peu haut et surtout n'a-t-on pas pris « le soin de rejeter les tubercules entamés ou « meurtris, il faut compter sur une conservation « d'autant moins prolongée, que la température « chaude se maintiendra plus longtemps, qu'on « aura plus soigneusement garanti du contact de « l'air le lieu où elles auront été déposées. » C'est pour cette raison qu'on laisse ordinairement une ouverture à la partie supérieure des silos, qu'on dispose de manière à ne pas laisser pénétrer l'eau de pluie. On ferme ces ouvertures à l'approche des gelées. Il faut se garder particulièrement de serrer, avec les autres, des pommes de terre gelées, et, si des gelées sont à craindre au moment de la récolte, il vaut mieux la retarder jusqu'à ce qu'elles soient passées. Encore mieux vaut-il devancer l'époque des gelées.

§ 10. *Emplois.*

Il n'est plus possible aujourd'hui de nombrer les applications de cette plante si utile, et qui, cependant, menace l'avenir de l'agriculture. — Agréable à l'homme comme aux animaux, elle se présente sous toutes les formes, comme légume, comme pain,

fécule, amidon, eau-de-vie, alcool, et, pour la
sustentation des animaux, avec la propriété de
pousser activement à l'augmentation de la graisse
et du lait. Elle dépasse en rendement tous les autres
produits, se range parmi les moins difficiles sur la
qualité du sol, et sa récolte est, de toutes, la plus assurée ; en un mot, son apparition a marqué le commencement d'une révolution capitale dans la science
de l'agriculture et de l'économie rurale. — Puisse
cette révolution, qui suit ses phases et fait chaque
jour de nouveaux progrès, s'arrêter avant d'avoir
produit de regrettables résultats !

On regarde en général la valeur de la pomme de
terre, en substance nutritive, comme égale à la
moitié de la valeur du foin. Bloch, cependant,
l'estime égale seulement à la moitié de celle du
regain. Mais il y a surtout une très-grande différence dans la proportion de substance nutritive,
des pommes de terre consommées aussitôt après la
récolte et celle des pommes de terre consommées
deux ou trois mois plus tard. Dans ce dernier cas,
il ne faut les comparer en valeur qu'au tiers et souvent même qu'au quart du foin, ainsi que cela ressort des observations faites par un agronome des
plus distingués, M. de Loys, de Lausanne. Il tombe,
d'ailleurs, assez facilement sous le sens que, dans la
dessiccation d'une plante contenant une si grande
quantité de sucs, l'évaporation doit entraîner une
assez forte proportion de substance nutritive, sur-

tout à raison du degré même d'humidité première,
qui contribuait nécessairement à rendre l'ensemble
plus nourrissant et de plus facile assimilation ; enfin,
que la pomme de terre, destinée à être généralement
consommée en mélange avec des fourrages secs,
surtout avec le foin et la paille, le mélange doive
être plus nourrissant lorsque la pomme de terre
contient encore tous les sucs, lorsque son humidité
peut augmenter encore la qualité nutritive de l'un
des deux éléments mélangés, et que, dans ce cas
surtout, la pomme de terre répond évidemment
d'une manière plus complète au but de son emploi.

Contrairement à cette opinion, quelques auteurs
attribuent au suc frais de la pomme de terre des
propriétés malfaisantes, et il est vrai que beaucoup
de bestiaux ne supportent pas la pomme de terre
crue, sans une addition considérable de foin. Par
cette raison, on a essayé de la cuisson, et ce moyen
a réussi pour la sustentation des animaux aussi
complétement que pour celle de l'homme, en faisant disparaitre tous les mauvais effets des sucs crus,
en augmentant par une combinaison plus entière
les éléments nutritifs, et, sans doute, bien plus encore
par la conversion de toutes les parties nutritives en
une pâte spongieuse, mieux disposée pour la diges-
tion. La supériorité de la pomme de terre cuite sur
la pomme de terre crue est bientôt devenue un fait
d'expérience sur lequel le doute n'est plus possible.
Il n'est pas même nécessaire que la cuisson soit par-

faite, et une bonne demi-cuisson est suffisante. Quelques cultivateurs prétendent même qu'on peut se contenter d'échauder simplement les pommes de terre, coupées en petits morceaux, en versant dessus de l'eau bouillante, pour atténuer tous les effets nuisibles attribués à la pomme de terre crue.

Dans certaines localités, on jette les eaux qui ont servi à cuire ou à échauder les pommes de terre ; dans d'autres, on s'en sert pour échauder la paille hachée ou la balle. MM. Favre ont récemment essayé de faire broyer les pommes de terre à l'état de crudité, d'en extraire le suc par la pression et de donner la substance féculente crue, sans les sucs. Il sera, sans doute, agréable au lecteur de connaître les expériences de Pictet sur ce point.

« Depuis longtemps mes bêtes nourries à l'étable
« étaient au régime des pommes de terre, lorsque je
« fis les premiers essais de pressurage. Mes moutons
« mangèrent exactement une fois autant de pommes
« de terre pressurées qu'ils avaient mangé jusque-là
« de pommes de terre sans préparation. Cette manière
« de nourrir ne laisse, d'ailleurs, rien à désirer, soit
« sous le rapport de la production du lait des brebis,
« soit sous celui de la santé, de la prospérité des
« moutons en général. Jamais il ne se manifesta de
« diarrhée, comme cela arrive assez souvent chez
« les moutons nourris à la pomme de terre crue
« non exprimée. Je me sers, pour cet usage, d'une
« presse à vis ordinaire avec une caisse percée de

« petits trous. Je compte faire consommer, de cette
« manière, ma récolte entière de 1822, s'élevant à
« 1,834 sacs. »

Quels que soient, d'ailleurs, les avantages de ce
procédé, il comporte cependant certaines difficultés,
qui doivent faire donner la préférence à l'échaude-
ment et surtout à la cuisson, dans les localités où le
combustible n'a pas une trop grande valeur. Le plus
grand inconvénient consiste en ce que la pomme de
terre ne sort pas sèche de la presse, mais dépouillée
de la moitié seulement de ses sucs et de son humidité, raison pour laquelle il faut pouvoir faire con-
consommer, le même jour, toute la quantité pres-
surée, ou sécher, par un procédé quelconque, la
quantité non consommée, ce qui élève les frais et
augmente les manipulations, de manière à rendre
le revient total plus considérable que celui de la
cuisson.

En faisant ces expériences sur le pressurage,
Pictet arriva à la découverte des effets de l'eau des
pommes de terre employée à l'irrigation des prairies.
Une place aride, dans une bonne prairie, arrosée
en mars avec des eaux de pressurage, fut pâturée
cinq fois, comme le reste de la prairie, et s'en dis-
tingua par la vigueur de sa végétation.

M. de Loys n'admet la pomme de terre dans la
nourriture des bêtes à cornes qu'à la proportion du
tiers et tout au plus de la moitié du foin. Il avance,
comme résultat de ses observations, que 15 livres

de pommes de terre doivent être le maximum de la ration journalière d'une vache, et que le surplus ne produit aucun autre effet que de diminuer la valeur nutritive proportionnelle de la pomme de terre à l'égard du foin. Cependant, mais en hiver seulement, il donne à ses vaches 20 livres de pommes de terre avec 22 livres de foin. Il faut remarquer, ici, que M. de Loys n'a dans ses étables que des vaches du poids de 1,000 livres. Suivant les mêmes observations, c'est aux vaches laitières que la nourriture de la pomme de terre en mélange de fourrage se donne avec le plus de profit. Selon lui, le lait provenant de cette nourriture gagne 35 centimes par 100 livres en qualité, ou bien donne largement une livre de plus par 100 livres de lait, que le lait provenant de la nourriture au foin seul, ce qui, selon moi, ne peut s'entendre que de la pomme de terre cuite.

En Alsace on ne donne pas volontiers les pommes de terre *crues* toutes seules, mais bien en mélange avec des navets ou des betteraves. Les pommes de terre seules font rendre, il est vrai, une plus grande quantité de lait, mais font perdre du corps à la bête, ce qui n'arrive pas lorsqu'on donne en mélange les autres racines avec la pomme de terre, et surtout lorsqu'on peut remplacer les autres racines par de bon foin.

Avec les pommes de terre seules, on ne peut que mettre les porcs bien en chair, mais non en pleine

graisse, ainsi que je m'en suis assuré par des expériences comparatives longtemps suivies. C'est ce
qu'a reconnu aussi l'observateur anglais Roberts :
« Dans l'engraissement des porcs, dit-il, je suis
« arrivé à des mécomptes dans l'emploi de la pomme
« de terre cuite. Dans le commencement, les porcs
« se chargent sensiblement de chair, mais leur dé-
« veloppement s'arrête bientôt, quoiqu'ils conti-
« nuent à manger avec le même appétit. Voulant
« mener l'expérience à bout, je fis continuer la
« nourriture à la pomme de terre pendant un mois
« après que les porcs eurent bien pris chair, mais
« je fus bientôt convaincu que cette nourriture ne
« suffisait pas pour mener plus loin l'engraissement.
« Je fis ajouter, à quantités égales, de l'orge et des
« pois concassés, et dès lors les porcs commencè-
« rent à prendre graisse. Pour les exciter à boire,
« je fis augmenter l'addition de farineux, et les pro-
« grès de l'engraissement devinrent visibles. En
« trois semaines quatre-vingt-treize porcs atteigni-
« rent le poids moyen de 215 livres. »

§ 11. *Accidents. Maladies.*

Tous les fruits de la terre sont incertains, même
la pomme de terre, si robuste, et qui ne craint ni
les pucerons, ni les limaces, ni les intempéries.

Les changements d'espèces et de variétés, qu'on
voit si fréquents dans la culture des pommes

de terre, ne tiennent pas seulement au caprice des cultivateurs, au plus ou moins de sagacité de leurs choix, mais, comme l'expérience le démontre, à la nécessité, parce que la même espèce, reproduite plus ou moins longtemps dans le même sol, diminue soit de rendement, soit de qualité, et qu'il faut recourir à une espèce nouvelle, qui devient, pour un temps, la meilleure, et répond réellement, pour un temps aussi, à l'attente du cultivateur. Cette expérience, je l'ai faite et refaite sur des pommes de terre longues, rondes, plates, unies, rugueuses, rouges, jaunes, bleues, noires, panachées de diverses couleurs, etc. — Toujours l'espèce ou la variété nouvelle était la meilleure, mais toujours pour un temps. Je ne saurais dire avec certitude si cette disposition constante à la dégénérescence doit être attribuée au mauvais choix des sujets reproducteurs qu'on prend souvent petits, qu'on prend souvent aussi par fraction, si elle doit être attribuée seulement à cette circonstance, ou à d'autres encore; toujours est-il que l'expérience m'a prouvé que, dans des conditions d'ailleurs égales, l'emploi de reproducteurs complétement développés assurait des produits incomparablement plus beaux et plus nombreux, et qu'une mauvaise reproduction augmente d'année en année la dégénérescence, jusqu'à ce qu'elle l'ait rendue complète et définitive, si elle n'est hâtée davantage encore par une maladie, ayant son principe dans la faiblesse des reproducteurs.

Quoi qu'il en puisse être, que celui-là qui se trouve en possession d'une bonne espéce, farineuse, facile à cuire, rendant bien, prospérant dans son sol, emploie tous les moyens en son pouvoir pour en empêcher ou en retarder le plus longtemps possible la dégénérescence. Il ne se repentira, dans aucun cas, d'avoir planté une certaine quantité de ses pommes de terre dans un terrain à part, non pas fraichement fumé, mais en pleine force, choisissant ce terrain bien sain, bien sec, les tubercules bien développés, pour se faire des reproducteurs, et pour employer toujours, ou autant que possible, à la reproduction, des tubercules venus dans un terrain qui n'en a pas produit depuis un certain temps, pour ne pas remettre les pommes de terre dans le terrain même qui les a produites, pour employer toujours des reproducteurs élevés dans une autre terre. Le cultivateur peut toujours se faire une terre nouvelle pour y élever ses reproducteurs, en labourant, à une profondeur double que de coutume, le terrain choisi pour servir de pépinière, opération qui, loin d'avoir un inconvénient quelconque (si le sol lui-même la comporte, soit par sa profondeur, soit par la nature du sous-sol), n'aura que des avantages, parce que les pommes de terre réussiront très-bien, même sans engrais, dans la terre nouvellement amenée à la surface, et parce que le sol sera améiioré par les façons données aux pommes de terre. La culture à part des reproducteurs, dût-elle augmenter les frais de culture en général, je la recommanderais encore, tellement je suis convaincu de son importance et de ses avantages. Mais cette augmentation n'a pas lieu, et il n'est pas indifférent de récolter, à surface et à frais égaux, 120 au lieu de 100. Eût-elle lieu, il y aurait encore avantage, car les frais de culture absorbant, par exemple, 80, il resterait, dans un cas, 40, tandis qu'il ne resterait, dans l'autre, que 20, et que le produit net serait comme 2 est à 1.

La maladie qui affecte le moins rarement la pomme de terre est la frisure. Il est assez difficile de la reconnaître dans la première période de la végétation, mais elle fait des progrès et se manifeste plus sensiblement, à mesure que les tiges se développent; on voit alors, les feuilles, puis les tiges se rider, se plisser, se recoquiller, comme si la plante souffrait d'une grande sécheresse, ou comme si elle était rongée au cœur par un insecte. La plante ne meurt pas, il est vrai, de cette maladie, mais elle ne se développe qu'avec peine et ne produit que de petits tubercules et en petit nombre. Comme cette maladie paraît avoir le caractère héréditaire, il faut bien se garder d'employer à la reproduction le produit des plants qui en ont été atteints. Il est vraisemblable, d'après de nombreuses observations, que le mal vient et s'attache aux pommes de terre fatiguées d'une trop longue succession de culture dans un même sol. Dans aucun cas, je le répète, il ne faut hésiter à abandonner et à changer une espèce de pomme de terre qui décline, contre une espèce nouvelle.

Lorsque les pommes de terre ne sont pas assez garanties contre le froid, elles gèlent, et, jusqu'ici, on a regardé les pommes de terre gelées comme absolument perdues; mais on a trouvé, dans ces derniers temps, le moyen d'en sauver la partie la plus précieuse. Ce moyen, je vais l'indiquer, en rapportant les paroles mêmes d'Einhof, qui le premier l'a employé.

« Lorsque des pommes de terre ont souffert de la « gelée, c'est de la gelée qu'il faut se servir pour « les convertir en farine, en les faisant geler com« plétement et d'outre en outre. Une petite gelée « ne les prive pas absolument du principe vital, et « il faut alors un temps très-long pour leur com« plète dessiccation. Pour arriver à ce résultat, il « faut étendre les pommes de terre au grand air, le « mieux, sur un pré. Si les gelées et les dégels se « succèdent à de courts intervalles, les pommes de « terre perdent promptement leur humidité et « l'opération est bientôt consommée. L'enveloppe « extérieure se détache toujours davantage, la sub« stance féculente se concentre, et il suffit de dé« chirer l'épiderme pour l'en séparer. Lorsque le « froid est sec et intense, il suffit de vingt-quatre « heures. Lorsque la température est variable, il « faut souvent un temps assez long. J'ai été plu« sieurs fois obligé de laisser au grand air, pendant

« cinq et six semaines, des pommes de terre qui
« n'avaient pas été complétement gelées, avant
« qu'elles fussent en état d'être mises au moulin ;
« d'autres fois j'ai pu les y mettre au bout de quel-
« ques jours. Les pommes de terre une fois bien
« gelées, pour les réduire en farine, il faut d'abord
« les écraser grossièrement, puis les mettre sous la
« meule. Il n'est pas nécessaire de les peler, parce
« que la pelure s'en sépare comme du son par le
« blutage. Cette farine de pomme de terre peut en-
« trer, sans autre préparation, dans la panification,
« comme dans presque toutes les préparations cu-
« linaires, mais elle absorbe plus d'eau que la farine
« des céréales. »

CHAPITRE VII.

Topinambours (Helianthus tuberosus).

L'analogie de leur saveur et de leur chair avec
celles de l'artichaut leur a fait donner, dans quelques localités, le nom d'artichauts de terre ; ils portent encore les noms allemands et quelquefois traduits de pommes de terre, *erdæpfel*, poires de terre,
erdbirnen, de tournesol tuberculeux, *kuollige
sonnenrose.* Ce dernier nom, et surtout celui d'hé-
lianthème tuberculeux, serait le plus approprié, si

des noms composés et trop longs pouvaient devenir facilement usuels en agriculture. En allemand surtout, les dénominations d'*erdæpfel* et *erdbirnen* se confondent souvent avec les mêmes dénominations assez communément appliquées à la pomme de terre.

Le topinambour de l'agriculture se distingue de l'*helianthus annuus*, avec lequel il offre beaucoup de ressemblance, par son port plus élevé, qui atteint ordinairement de deux à trois mètres et plus, par une feuille et une fleur plus petites, une floraison plus tardive, dont la graine mûrit rarement sous nos climats, par des tiges latérales plus nombreuses, par des racines tuberculeuses féculentes et nutritives, et enfin par sa reproduction, qui se fait, non par la graine, mais par les tubercules.

Le topinambour n'a rien de commun avec la pomme de terre, si ce n'est que l'un et l'autre forment et multiplient sous terre des tubercules, dont les uns, ceux de la pomme de terre, plus féculents et beaucoup plus farineux, sont plus propres à la sustentation et surtout à celle de l'homme. C'est là aussi le seul avantage de la pomme de terre sur le topinambour.

Le topinambour, apporté du Brésil, est connu en Europe depuis plus de deux siècles, et sa culture s'y est établie bien longtemps avant celle de la pomme de terre. Mais, sans doute, à cause de la saveur moins agréable du topinambour, sa culture ne s'est largement étendue nulle part, et la pomme de terre, s'emparant, par ses nombreuses et faciles applications, de la sustentation de l'homme et du bétail, est venue renverser encore son domaine. Cependant le topinambour ne devrait pas être considéré comme inférieur en valeur à la pomme de terre, si l'on tenait compte du parti à tirer de ses tiges et de quelques autres avantages que nous aurons à faire ressortir et qui devraient lui mériter plus d'attention et une comparaison moins désavantageuse avec la pomme de terre.

Il n'y a pas un grand nombre d'années que j'ai rencontré le topinambour cultivé en grand et occupant une place assez considérable dans les assolements. C'est en Alsace, au-dessous de Strasbourg, et, à la vérité, dans de mauvais terrains de sable. Les avantages qu'on attribuait à cette plante, et que je fis connaître dans un ouvrage sur l'économie rurale de l'Alsace, fixèrent l'attention de quelques personnes ocupées d'expériences agricoles, et particuliérement de l'inspecteur Kade, dont les essais et les observations constatèrent ces avantages et contribuèrent à étendre la culture du topinambour. Les publications de Kade, qui remontent à 1820, 1821 et 1823, méritent d'être consultées, et je lui ai emprunté moi-même quelques renseignements.

§ 1. *Climat et sol.*

De toutes les plantes en même temps propres à la

sustentation de l'homme et à celle des animaux ; le topinambour est, sans contredit, une des plus accommodantes sous les rapports du climat et du sol.

Originaire de la partie la plus chaude du Brésil, le topinambour supporte, sous terre, un degré de froid auquel ne résiste aucune de nos plantes tuberculeuses. Aussi l'on peut, sans le moindre danger, le laisser tout l'hiver en terre, où il ne redoute que l'humidité, par laquelle il périt, tandis que la gelée le laisse intact. Le degré de rusticité du topinambour, de son insensibilité au froid, même pendant sa première végétation, à l'époque où la plante paraît le plus délicate, a été l'objet particulier d'une expérience de Kade ; des plants, élevés sur couche, pris au développement de 15 à 18 centimètres et transplantés dans les champs, y éprouvèrent, dès la première nuit, une gelée assez intense pour rendre les feuilles cassantes, et subirent plusieurs fois de suite la même épreuve. Sur couche, ils avaient été habitués à une chaleur de 23 degrés R., et dans la première nuit ils avaient passé à 3 degrés au-dessous de zéro ; ils reprirent parfaitement au-dégel et prospérèrent, comme s'ils n'avaient pas subi de gelée.

Le topinambour supporte avec la même facilité un grand degré de sécheresse. Lorsque la chaleur, devient très-forte et lorsque la sécheresse persiste, on voit, il est vrai, les feuilles s'étioler, pencher, mais elles ne tombent pas, et la nuit suffit pour les

rafraichir et les relever. « Dans du sable où j'avais
« planté des topinambours, dit Thaër, il me fallut
« aller à une profondeur de 48 centimètres pour
« trouver trace d'humidité, et cependant on les
« voyait reprendre de la fraîcheur dès que l'atmos-
« phère se troublait un peu. La puissance aspirative
« des feuilles paraît ainsi très-grande. » De cette
observation, faite sur un terrain de sable, on peut
conclure que le topinambour doit résister d'autant
plus facilement et plus longtemps à la sécheresse
dans un sol plus consistant, dût-elle le rendre aussi
dur que la pierre.

A l'exception des marais, toutes les places et toutes les terres sont bonnes pour le topinambour,
depuis la meilleure terre à blé, jusqu'au sable graveleux le plus aride, qu'on emploie à empierrer les
routes, jusqu'au sable de montagne qui produit à
peine la barbe-de-bouc ; mais il tombe sous le sens
qu'une plante qui prend un si grand développement,
et dont la somme de produits est si considérable,
rend d'autant plus qu'elle trouve dans le sol des
éléments de reproduction plus abondants. C'est pour
donner une idée de ses propriétés qu'il convenait de
remarquer qu'elle ne refuse pas de prospérer là où
beaucoup d'autres ne pourraient que périr.

§ 2. *Préparation du sol.*

On prépare le sol pour les topinambours de la
même manière absolument que pour les pommes de

terre ; on fume aussi de même. En Alsace, où l'on plante les topinambours à la main, en faisant une fosse pour chaque plant, on dépose, à la main, la quantité de fumier destinée à chaque fosse, et on recouvre, soit avec le pied, soit avec la houe.

Les topinambours exigent moins de fumier que les pommes de terre, mais en supportent davantage ; il ne faut surtout pas épargner l'engrais, lorsque, avec une bonne récolte de tubercules, on veut avoir aussi une grande quantité de feuilles. Planter des topinambours dans du sable, sans leur donner de fumier, c'est vouloir se contenter d'une petite récolte de tubercules et de feuilles.

§ 3. *Tour de rotation.*

Une des choses les plus difficiles, en commençant la culture des topinambours, c'est de les introduire d'une manière régulière dans les assolements. Tout à fait indifférente sous le rapport des précédents, la question est plus grave sous celui des succédants ; et, si le topinambour peut, comme la pomme de terre, se placer après toutes les plantes, il n'est pas, pour la plupart, sans inconvénient de lui succéder. Il n'abandonne le sol que fort tard dans l'arrière-saison, et l'occupe même assez souvent jusqu'au printemps, et par conséquent il exclut la culture immédiate des céréales d'hiver. La culture triennale ne peut l'admettre que dans les soles d'été, pour le faire suivre de plantes jachères, ce qui réduit la proportion des marsages. Le cultivateur alterne est moins embarrassé, parce que l'orge réussit aussi bien après les topinambours qu'après les pommes de terre, et parce que le trèfle semé dans cette orge, à ce que plusieurs prétendent, réussit encore mieux. La difficulté consiste surtout dans la propriété du topinambour de se reproduire par tous les tubercules laissés en terre par la récolte, qui en laisse toujours, quelque soigneuse qu'elle soit, surtout dans les sols un peu consistants. Les pommes de terre ont bien aussi cet inconvénient, mais seulement après les hivers qui n'ont pas été assez froids pour geler les tubercules laissés en terre; mais les topinambours l'ont toujours, quelque rigoureux que puissent être les hivers.

L'extirpation des topinambours, ainsi devenus parasites, est fort difficile, et entraîne de graves inconvénients pour l'orge, sans être complétement efficace, pour peu que les tubercules ne puissent pas être arrachés avec *tous* leurs germes. Pour éviter ces inconvénients autant que possible, il faudrait retarder la récolte des topinambours jusques assez avant dans le printemps; mais alors on retomberait dans l'inconvénient d'une semaille beaucoup trop tardive pour l'orge, qui la supporte difficilement.

Les Alsaciens ont coutume de planter, après les topinambours, des pommes de terre qui réussissent très-bien, et dont les façons détruisent les germes et les repousses des topinambours. Cependant Kade, qui a fait l'expérience de ce procédé, ne s'en loue pas, parce que, dit-il, les germes de topinambour qui se trouvent placés dans les buttes de pommes de terre ne sont pas détruits, circonstance que, pour mon compte, je ne regarde pas comme fâcheuse, surtout lorsque les pommes de terre sont destinées à être employées comme fourrage. Je me propose, au contraire, de faire l'expérience de planter ensemble, dans les mêmes fosses, des topinambours et des pommes de terre. L'extirpation des topinambours coûte moins de peine, lorsqu'on leur fait succéder des vesces destinées à être consommées vertes. Cependant les topinambours, ainsi que j'en ai fait l'expérience, reparaissent encore dans l'année après les vesces; mais, comme on sème du trèfle dans les vesces, et qu'on le fauche encore deux fois, les topinambours ne peuvent pas échapper à une destruction complète.

Je conviens qu'une rotation qui amène trois plantes jachères l'une après l'autre, ne peut cadrer que difficilement avec les conditions d'un assolement étendu. Cependant la culture du topinambour peut très-bien s'allier à celle de la luzerne et surtout de l'esparcette, en n'interrompant pas pour cela l'assolement principal, et en consacrant, pour une vingtaine d'années, une sole à part à ces cultures, ce qui est d'autant plus facile que le topinambour se perpétue plus longtemps encore. Kade rapporte l'exemple d'un carreau de topinambours planté par son père dans un jardin, et qui, trente-trois ans plus tard, était encore en plein rapport, et poussait encore des tiges de 2 à 3 mètres, bien qu'il ne reçût depuis longtemps ni culture, ni engrais. « Ainsi, « dit-il, il s'est fait trente-deux récoltes sans se- « maille. » De pareils exemples ne sont pas rares en Alsace.

Ce n'est pas là un fait sans importance. Une pièce de terre, présentant chaque année une récolte, qui ne demande pour cela, ni travail, ni fumier, ni semence, qui parait n'être là que pour assister ses voisines, semble une de ces merveilles propres à un pays de Cocagne, et cependant elle peut exister partout. Il suffit de la choisir dans un bon terrain, et les avantages sont assez considérables pour qu'il n'y ait pas à hésiter. Même dans les mauvais terrains, le topinambour se perpétue sans culture; mais, pour qu'il y rende dans une proportion satisfaisante, il faut lui donner de l'engrais au moins tous les trois ans. En Alsace, on trouve cependant plus avantageux de faire une plantation pour chaque récolte. D'après ma propre expérience, la seconde récolte est la plus belle, et il conviendrait de planter pour deux ans.

§ 4. *Plantation.*

On peut commencer à planter les topinambours dès la fin de l'hiver, aussitôt que le temps et les travaux peuvent le permettre; mais on ne peut pas en retarder la plantation au delà de la mi-avril, parce qu'à cette époque ils commencent à germer. Comme ils ne craignent pas la gelée, on peut aussi les planter avant l'hiver, ce qui est préférable dans les sols secs et sablonneux. On commence alors la plantation au mois d'octobre, et l'on peut continuer jusqu'aux gelées. Dans les térrains humides, non saignés, la plantation d'automne a presque toujours pour résultat la pourriture des tubercules. Bien que la plantation d'automne ne contribue pas sensiblement à avancer le temps de la récolte, ni à augmenter le rendement, elle procure au cultivateur l'occasion d'employer utilement un temps souvent peu rempli en automne, et de diminuer la somme de ses travaux de printemps. « Sur les hauts coteaux de « sable, dit Kade, la plantation d'automne augmente le rendement, parce qu'elle fait profiter la « plante de l'humidité de l'hiver, que ces terrains « perdent toujours, lorsqu'on les travaille au prin-« temps. Sur de pareils sols, je ne plante jamais « qu'en automne, et suis sûr de faire de bonnes « récoltes. »

Quelque petits que soient les tubercules, ils sont propres à la reproduction, et peuvent être employés à la plantation. On peut même employer les tubercules fanés et dans cet état de ramollissement dans lequel ils se trouvent après avoir passé quelques semaines hors de terre, sans abri, pourvu qu'on les baigne dans de l'eau, trois fois vingt-quatre heures avant de les planter. D'après les observations de Kade, les tubercules coupés, les fragments de tubercules n'ont pas la propriété reproductive au même degré que ceux de la pomme de terre. Les expériences auxquelles il s'est livré sur ce point ont constamment manqué, et jamais plus des trois quarts des plants n'ont réussi.

La plantation des topinambours est, quant aux procédés, semblable à celle des pommes de terre; mais il faut faire les fosses moins profondes. Placés plus près de la surface, ils germent et lèvent bien plus promptement. Lorsqu'on emploie de petits tubercules, il faut avoir la précaution d'en mettre jusqu'à deux ou trois par plant. Il faut espacer un peu plus largement qu'on n'a coutume de le faire pour les pommes de terre, parce que le topinambour se développe plus largement. En Alsace, on met les plants à 1 mètre en tous sens. Lorsqu'on plante à la charrue, on peut très-bien aussi n'espacer qu'à 2 pieds sur les lignes, tout en conservant un mètre d'intervalle entre les lignes. Lorsqu'on attaque le sol un peu profondément à la charrue, ou lorsque le sol est dans une situation humide, il ne faut pas déposer les tubercules au fond du sillon, mais bien les fixer contre la tranche, ainsi que nous l'avons déjà indiqué pour les pommes de terre.

§ 5. *Soins.*

Comme toutes les plantes qui doivent être largement espacées, les topinambours exigent, non-seulement pour eux-mêmes, mais surtout pour la conservation du sol en bon état de culture, des binages, et, si l'on veut pouvoir compter sur une bonne récolte de tubercules, ils exigent également un buttage.

« Le temps, dit Kade, où les jeunes plants s'ar-
« rêtent dans leur croissance et semblent maladifs,
« est surtout celui où il est nécessaire d'ameublir,
« de remuer le sol, et de le débarrasser des mau-
« vaises herbes. Si, en présence de pareils symp-
« tômes, ces soins ont été négligés, il ne faut plus
« compter sur une croissance vigoureuse des tiges,
« ni sur une abondante récolte de tubercules. L'a-
« meublissement du sol a, sur le développement de
« la plante, une influence extraordinaire, que n'a
« pas au même degré le buttage. Aussi, lorsqu'on
« tient plus particulièrement à la multiplication des
« feuilles qu'à celle des tubercules, on peut se
« dispenser du buttage, surtout pour les topinam-
« bours destinés à se perpétuer. Pour ces derniers,
« d'ailleurs, dont la reproduction dérange l'ordre
« de plantation, l'opération devient toujours plus
« difficile, et je ne les butte jamais ; mais, suivant
« les circonstances, je leur fais donner un ou deux

« binages avec la houe à main, dont on profite
« pour éclaircir les places qui sont devenues trop
« garnies. »

Dans une plantation extraordinairement vigoureuse, à laquelle, comme expérience, on supprima
le binage, les plants poussèrent des tiges de plus de
4 mètres, et l'on crut pouvoir compter sur une
récolte en tubercules de plus de quinze fois la semence, mais qui ne la rendit que sept fois.

Comme, dans une culture un peu étendue, il se
trouve toujours des lacunes où quelques tubercules
ne projettent pas de germes, soit parce qu'ils sont
coupés par des insectes, soit parce que les tubercules
ont été plantés trop profondément, il faut les remplir
en transplantant de jeunes pieds, avec toutes leurs
racines; ces sujets transplantés reprennent assez
facilement, mais n'acquièrent jamais la vigueur des
sujets venus en place, et leur produit ne vaut guère
au delà des frais de transplantation.

§ 6. *Végétation.*

Nous emprunterons ce paragraphe entier aux ju-
dicieuses observations de Kade, qui a fait une étude
particulière de la culture des topinambours.

« C'est surtout de la température que dépend la
« levée des topinambours. Lorsqu'elle est favorable
« et dès que la terre est réchauffée, elle commence
« avec le dix-huitième jour après la plantation.
« Dans presque toutes les terres, les plants parais-

« sent souffrir au commencement d'avril , et font
« un temps d'arrêt dans leur croissance. Après la
« Saint-Jean, elles se remettent, prennent une couleur
« verte foncée, et commencent à croître. Leur plus
« active végétation se développe au mois d'août,
« pendant lequel les tiges s'allongent souvent de
« 5 à 6 centimètres en vingt-quatre heures.
« Une plantation , observée le 23 août 1849, pré-
« sentait des tiges de 3 mètres de haut, plusieurs
« plants ayant six à huit talles et quatre à cinq
« rameaux, portant six cents feuilles, dont les plus
« grandes avaient 36 centimètres de long sur
« 22 de large. Le 9 août, une averse couvrit
« le sol d'une nappe d'eau de 60 centimètres
« de profondeur , qui mit douze heures à s'é-
« couler. Je crus la récolte perdue, ce qui aurait
« infailliblement eu lieu pour des pommes de terre.
« Il n'en fut pas ainsi ; la croissance reprit bientôt,
« et les tiges atteignirent une hauteur de plus de
« 4 mètres.

« Les tiges et les nervures des feuilles sont rudes,
« et cependant grasses au toucher. La fleuraison n'a
« lieu qu'au mois d'octobre, et n'arrête pas la
« croissance des tiges, qui continue jusque dans le
« mois de novembre, même lorsqu'il survient des
« gelées. Les tubercules ne cessent pas de se déve-
« lopper en hiver, surtout lorsqu'on n'a pas coupé
« les tiges en automne. La semence des fleurs ne
« parvient pas à maturité dans nos climats. »

§ 7. *Récolte.*

Comme le rendement des tiges feuillues des topinambours est d'une importance égale à celui de ses tubercules, et comme chacune des deux récoltes exige des procédés particuliers, il est d'autant plus nécessaire de consacrer un article particulier à chacune, que, d'ailleurs, elles n'ont pas lieu en même temps.

a. *Récolte des feuilles.*

Celui qui n'attache de l'importance qu'aux tubercules, et ne destine les tiges qu'à être employées comme combustible, ne doit pas les couper du tout, parce que l'expérience a démontré que le rendement des tubercules augmente considérablement pendant l'hiver, tant que les tiges n'ont pas été coupées. Lorsque le temps est venu où les tubercules cessent de gagner, les tiges s'enlèvent sans qu'il soit besoin de les couper. Il s'ensuit de cette observation qu'alors même qu'on doit utiliser les tiges comme fourrage, il ne faut pas les couper trop tôt, si l'on ne veut pas souffrir une notable réduction du rendement en tubercules.

Le meilleur moment pour la coupe serait sans doute la dernière quinzaine d'octobre, époque de la fleuraison, si l'on ne rencontrait pas alors la difficulté de sécher les tiges. On fait bien, par conséquent, lorsqu'on a une plantation étendue, de ne pas retarder la coupe au delà de la fin de septembre; on fait moins bien cependant en commençant déjà au mois d'août. L'expérience qui en a été faite par Kade lui a prouvé l'inconvénient de couper trop tôt. La feuille qui n'est pas encore arrivée à maturité ne conserve pas sa couleur verte; elle noircit et perd son odeur aromatique; les tubercules souffrent beaucoup, et il en périt une grande partie. Il faut toujours se rappeler que la coupe des tiges, avant le commencement de l'hiver, réagit infailliblement d'une manière fâcheuse sur le rendement en tubercules. La fleuraison tardive des topinambours indique que les tubercules ne doivent atteindre que plus tard encore leur entier développement, et qu'ils se développent encore, même en hiver. Alors, donc, qu'on n'est pas obligé de se servir plus tôt des tiges et des feuilles, le mieux est, sans contredit, de les laisser debout, jusqu'à ce qu'elles se détachent d'elles-mêmes de la souche, ainsi qu'on a coutume de le faire en Alsace.

Pour couper les tiges, on se sert de la faucille ordinaire, mais elle souffre beaucoup, bien que les tiges cassent facilement; aussi, dans quelques localités, se sert-on d'une faucille plus forte. Il ne faut pas couper près du sol, mais bien à 20 ou 30 centimètres au-dessus.

Aussitôt les tiges coupées, il faut les lier en bottes de 25 à 30 centimètres de diamètre, en évitant de serrer et en se servant de liens de paille; on pose les bottes debout en gerbeaux de six à sept bottes. Après une huitaine de jours, et lorsque les feuilles sont bien sèches à l'extérieur, on défait les tas ou gerbeaux pour mettre à l'intérieur les bottes les plus sèches, et les moins sèches à l'extérieur. Il n'est pas facile de déterminer le temps après lequel on peut engranger. Lorsque la température est favorable, on peut le faire quinze jours après la coupe. Les feuilles sèchent vite, mais les tiges beaucoup plus lentement. Pour reconnaître si les tiges sont suffisamment sèches, on les tord, et on peut engranger lorsque la torsion ne fait plus exprimer de suc. Mais, dans cet état même, on ne peut pas encore entasser sans craindre que la moisissure se développe; et il faut mettre debout dans les cours, sous des abris, jusqu'à ce que les tiges deviennent très-cassantes; à ce moment seulement, on peut entasser sans inconvénient. Les feuilles ont la propriété d'adhérer fortement aux tiges, même à l'état sec, et l'on ne risque pas de les perdre en attendant une parfaite siccité; elles ne perdent même pas facilement cette propriété, sous l'action de la neige, de la pluie et des ouragans.

Voici la pratique de Kade. Lorsque les gerbeaux de sept bottes sont secs à l'extérieur, on les réunit, trois par trois, en tas de vingt et une bottes. Quatorze bottes sont disposées debout, en cercle, un peu penchées vers le centre, de manière à former un

cône tronqué. Les sept autres boîtes, la coupe en
haut et fortement liées par le haut, sont placées
par-dessus, en forme de toit pointu. Ainsi disposés,
les tas attendent le plus grand degré possible de
siccité. On reconnaît que ce degré est atteint lorsque la partie filamenteuse de l'écorce peut se détacher facilement de la tige avec les ongles. « De cette
« manière, dit Kade, il n'y a rien à craindre de la
« température la plus défavorable, et les tiges et
« les feuilles conservent la couleur vert-brun du
« thé. Quand même on pourrait compter sur un
« beau temps soutenu, je conseillerais encore cette
« disposition, parce que l'exsudation qui a lieu
« dans les tas ainsi formés a lieu sans que les tiges
« et les feuilles perdent leur saveur et leur odeur.
« Les feuilles ainsi conservées sont toujours avi-
« dement mangées par les moutons, qui rejettent
« souvent les autres. »

Cependant nous avons fait à Hohenheim l'expérience que la température, même la plus mauvaise,
ne détériore pas les feuilles, lorsqu'on laisse les tiges
debout dans les champs. Je fais traiter les tiges des
topinambours comme celles des fèves, c'est-à-dire
que, quelques jours après la coupe, on en met debout, les unes contre les autres, la quantité qui for-
mera ensuite une botte, en attachant un peu vers
la tête avec de la paille. Dans l'automne de 1824,
si fréquemment marqué de tempêtes, de bourrasques,
d'averses, nos petites tentes furent si souvent renver-

sées, qu'on perdit patience à les relever. Les tiges de topinambours finirent par rester pendant un mois entier étendues sur le sol; elles furent liées en bottes dans un état très-incomplet de siccité, et déposées sous un hangar assez aéré, sans qu'elles parussent avoir souffert le moins du monde, et, bien que très-entassées, elles arrivèrent à complète siccité. Je ne donne pas cette expérience comme un exemple à suivre, mais comme une donnée à observer, et qui doit conduire à des procédés très-simples et très-économiques de dessiccation.

b. *Récolte des tubercules.*

La propriété des tubercules de topinambours de résister, en terre, aux froids les plus rigoureux, propriété constatée par une foule d'expériences, comporte l'immense avantage, surtout pour les sols sablonneux, de placer les limites de la récolte entre la mi-octobre et la mi-avril, par conséquent de donner, pour cette récolte, une marge de six mois, avantage que ne présente, avec la même certitude, aucune autre plante. Il s'ensuit qu'on peut récolter, au fur et à mesure des besoins, pendant toute la nourriture d'hiver, et qu'on n'a nul besoin ni de silos, ni de caves, ni des travaux que comportent ces modes de conservation. La provision, au lieu de diminuer, ainsi que cela arrive à toutes les autres plantes sorties de terre et conservées d'une manière

quelconque, augmente de volume. On prétend même,
dans quelques contrées, que la différence en plus,
entre la récolte première, en octobre, et la dernière,
au printemps, dépasse le quart du volume total, et
ce qui n'est pas moins important, que l'hiver ne
fait rien perdre aux tubercules de leur qualité, et
qu'en mars ils sont tout aussi nourrissants et ap-
pètent autant le bétail qu'en octobre, propriété que
personne que je sache n'a encore rencontrée ni dans
les pommes de terre, ni dans les carottes, ni dans
les betteraves.

En Alsace, on ne déterre les tubercules que suivant le besoin qu'on en a pour la nourriture des
bestiaux. On commence à la fin de l'hiver, et on
continue, suivant que le degré de froid laisse le sol
abordable; mais on fait en sorte de s'arrêter dans la
première quinzaine d'avril, époque à laquelle les
topinambours commencent à germer. Les tubercules
qui restent encore dans les champs se récoltent alors
tous à la fois, pour être conservés aussi longtemps
qu'il est nécessaire, dans les caves.

Kade remarque que les tubercules de la dernière
récolte du printemps ne se conservent pas aussi bien,
et souffrent davantage, exposés à l'air, que ceux dont
l'extraction a été faite en automne; ce qui ne prouve
qu'une chose, à mon sens et suivant mon expérience,
c'est qu'il ne faut laisser ni les uns ni les autres
absolument exposés à l'action de l'air, mais les mettre dans des celliers ou dans des caves. Les tuber

cules, récoltés en automne, et qu'on exposerait à l'air au printemps, ne s'en tireraient pas mieux que ceux qui sortiraient à peine de terre. Le grand ennemi des topinambours, pendant l'hiver, est l'humidité, qui les fait pourrir. Il faut, par conséquent, récolter en automne dans les terrains bas exposés à l'infiltration, et l'on peut hardiment remettre ou prolonger la récolte jusqu'au printemps dans les terrains secs.

Quant à la manière de déterrer les tubercules, elle est la même, suivant les localités, que celle qu'on emploie pour les pommes de terre ; seulement il faut une plus grande attention à recueillir tous les tubercules, à cause de leur propriété de reproduction.

§ 8. *Conservation des tubercules.*

Comme on ne peut pas déterrer et récolter pendant la gelée, il faut que ceux qui n'ont pas d'autres provisions en racines pour l'hiver récoltent une bonne partie de leurs topinambours en automne, et, comme une fois hors de terre, ils ne résistent pas à la température au-dessous de zéro, il faut qu'ils avisent à des moyens de conservation. Le moyen le plus simple est de mettre en silos et même seulement en tas couverts de terre, précaution qui serait insuffisante pour les pommes de terre, mais qui l'est complétement pour les topinambours. Alors même qu'une forte gelée aurait pénétré d'outre en outre de pareils tas de topinambours, et n'aurait fait qu'une masse des tubercules et de la terre, il n'y aurait aucun inconvénient, pourvu qu'on ne découvrit pas les tubercules avant de les avoir laissés dégeler sous l'abri de la terre, ou qu'on pût les faire consommer de suite. La chair du topinambour gelé ne subit pas, comme celle de la pomme de terre, une telle décomposition des parties constitutives et des sucs, qu'il s'ensuive une sorte de destruction et une avarie complète. Le topinambour tout à fait gelé n'est qu'amolli en dégelant, comme étiolé, mais reste mangeable, quoique pour peu de temps, et capable de reproduction. Comme nous l'avons déjà dit, la gelée, quelque forte qu'elle soit, qui atteint le topinambour dans la terre, ne lui fait absolument aucun tort, pourvu que ce soit dans la terre aussi qu'il dégèle.

L'exposition prolongée à l'air libre produit, sur les tubercules de topinambours, des effets semblables, en apparence, à ceux de la gelée sur les pommes de terre, comme on le remarque lors des récoltes de printemps, quand on les laisse un certain temps étendus sur le sol. Ils s'amollissent au bout de peu de semaines et se rident de manière à ressembler à à une pellicule vide; mais il suffit de les mettre dans l'eau et de les y laisser trois fois vingt-quatre heures pour qu'ils reprennent leur forme première, toutes leurs propriétés et même leur faculté reproductive.

§ 9. *Rendement.*

Le rendement des fanes en fourrage est très-considérable. Kade a récolté, par hectare, à un état convenable de siccité, déduction faite de la partie non mangeable des tiges,

En 1819,

Sur bon sol, bien fumé. . . 10,400 kil.

Sur un mauvais sol, auquel on pouvait à peine donner le nom de terre à seigle. 3,100

Sur un sol ni trop mauvais ni trop maigre. 7,500

Ce qu'il compte comme moyenne.

En 1820,

Sur le bien de Tschirnau. . . 9,100

— — de Neusorge. . . 9,500

— — de Sulkau. . . . 8,800

— — de Katschgau. . . 5,000

— — de Roniken. . . 6,850

— — d'Ellgut. 7,600

Sur un sable tourbeux, sur lequel le seigle n'arrive pas à maturité. . . . 800

Sur un sable graveleux très-grossier, employé jusque-là pour les chemins. 1,200

Ce qui donne en moyenne, en écartant du calcul les deux dernières données, 7,500 kilogrammes de fourrage sec par hectare.

Non-seulement le rendement des topinambours en tubercules ne le cède pas à celui des pommes de terre, mais il est plus considérable, suivant l'opinion des Alsaciens, qui les cultivent dans leurs terres sablonneuses. Lorsqu'ils réussissent, on estime le rendement, en terre sablonneuse, à 128 hectolitres par hectare.

Kade accuse, ainsi qu'il suit, ses produits de 1849 :
Dans les meilleures terres. 319 hectol. par hect.
Dans les plus mauvaises.   68
En moyenne. 267 1/2

La moyenne, comprenant le rendement alsacien, descendrait à 185 hectolitres par hectare; mais on ne doit pas faire entrer en ligne de compte le misérable rendement de 68 hectolitres, donné, comme nous l'avons vu, pour le rendement en fourrage sec, par des terres sur lesquelles le seigle n'arrive pas à maturité. En écartant cette donnée, les trois autres font ressortir une moyenne de 224 hectolitres, qui cependant n'égale pas encore celle que nous avons trouvée pour les pommes de terre, 271 hectolitres par hectare.

En poids, Kade évalue le rendement total des fanes et des tubercules à 309 quintaux métriques, non compris cependant les grosses tiges, à la rigueur mangeables; et je ne crois pas que cette donnée soit le moins du monde exagérée, puisque les pommes de terre, en tenant compte de leur petit rendement en paille, y atteignent.

Si l'on admet que, dans ce poids total, les fanes entrent pour 104 et les tubercules pour 205 quintaux métriques; si l'on admet, de plus, que les 205 quintaux de tubercules égalent en valeur nutritive 100 quintaux de foin de trèfle, un hectare de topinambours, bien réussi, rend, en moyenne, quatre fois autant qu'un hectare de trèfle. Si l'on réduit à moitié le rendement d'un hectare de topinambours, soit pour n'admettre qu'une récolte moyenne, soit pour tenir plus largement compte de la différence de valeur nutritive, il reste toujours 100 quintaux de fourrage, égal en valeur au trèfle, et, par conséquent, un produit double de celui d'un hectare de trèfle, et avec lequel on peut obtenir le double en résultat.

§ 10. *Emploi des tiges.*

a. *Vertes.*

Bien que la coupe des tiges, faite de très-bonne heure, par exemple à la fin d'août ou au commencement de septembre, diminue de beaucoup, quelquefois d'un tiers, la croissance des tubercules, le fourrage ainsi obtenu peut avoir, à cette époque de l'année, une telle valeur, que la perte causée en volume de tubercules soit largement compensée.

Presque toujours à l'aise pour la sustentation de ses bêtes à cornes pendant l'été, le cultivateur qui nourrit à l'étable ne voit pas toujours arriver l'au-

tomne sans inquiétude. Le trèfle finit; les betteraves et les navets ne sont pas encore là ; les feuilles
des premières, même quand elles sont disponibles
de bonne heure, sont, comme la troisième coupe des
herbes, un fourrage trop peu consistant; on cherche
encore à ménager le foin ; on n'a guère déjà battu
de paille nouvelle, et là vieille n'est plus grand'chose
comme fourrage ; enfin chacun n'est pas pourvu
d'une luzernière suffisante. Cependant l'interruption
absolue du fourrage vert détermine une diminution
sensible dans la production du lait, qu'il n'est pas
possible de relever plus tard au point où elle était,
en donnant ensuite des racines, précisément parce
que la nourriture succulente a été interrompue pendant un certain temps; et ainsi le cultivateur se
trouve plus mal à l'aise que lorsqu'il interrompt la
nourriture succulente en hiver, après avoir pu la
continuer en automne.

En économie rurale, tout ne tient pas seulement
à la valeur propre, à la quantité de tel produit, mais
encore au temps dans lequel on peut en faire usage
et au but dans lequel on peut l'employer. Sous ces
rapports, surtout, les tiges de topinambours ont un
mérite particulier; on peut les ajouter en forte proportion à la luzerne, et faire durer ainsi l'usage de
cet excellent fourrage : en les ajoutant aux feuilles
de navets et de choux, aux herbes tardives, elles
donnent de la consistance à cette nourriture ; à défaut de tout fourrage vert, on les mêle avec avan-

tage au foin et au regain. Dans tous les cas, elles remplissent le vide jusqu'au moment où l'on peut disposer des racines, tubercules, navets qu'apporte l'automne, et sans avoir à craindre de diminution dans la production du lait.

Mais, lorsqu'on peut se dispenser de recourir aux tiges vertes de topinambours, il faut les laisser debout assez longtemps, au moins pour que leur coupe ne nuise plus au développement des tubercules.

Je conviendrai très-volontiers que les tiges vertes du maïs sont un meilleur fourrage que celles des topinambours; mais aussi les dernières coûtent beaucoup moins d'engrais, viennent sur un sol moins bon et peuvent y rester à demeure. Si quelques cultivateurs prétendent avoir remarqué une diminution du lait, par suite de la nourriture aux tiges et feuilles de topinambours, c'est qu'ils les avaient données longtemps et sans mélange, et qu'ainsi seulement les bêtes s'en fatiguent et mangent moins.

Je crois devoir rapporter à ce sujet quelques expériences qui ont été faites à Hohenheim, avec le plus grand soin, sur trois vaches choisies à cet effet :

1° Avec 75 kilog. d'herbes de troisième coupe, par conséquent peu nourrissantes, et 15 kilog. de foin, le produit journalier en lait fut de 15 1/2 litres.

2° Avec 42 kilog. de tiges et feuilles de topinambours et 15 kilog. de foin, les trois vaches continuérent à donner 15 1/2 litres de lait par jour.

3° Avec 75 kilog. d'herbes, 25 kilog. de tiges et

feuilles de topinambours et 9 kilog. de foin, elles donnèrent 16 1/2 litres de lait.

4° Ne mangeant plus que des tiges de topinambours, à raison de 75 kilog. par jour pour les trois vaches, elles continuèrent à donner 16 1/2 litres de lait par jour.

5° Bientôt cette nourriture cessa de leur plaire, elles ne consommèrent plus que 51 kilog. de ce fourrage et ne donnèrent plus que 14 litres de lait.

6° Le 12 octobre, peu de jours après ce nouveau régime, avec 75 kilog. d'herbes, 18 kilog. de tiges et feuilles de topinambours et 7 kilog. de foin, elles recommencèrent à donner 16 1/2 litres de lait.

Quelque insuffisantes qu'aient pu être ces expériences pour établir d'une manière certaine la proportion de valeur nutritive, sous le rapport de la production du lait, entre les herbes, le foin et les tiges de topinambours, elle fait ressortir évidemment qu'il ne faut pas donner les dernières seules, et qu'en mélange avec les autres fourrages elles augmentent de valeur elles-mêmes, tout en augmentant la valeur des autres.

Cependant, en rapprochant quelques données qui résultent de ces expériences, on peut apprécier assez approximativement la valeur propre des tiges et feuilles de topinambours.

En comparant la seconde expérience à la première, on voit que 42 kilog. de tiges remplacent 75 kilog. d'herbes. On doit, dans ce cas, assimiler les

75 kilog. d'herbes à 12 kilog. de foin, en tenant compte de la perte plus forte des herbes tardives à la dessiccation, en la comptant à 84, au lieu de 78 pour 100. Il s'ensuit que 100 kilog. de tiges égalent 28 1/2 kilog. de foin.

En comparant la troisième expérience avec la première, on voit que 25 1/2 kilog. de tiges remplacent 6 kilog. de foin. Il s'ensuit que 100 kilog. de tiges égalent 23 1/2 kilog. de foin.

Il ressort de la sixième expérience que 18 kilog. de tiges remplacent avec avantage 7 1/2 kilog. de foin, d'où il suit que 100 kilog. de tiges égalent 41 2/3 kilog. de foin.

D'après ces trois observations, la valeur moyenne des tiges et feuilles de topinambours, comparée à celle du foin, met à égalité 100 kilog. des unes à 31 1/4 kilog. de l'autre.

Jusqu'ici les expériences n'ont pas fait connaître encore le rendement exact d'un hectare de topinambours en tiges et feuilles vertes, ni la perte de poids qui résulte de la dessiccation.

Thaër s'exprime ainsi sur l'emploi de ce fourrage : « Ces tiges et feuilles, ces fanes, dit-il, ont « paru convenir plus encore aux moutons (qu'aux « vaches), auxquels on les donnait, en septembre, « le soir, au retour du pâturage. Ils avaient un goût « si prononcé pour ce fourrage, que, sachant le « trouver au retour, ils hâtaient leur marche pour « arriver plus tôt. »

b. *Sèches.*

Sèches aussi bien que vertes, les tiges et feuilles de topinambours fournissent un bon fourrage, que tous les animaux mangent très-volontiers, qui semble plus approprié aux chevaux et aux moutons, mais qui convient aussi et s'emploie utilement pour les bêtes à cornes. Il ne faut pas prendre garde à la couleur noire que la dessiccation donne aux feuilles ; cette couleur, lorsqu'elle ne provient pas de ce que les feuilles ont prématurément séché, ne nuit pas plus à leur qualité qu'une espèce de poussière, ou d'excroissance blanche qui se montre à la pointe des feuilles et qu'on pourrait prendre pour du moisi, mais qui n'est rien moins.

1. *Emploi pour les moutons.*

Ici encore, je crois devoir emprunter les paroles mêmes de Kade, auxquelles son expérience particulière donne une si grande autorité :

« Bien que les fanes de la récolte de 1823 fussent
« restées pendant trois semaines sur le sol, à cause
« du temps pluvieux, et jusqu'au 28 octobre, elles
« ne souffrirent aucune avarie. Les tiges furent
« placées debout sous des hangars, afin de les em-
« pêcher de s'échauffer, se conservèrent très-bien,
« et furent mangées avec avidité par tous les bes-

« tiaux, mais plus avidement encore par les mou-
« tons. Beaucoup de cultivateurs suivirent cette
« expérience, qui dépassa leur attente. Les moutons
« laissèrent intacts du meilleur foin et des gerbes
« d'avoine, mises à leur portée, aussi longtemps
« qu'on leur donna des fanes de topinambours. Un
« fait plus remarquable encore fut observé dans les
« étables de M. de Warnbuhler, où ses moutons,
« rentrant du pâturage, passèrent, sans y toucher,
« à côté d'une préparation salée, dont ils étaient
« d'ordinaire très-friands, pour se jeter, avant tout,
« sur les fanes de topinambours, dont on avait garni
« les râteliers.

« A partir du 25 octobre, mes moutons ne
« trouvent pas d'autre fourrage à l'étable en ren-
« trant du pâturage; ils se jettent toujours dessus
« avec une avidité et un empressement extraordi-
« naires, et ne laissent jamais que les débris les plus
« durs des tiges. Ces animaux, qui, pendant toute
« la durée du pâturage, ne montrent jamais d'ap-
« pétit pour les fourrages secs, font une exception
« très-marquée en faveur des fanes de topinam-
« bours; souvent je les ai suivis pâturant sur les
« champs, et les ai vus laisser là des herbes pour
« donner la préférence à des feuilles de topinam-
« bours tombées pendant la récolte et restées sur le
« sol. La même préférence a lieu aussi de la part
« des agneaux : aussitôt qu'ils commencent à man-
« ger, c'est le fourrage que je leur fais donner et

« avec lequel ils s'habituent beaucoup plus tôt aux
« breuvages qu'avec le foin ; ce qui est un point très-
« important pour l'élève de cette espèce de bétail. »

2. *Pour les chevaux.*

« Sur le bien de Tschirnau, deux chevaux furent
« privés de foin et mis au régime des fanes de topi-
« nambours, dont ils s'accommodèrent tout aussitôt;
« le cheval est de tous les animaux celui qui s'en
« montre le plus friand, sans doute à cause de la
« moelle sucrée qui se trouve dans l'intérieur des
« tiges, qu'il mange jusqu'au bout, et dont il ne
« laisse que les portions trop dures pour qu'il puisse
« en venir à bout. »

3. *Pour les vaches.*

« Sur l'une de nos fermes, dit Kade, on donna,
« par jour et par vache, 3 1/2 litres de tubercules
« et une botte de tiges de topinambours; sur une
« autre, deux bottes de tiges et point de tubercules ;
« et les vaches nourries de tubercules et de tiges
« donnèrent plus de lait, les vaches nourries de
« tiges seules un lait plus gras. »

A Hohenheim, les vaches furent nourries, du 1er
au 14 mars, avec des tiges coupées; on leur en donna
200 kilog., tandis qu'on leur avait donné jusque-là
150 kilog. de regain. Les vaches ne s'en montrèrent

pas, à la vérité, très-friandes, et en laissèrent une partie assez notable dans leurs auges ; cependant on ne put remarquer aucune diminution dans la production du lait.

Mais, comme cette expérience ne me parut pas concluante, parce que les vaches, outre les tiges de topinambours, avaient reçu des breuvages nourrissants, je la fis renouveler de 1824 à 1825.

Trois vaches de l'Allgau, qui mangeaient, par vache et par jour, 5 kilog. de foin de trèfle, 5 kilog. de regain et 2 kilog. de paille, donnaient, ensemble et par jour, 16 1/4 litres de lait.

Elles passèrent, sans transition, de cette nourriture à celle des tiges de topinambours seules, et aussitôt le rendement en lait diminua. Les vaches perdirent l'appétit, ou du moins le goût pour le fourrage qu'elles avaient devant elles, et, au bout de trois jours, elles n'en mangèrent guère plus que 7 kilog. par tête ; le quatrième jour, la crainte d'inconvénients plus graves me fit suspendre ce régime. Les vaches cherchaient sous leurs pieds et mangeaient de la paille de litière même salie, de préférence à leur fourrage.

On leur donna alors, par tête et par jour, 5 kilog. de mélange de foin, de trèfle et de regain, et 8 kilog. de tiges de topinambours, et le rendement en lait remonta, en huit jours de ce régime, à une moyenne de 16 litres. Les vaches reprirent remarquablement du goût pour les tiges de topinambours.

Il ressort évidemment de cette expérience que 8 kilog. de tiges de topinambours sèches peuvent être pris pour l'équivalent de 5 kilog. de foin, lorsque, bien entendu, les tiges ne sont pas données seules.

Cette expérience paraît contredite par ce que Freyer rapporte dans les annales de Moeglin sur des essais faits sur le même objet. « L'avidité, dit-il, « avec laquelle les vaches mangeaient les feuilles « sèches et jusqu'à des tiges de topinambours grosses « comme le pouce me donna à penser que ce « fourrage devait être très-nourrissant et très-pro- « ductif de lait. — Pour m'en assurer, je fis mettre « dans une étable à part deux vaches qui, jusqu'au « 10 novembre, avaient passé la journée au pâtu- « rage et avaient eu des tiges de topinambours pour « ration du soir. Elles avaient donné, étant au pâ- « turage, 9 1/2 quarts de lait par jour, et, pendant « ce temps, on leur avait donné, le soir, du four- « rage de topinambours à discrétion, dont elles « mangeaient chaque fois 16 kilog. les deux, lais- « sant de reste environ 1 kilog., consistant, en ma- « jeure partie, en feuilles qui avaient été séchées à « la grande chaleur de juin et étaient devenues très- « noires. Aussitôt après leur changement de ré- « gime, elles commencèrent à donner moins de lait, « et ne donnèrent bientôt plus que 7 1/2 quarts. Le « lait donna moins de beurre et un beurre moins « coloré. Après huit jours, je fis remettre ces deux

« vaches au régime du foin de trèfle, à raison de
« 15 kilog. par jour, et, dès le troisième jour, elles
« donnèrent 10 quarts de lait, qui produisit plus
« de crème et de beurre, et du beurre doré. »

Je ne trouve cependant, dans cette expérience de
Freyer, que la confirmation de la mienne, à savoir :
que les feuilles et les tiges de topinambours seules ne
suffisent pas pour bien sustenter le bétail, mais
que cela ne prouve rien contre leur utilité, leur valeur comme fourrage, lorsqu'on ne les emploie pas
seules, mais en mélange avec tel ou tel autre
fourrage.

4. *Comme combustible.*

Sous ce rapport, les tiges de topinambours ont
une valeur que ne peuvent avoir celles d'aucun
autre produit de la culture des champs. Kade
a trouvé, par un pesage fait le 26 avril, époque
à laquelle les tiges devaient être arrivées à leur
plus parfaite siccité, que le produit d'un morgen
était de 6554 livres, mesure de Magdebourg, soit
119 quintaux métriques par hectare. Nous n'admettrons ce résultat que comme accidentel, et, comme,
d'après nos précédents calculs, nous n'avons trouvé,
en moyenne, que 75 quintaux métriques, tiges et
feuilles, et qu'il faut faire ici une déduction du
tiers environ pour les feuilles, nous n'admettrons
que 50 quintaux métriques, quantité, sans doute,
encore assez considérable.

Quand on veut se servir des tiges comme combustible, il convient de les laisser sur pied, jusqu'à ce que la dessiccation soit devenue complète. Pour pouvoir les rentrer et s'en servir plus commodément, on les coupe en deux, et on en fait des fagots.

Lorsque la récolte a lieu en automne, les tronçons mêmes, qui restent après la coupe des tiges, donnent encore un produit assez considérable en combustible. On passe énergiquement la herse, à plusieurs reprises, pour ramener les tronçons à la surface, les secouer et en détacher la terre. Lorsqu'ils sont restés quelques jours sur le sol, on passe légèrement par-dessus avec le rouleau, qui achève de les nettoyer, si la terre qui y est restée attachée est assez sèche; on les réunit en tas et on les rentre. Lorsqu'il reste encore de la terre entre les racines, on les fait fouler par les chevaux. Pour les conserver on les met sous des hangars, ou sous des abris en paille.

Kade évalue le rendement en tronçons parfaitement secs, à 10 quintaux par morgen magdebourgeois, desquels je n'en admets que moitié, soit 9 quintaux métriques par hectare. Ce combustible, Kade le met à l'égal du meilleur bois à brûler. Il est propre à tous les usages, particulièrement à chauffer les fours. Lorsqu'on ne récolte les tubercules qu'au printemps, les tronçons des tiges ont beaucoup moins de valeur comme combustible et on les emploie avec autant d'avantage dans les fumiers.

Kade a obtenu, de 13 livres de tiges brûlées, 24 onces de cendre pure, ainsi près de 6 pour 100, qui était d'une grande consistance et donna une lessive tellement forte, qu'elle déteignait les étoffes des couleurs les plus solides.

§ 11. *Emploi des tubercules.*

Comme jamais, pour aucune espèce de bétail, un tubercule ou une racine quelconque ne peuvent constituer seuls une bonne nourriture, et qu'il faut toujours y ajouter un fourrage sec, il est presque toujours difficile d'évaluer exactement la valeur nutritive de ces produits. La difficulté est d'autant plus grande que la qualité nutritive du fourrage sec est meilleure, et que sa qualité et sa quantité sont dans un rapport plus ou moins exact avec la qualité et la quantité des racines ou tubercules. Comme la paille est le fourrage sec le moins nourrissant qu'on donne ordinairement aux bestiaux, c'est avec ce fourrage qu'il paraît le plus facile d'apprécier l'action nutritive, la part de nutrition afférente dans la combinaison avec la paille aux racines et tubercules. Je me propose de soumettre, pendant l'arrière-saison prochaine, six vaches laitières, pendant plusieurs semaines, au régime de la paille et des pommes de terre, pour remplacer ensuite et pendant le même temps les pommes de terre par des topinambours. En ce moment les mêmes vaches donnent, avec 12 kilogrammes de topinambours, 5 kilogrammes de foin de trèfle et 1 1/2 kilogramme de balle de navette, exactement autant de lait qu'avec 12 kilogrammes de pommes de terre et les mêmes quantités et qualités de fourrages secs ; d'où il suivrait qu'il y a parité de valeur nutritive entre les topinambours et les pommes de terre.

Comme l'Alsace est, à ma connaissance, le seul pays où la culture des topinambours se soit maintenue dans une certaine extension, l'opinion de ses habitants sur leur utilité et la manière de les employer est ici la plus importante. Suivant les observations que j'ai faites avec grand soin dans le pays, comme d'après celles d'un agronome qui l'a parcouru après moi, les tubercules des topinambours y sont regardés comme une excellente nourriture pour les vaches laitières, mais qu'on donne rarement seule, le plus souvent en mélange avec les betteraves et les pommes de terre. De la sorte on les met au-dessus de toute autre nourriture pour la production du lait.

Tandis que, dans presque toute l'Alsace, on nourrit les chevaux, pendant l'hiver, avec des navets, dans les parties de ce pays où l'on cultive les topinambours, on les préfère aux navets. Avec cette nourriture, les chevaux n'ont jamais de diarrhée, deviennent gros et gras, prennent bon poil et sup-

portent un fort travail. Mais , pour que tous ces
avantages se maintiennent , il faut que les topinambours soient donnés au fur et à mesure qu'ils sortent de terre, tout frais. On regarde cette nourriture
comme une espèce de cure hygiénique pour tous les
bestiaux. La ration journalière, pour un cheval, est
de 10 litres.

« Depuis longtemps, dit Kade, des expériences
« se suivent sur la nourriture des moutons, des
« vaches et des chevaux avec les tiges et les tuber-
« cules de topinambours , et celles de l'année der-
« nière ont eu un résultat décisif, en établissant
« que cette nourriture est non-seulement exempte
« de tout inconvénient , mais aussi très-substan-
« tielle et très-productive de lait. Aussi, dès lors,
« cette nourriture a été établie sur toutes nos fermes
« et pour toutes les espèces de bétail, dans la pro-
« portion des approvisionnements. Dans chaque
« bergerie, une division de mères, de moutons et
« d'agneaux est mise à ce régime ; la même chose a
« lieu pour les vaches, les bœufs et les chevaux.
« Les moutons recevaient, par jour, un peu moins
« d'un litre, soit 1 hectolitre pour cent vingt têtes,
« de tubercules, avec quoi on leur donnait les tiges
« et feuilles à discrétion. Ce régime commença le
« 1er novembre, pour finir le 28 mars. Les mou-
« tons mangèrent de suite les fanes, mais ceux qui
« n'avaient pas pris auparavant l'habitude de mor-
« dre aux racines, en étant nourris aux pommes de

« terre, y firent quelques façons. En résultat, les
« mères devinrent très-fortes, mirent bas des
« agneaux robustes et se trouvèrent bien en lait pour
« les nourrir. Les jeunes moutons grandissaient
« vite et se chargeaient de laine. Un vieux mouton,
« pesé au commencement du régime, avait gagné,
« en quatre-vingt-six jours, avec 72 livres de tu-
« bercules et des fanes à discrétion, une différence
« de poids en plus de 10 kilogr.

« Dans les autres bergeries, les résultats furent
« les mêmes. Deux mères pleines, qui deux fois au-
« paravant n'avaient mis bas que des agneaux ché-
« tifs et les avaient mal nourris, en donnèrent de
« forts et purent les bien nourrir.

« Les vaches reçurent, par jour, un peu plus de
« 3 litres de tubercules et une botte de fanes. Depuis
« le 1er novembre jusqu'au 31 mars, les bœufs d'élève
« reçurent, par jour, 2 1/2 litres de tubercules et
« deux bottes de fanes. Ils ne tardèrent pas à se
« charger en chair, et leur impulsion de croissance
« devint sensible.

« Les chevaux reçurent, du 15 novembre au
« 15 février, une ration journalière de 10 litres de
« tubercules, mais point de fanes. Dans les premiers
« temps, on saupoudra les tubercules avec un peu
« de son et de céréales broyées; mais ils ne mon-
« trèrent pas de goût pour ce mélange et préférèrent
« les topinambours assaisonnés d'un mince bouil-
« lon de paille hachée, ou seulement mêlés de

« paille hachée. A la fin ils préférèrent ce fourrage
« aux grains ; ils se maintinrent en santé, prirent
« de la chair et supportèrent bien les mêmes tra-
« vaux que les chevaux au régime ordinaire. »

Il est évident pour moi que c'est par oubli que
Kade ne dit pas que les chevaux au régime des topinambours recevaient, en outre, une certaine quantité de foin, car il dit, un peu plus loin, que deux
chevaux, mis au régime des topinambours dans une
autre ferme, recevaient des fanes, au lieu de foin.

CHAPITRE VIII.

Choux à tête.

Bien qu'on ne puisse ranger cette plante, ni
parmi les racines, ni parmi les tubercules, j'ai pensé
qu'étant la seule plante à tige cultivée en grand
comme fourrage, offrant de nombreuses analogies
de culture et d'application, il valait encore mieux
la faire entrer de force dans cette catégorie que
de faire une division principale pour une seule
plante.

§ 1. *Importance de la culture. — Variétés.*

Il existe une infinité d'espèces et de variétés de
choux, dans la description desquelles je me garde

d'entrer. Il suffira de savoir qu'elles se divisent en choux à tête et choux feuillus. Les sujets de ces espèces principales peuvent également servir à la sustentation de l'homme et à celle des animaux. La bonne qualité de la première espèce consiste à former une tête bien serrée et à être cependant très-tendre ; celle de la seconde espèce, à donner un très-grand nombre de feuilles. La préférence que quelques cultivateurs donnent à l'espèce feuillue tient à ce que l'emploi peut s'en prolonger davantage, au moyen d'un effeuillage successif, tandis que la période d'emploi est beaucoup plus courte pour les choux à tête. Sans cette circonstance, et si les choux à tête pouvaient se conserver dans des silos ou dans les caves, comme les pommes de terre et les racines, ou rester sur pied jusqu'au printemps, je ne saurais pas de plantes fourragères dont les produits fussent comparables en quantité et en qualité. Les vaches laitières, comme les bêtes à l'engrais, ne toucheront certainement ni aux navets, ni à aucune racine, ni à aucun tubercule, tant qu'elles auront, ou s'attendront à avoir des choux, surtout des choux à tête. Cette espèce, particulièrement, est de l'emploi le plus facile ; il ne faut ni lavage, ni préparation, ni même le soin de couper par morceaux. Nous reviendrons encore sur l'utilité de cet important produit de la culture rurale dans le paragraphe où nous traiterons de ses emplois.

Qu'on cultive le chou pour la sustentation de

l'homme, ou pour celle des animaux, cette destination ne change que bien peu aux procédés de culture. Conséquemment, nous ne nous occuperons que de la culture du chou à tête, chou blanc, chou cabus, ou chou pommé, dénominations qu'on applique, suivant les localités, à une même espèce, ou à des variétés peu sensibles de la même espèce; nous ne traiterons que de la culture rurale, non de la culture de jardinage, dont le but particulier est plutôt de produire de bonne heure que de produire en grande quantité. Dans les champs, on cultive, dans certains pays, le chou blanc à tête plate, dans d'autres le chou blanc à tête pointue; le dernier est généralement préféré dans le Wurtemberg, surtout le tardif. On le préfère surtout parce qu'il est plus tendre que le chou blanc à tête plate. Dans quelques parties de l'Allemagne, on cultive aussi le chou à tête rouge.

Comme fourrage, la meilleure espèce serait, sans doute, le gros chou à tête d'Amérique, qui pèse de 10 à 15 kilogrammes, mais dont les qualités et le volume ne se maintiennent pas facilement sous notre ciel, comme ils paraissent se maintenir sous celui de l'Angleterre. Il faut aux plus grosses espèces aussi un espacement plus large, ce qui établit compensation sous le rapport du rendement proportionnel à la surface cultivée, rendement qui est à peu près le même pour les espèces moins volumineuses que pour les plus grosses. L'espèce dite d'Amérique, qu'on ferait mieux d'appeler anglaise, puisqu'elle est devenue tout à fait indigène en Angleterre, et de laquelle il existe plusieurs variétés, ne convient qu'à la sustentation des animaux.

§ 2. *Production de semence.*

Au mois d'octobre, on choisit, pour en faire des porte-graine, les sujets les plus sains, les plus blancs, ayant la tête la plus ferme, la plus close, la plus serrée, suivant la variété, la plus plate, ou la plus pointue, de moyenne grosseur, ayant le tronc court. A l'approche des gelées, on les dépose d'abord dans un lieu sec, puis on les met dans des caves, où on les range debout, les uns contre les autres. Lorsque la cave est humide, la pourriture envahit jusqu'à plusieurs couches les feuilles extérieures; mais il n'y a pas d'inconvénient, pourvu que la pourriture s'arrête autour du cœur, et le laisse sain dans un diamètre de 6 à 7 centimètres.

Dès que les fortes gelées sont passées, on repique les porte-graine au jardin, dans un carreau gras ou bien fumé avant l'hiver, mais en évitant avec soin le voisinage des plantes d'espèces analogues, telles que la navette, les navets, et surtout les différentes variétés de choux, voisinage qui aurait pour effet d'abâtardir l'espèce, par le mélange des poussières séminales. Lorsque les plants montent en graine, il faut les soutenir, en les attachant à des baguettes.

La graine mûrit ordinairement dans la première quinzaine d'août. Comme elle ne mûrit pas en même temps, et comme il ne faut pas attendre la maturité des graines tardives, quand on ne veut pas s'exposer à perdre les premières mûries, qui sont les meilleures, on coupe le porte-graine, dès que la plus grande partie des cosses commence à blanchir, et, pour attendre sans risque la maturité des autres, on étend les tiges coupées sur des toiles. On fait peut-être mieux encore de suspendre, pour un mois ou six semaines, les tiges coupées dans une pièce sèche et aérée, après quoi on sépare la graine par le frottement. La graine, renfermée dans de petits sacs, doit encore être suspendue dans un lieu bien aéré ; de la sorte, elle conserve pendant cinq et six ans sa faculté germinative.

Dans nos contrées, on préfère la graine venue sur la tige du cœur, et nos paysans la mettent toujours de côté pour leur usage, parce qu'ils croient que les choux qui en proviennent sont toujours mieux pommés, et ils ne vendent que la semence recueillie sur les tiges latérales. Le kilogramme de graine de choux de belle apparence ne se vend jamais moins de 4 francs ; ceux qui en ont besoin le payent souvent 20 francs.

§ 3. *Replants.*

Il faut choisir, pour y élever les replants, une place chaude et bien abritée contre tous les vents un peu rudes. Généralement, on pense qu'il faut l'engraisser avec du fumier bien consommé; c'est la pratique suivie dans le Wurtemberg, tandis qu'en Saxe c'est la pratique contraire. « On a reconnu « chez nous, dit Teichmann, qu'il ne faut donner « ni fumier, ni même d'eau grasse au terrain qui « doit produire des replants de choux. » Quoi qu'il en soit, ceux qui fument le font avant l'hiver, ou du moins enfouissent l'engrais dès les premiers jours du printemps. On donne la préférence au fumier des bêtes à cornes, comme moins chaud et moins actif. Lorsqu'on peut disposer d'un bon herbage à rompre, la fumure n'est jamais nécessaire. C'est le terrain dans lequel les replants réussissent le mieux, et ils n'y souffrent pas, comme on pourrait le craindre, et comme plusieurs écrivains le prétendent, ni des mauvaises herbes, ni même des pucerons. Mais les paysans ont presque tous un terrain spécialement choisi et préparé, toujours le même, et sur lequel ils élèvent tous les ans leurs replants.

On sème toujours dans la première quinzaine de mars, quelquefois même dans les derniers jours de février, quand la température et les circonstances le permettent. On se sert de la binette ou du râteau pour enfouir la semence, sur laquelle on dame assez fermement la terre. Il va sans dire qu'elle a été, au préalable, bien préparée et bien ameublie.

Il est très-avantageux de pouvoir répandre, avec la semence, de la suie, ou au moins du plâtre, qu'on recouvre en même temps que la semence. Dans les sols froids et humides, on fait bien d'employer, de la même manière, de la fiente de pigeons.

0,25 kilog. de semence fournissent le nombre de replants nécessaire pour repiquer 1 hectare. Mais, comme les pépinières ne réussissent pas toujours et ne rendent pas toujours également, il vaut mieux compter sur 0,30 kilog. de semence. Il importe beaucoup que la semence soit répartie bien également, et que les jeunes plants ne soient ni trop serrés ni trop clair-semés. Lorsqu'on veut tirer parti du sol d'une pépinière de choux, après en avoir pris les replants, on sème, comme cela se pratique en Alsace, de la graine de carottes avec la graine de choux, sans que cela ait le moindre inconvénient pour les replants, et, ceux-ci enlevés, les carottes viennent et réussissent très-bien.

Lorsque la température est sèche, lorsque les vents sont forts ou rudes, il convient de couvrir les pépinières avec de la paille, qu'on assujettit en couchant dessus quelques perches. Dans ce cas, il faut épier attentivement le moment où la graine lève, et enlever aussitôt la paille. On couvre alors avec des ramilles légères, pour garantir encore les jeunes plants de la gelée et des pucerons, qui leur font la guerre. Les ramilles de pin et de sapin sont les meilleures. A ces moyens contre les pucerons, il faut ajouter de fréquents arrosages ; mais tout cela reste peu efficace quand la semaille n'a pas été faite

de très-bonne heure, ce qui est le point important.
On regarde aussi comme préservatif contre l'invasion des pucerons le voisinage d'une eau courante
et même d'une eau stagnante. — Je ne me permettrais pas de conseiller le sarclage dans une pépinière de choux.

§ 4. *Sol et tour de rotation.*

Les terres humides, âpres, tenaces ne conviennent
pas à la culture des choux, ne fût-ce que par la nécessité des binages, et dût une très-forte fumure
amener dans un tel sol un rendement considérable,
cette culture n'y serait encore pas bien placée, et
aurait des inconvénients pour la culture suivante,
surtout pour les céréales d'hiver. La meilleure terre
pour les choux est une terre argileuse chaude et
douce. Dans les contrées sablonneuses, la culture
des choux n'est possible que dans les expositions ou
sous les climats humides. Dans les pays très-chauds,
en Espagne, par exemple, cette culture n'est possible qu'à force d'art et à condition d'irrigations.

C'est un fait généralement admis que les choux à
tête demandent beaucoup d'engrais et enlèvent
beaucoup de substance à la terre, bien qu'on ne
leur laisse pas mûrir leur graine. Cette opinion,
bien constatée, confirme celle que j'ai émise il y a
plus de trente ans déjà, que ce n'est pas à l'époque
où les plantes forment leur graine, encore moins à

celle où elles la mûrissent, que les plantes épuisent le plus le sol. On regarde même les choux comme plus épuisants que les pommes de terre et les navets. Cette propriété paraît encore plus marquée lorsqu'on se contente de couper les têtes à la récolte et qu'on laisse les tronçons en terre jusqu'au printemps ; ces tronçons continuent à se nourrir et à végéter, comme ceux du tabac, quand on ne les renverse pas. Pour commencer de pareilles cultures, il faut avoir beaucoup d'engrais en réserve, et il faut en avoir beaucoup encore pour les continuer, surtout si l'on destine les choux à la vente et si l'on ne veut pas nuire à ses autres cultures. En Angleterre, on compte sur une diminution d'un quart pour le rendement de l'orge succédant aux choux, bien que l'orge soit la céréale qui réussisse le mieux à ce tour de rotation. Cependant, dans l'appréciation des causes de cette diminution de rendement, il ne faut pas oublier que les Anglais ont coutume de laisser leurs choux sur pied jusqu'assez avant dans l'hiver.

Les choux ont toutefois la propriété de pouvoir se succéder très-bien à eux-mêmes; dans les jardins, on les fait revenir, sans inconvénient pour eux-mêmes, tous les deux ans sur le même sol, et dans les champs tous les trois ans. C'est ce qui arrive ordinairement dans les localités où l'on s'adonne spécialement à la culture du chou.

Pour les cultivateurs partisans obstinés de la culture triennale, ils ne peuvent guère placer les

choux que dans leur sole jachère, et, dans les plaines,
on n'en remarque d'autre effet fâcheux, sur les
épeautres qui succèdent, qu'un rendement moins
considérable en paille, le rendement en grain restant le même; lorsqu'on fait parquer sur les champs
de choux, l'épeautre qui leur succède ne le cède en
rien à celui qui succède au trèfle; et si, d'ailleurs,
on remarque une diminution sensible du rendement
des céréales d'été succédant aux choux, cela n'a lieu
que sur des sols qui, à cause d'une forte proportion
d'argile, ne supportent pas une semaille tardive, qui
n'ont pas été assez fortement fumés pour les choux,
qui n'ont pas reçu les binages nécessaires à cette culture, ou, enfin, qui ont subi les influences d'un automne pluvieux.

Dans tous les cas, et partout où cela est praticable, il faut faire succéder aux choux les céréales
d'été, de préférence aux céréales d'hiver. Lorsqu'on
ne le peut, il ne faut pas beaucoup s'en préoccuper,
car la diminution de rendement de la céréale d'hiver est compensée, dans ce cas, par l'augmentation
de rendement de l'orge ou de l'avoine qui vient
après. On remarque, dans nos contrées où l'on cultive les choux, que les céréales d'été venant après les
épeautres qui ont succédé au lin, aux pommes de
terre et même au trèfle, ne réussissent pas aussi bien
que celles qui viennent après l'épeautre succédant
aux choux, d'où il ressort que les choux n'épuisent
pas autant le sol que nous les en avons accusés plus

haut, suivant l'opinion des Anglais. Aussi, suivant Arthur Young, on ne serait pas d'accord, même en Angleterre, sur ce point. « L'espace cubique, dit-il, « qu'occupent les racines du chou étant très-petit, « il doit moins épuiser le sol que les pommes de « terre, le maïs, les fèves. » Cette opinion d'Arthur Young a mon assentiment complet, surtout en ce qui concerne les fèves.

§ 5. *Engrais et préparation du sol.*

C'est surtout quand les choux ne doivent pas se succéder à eux-mêmes qu'il faut fumer et fortement fumer le sol qu'on leur destine. Dans nos terres à choux, on fume, et, autant que possible, deux fois : la première au commencement du printemps, la seconde immédiatement avant la plantation. On remplace le plus souvent, et avec avantage, cette seconde fumure par un parcage, et, de tous les engrais, c'est celui des moutons qu'on préfère pour les choux. Il tombe sous le sens que, si l'on a le temps et si l'on est alors assez riche en engrais, la première fumure peut très-bien aussi se donner avant l'hiver. Mais, quelque abondante que soit cette fumure donnée avant l'hiver, elle ne dispense pas d'en donner une encore immédiatement avant la plantation. Si l'on ne pouvait pas donner les deux fumures, ce n'est, dans aucun cas, la dernière qu'il faudrait songer à supprimer. C'est d'ailleurs à l'époque de cette dernière que les cultivateurs sont ordinairement pourvus d'engrais, attendu que les pommes de terre ont reçu depuis longtemps leur part. Teichmann assure qu'on suit rigoureusement cette pratique en Saxe, parce que les cultivateurs y sont convaincus que la réussite des choux est surtout favorisée par le contact du fumier frais. Dans le même pays, on regarde surtout le parcage, très-peu avant la plantation, comme le moyen le plus sûr de faire bien venir les choux. En Angleterre aussi on tient pour la fumure donnée immédiatement avant la plantation.

On recommande généralement de bien labourer pour le trèfle. Les Anglais veulent qu'on laboure encore mieux pour les choux. En Angleterre, on ne parle pas de moins de quatre à cinq labours, et ils peuvent être indispensables dans des terres lourdes ; mais, dans des terres douces et meubles, dans les terres qui conviennent aux choux, trois labours doivent suffire ; un labour peu profond avant l'hiver et un double labour au printemps. Le labour d'hiver doit couvrir la fumure, et pour maintenir l'humidité dans le sol, il faut passer le rouleau, ce qui est indispensable lorsque la température est sèche, pour que la fumure ne perde pas de sa force. Très-peu avant la plantation, on donne le second labour, que doit couvrir la seconde fumure, ou le fumier de parcage ; on herse avec grand soin, pour ameublir autant que possible la surface, et lorsqu'on n'a pas de rouleau, ou lorsque le rouleau ne remplit pas complétement ce but, on brise les mottes à la main.

Dans les pays de montagnes, où l'écobuage est en pratique, comme dans la forêt Noire wurtembergeoise, la Styrie, etc., on pèle les pâturages communaux, on brûle les gazons, et après avoir fumé, on plante des choux, qui réussissent parfaitement quand on a fumé, assez bien quand on n'a pas fumé.

Comme les choux à tête n'aiment pas l'humidité, c'est une pratique à suivre, dans les sols bas, et peut-être même dans tous les sols, que celle des Anglais, de mettre en billons de trois sillons ou de trois tranches, d'autant que cette pratique a encore l'avantage de concentrer l'engrais sous ces billons étroits, et de mettre les choux, pour ainsi dire, les pieds dans le fumier.

§ 6. *Repiquage.*

On ne commence jamais à repiquer, c'est-à-dire, à transplanter de la pépinière aux champs, que dans les derniers jours de mai, et on continue volontiers jusqu'à la fin de juin. C'est une dangereuse tentation que celle de se hâter et de repiquer, même dans le courant de mai; il faut en croire le proverbe : *Choux de mai, pas de choux*, et se conformer à l'usage qui a fixé l'époque, généralement adoptée, à la veille de la Saint-Jean. Au surplus, le résultat tient beaucoup aussi à la température et à la force des replants. Pour le moment de la transplantation, on désire communément un temps humide, mais pas au delà. Dans nos plaines, on préfère le temps sec au temps humide, et on ne craint guère que les replants ne prennent pas, quand on a donné au repiquage tous les soins voulus.

Une condition principale est de planter sur le sillon encore frais. Lorsqu'on se sert du plantoir, ou seulement du doigt, il faut commencer le repiquage en même temps que le labour et mettre les replants dans la terre à peine tournée. Quand on se sert de la houe, il faut commencer dès qu'une assez grande partie du champ est retournée. Une seconde et importante condition est de donner un espacement convenable dans tous les sens, pour pouvoir plus tard biner et butter facilement. Dans nos plaines, comme en Alsace, on donne 1 mètre carré, ou un bon pas. On sert de la houe, pour faire une fossette plate, dans laquelle on verse environ un quart de litre d'eau, ou mieux encore de lisée étendue d'eau, on amène un peu de terre sèche sur les racines du replant, on affermit un peu avec le pied, puis on dresse le replant et on met de la terre autour du collet.

Pour maintenir les replants frais et vigoureux, pour leur faire pousser suffisamment de racines, il faut arroser abondamment la pépinière vers le temps du repiquage, afin aussi que les replants puissent être arrachés plus facilement et conserver une plus grande quantité de terre entre les racines.

Lorsqu'on ne veut ou ne peut pas mettre d'eau dans les fossettes, il faut au moins baigner les replants sortis de terre, ce qui est surtout utile lorsque le temps est sec.

En espaçant à un grand pas en tous sens, on place ordinairement de neuf mille cinq cents à dix mille replants sur un hectare. Pour pouvoir remplir plus tard les vides qui peuvent se former, on met, par-ci par-là, deux replants au lieu d'un, pour en avoir sous la main au besoin.

§ 7. *Façons et soins.*

C'est une nécessité absolue pour les choux que d'être débarrassés du voisinage des mauvaises herbes, et le buttage leur est également indispensable, comme à toutes les plantes qui poussent un grand nombre de racines, sans les projeter au loin, telles que le tabac et le maïs.

Dans les plaines, où la houe à cheval n'est pas en usage, on bine d'abord complétement avec le plus grand soin. Comme les ouvriers, qui sont ordinairement des femmes, travaillent en avançant et raffermissent ainsi une partie de la terre qu'ils viennent d'ameublir, il faut veiller à ce qu'ils se retournent assez souvent pour effacer, par quelques coups de houe, les traces de leurs pas. Il faut qu'ils prennent bien garde de ne pas déranger les plants, ce que le chou, au contraire du navet, ne supporte pas. Ce premier binage se donne trois semaines ou un mois après la plantation.

Le second binage, qui doit être donné avant la moisson des céréales d'hiver, doit opérer en même temps le buttage et terminer les façons à donner aux choux.

Lorsqu'on a planté sur billons et lorsqu'on est pourvu d'une bonne houe à cheval, il n'est besoin d'employer la houe à la main que sur les billons, entre les lignes. Après quelques jours, on ramène, sur les billons, la terre qui en tombe, en se servant encore du buttoir. Quant aux billons eux-mêmes, je ne les crois bien placés, pour mon compte, que dans les terres fortes et particulièrement dans les localités humides, et je les regarde comme nuisibles à la réussite des choux, dans les terres légères et dans les années sèches.

§ 8. *Végétation. Ennemis.*

Les choux supportent plus facilement encore les années sèches que les années humides. Dans les premières, il forme, il est vrai, des têtes moins grosses, mais plus serrées ; dans les dernières, les têtes restent flasques et ne se ferment pas. Lorsqu'on attache plus de prix aux têtes qu'aux feuilles, il faut effeuiller le plus tard possible, quinze jours au plus avant la récolte, et mieux vaut encore ne pas effeuiller du tout.

Le développement complet des têtes n'a guère lieu qu'en automne, lorsque les nuits commencent à devenir fraîches, et elles continuent à croître jusqu'à la Saint-Martin.

Les ennemis les plus dangereux des choux, surtout dans le voisinage des habitations, des arbres fruitiers et des haies, sont les chenilles; cette vermine les gâte souvent à un tel point, qu'il n'est plus possible de les employer à la sustentation des bestiaux. Dans les champs, elles sont moins dangereuses et font moins de dégâts. La destruction générale et soigneuse des chardons, sur les fleurs desquels se rassemble en foule la détestable espèce des papillons blancs, destruction d'ailleurs utile, est le seul moyen de mettre les choux à l'abri de l'invasion des chenilles.

§ 9. *Récolte.*

Lorsqu'on tient plus à avoir une grande quantité de feuilles que de belles têtes, on commence l'effeuillage dès la première quinzaine de septembre, lorsque les feuilles inférieures commencent à jaunir, et on le continue, sans interruption, jusqu'à la récolte des têtes. De cette manière, on peut faire deux ou trois fois le tour du champ, et les feuilles ainsi recueillies ont, sans contredit, une grande valeur comme fourrage, plus grande encore dans les petites exploitations, où l'effeuillage se fait par le personnel ordinaire de la ferme, que dans les grandes, où il faut le faire faire par des journaliers pris et payés pour cette besogne, assez longue. Il faut, en effet, déposer avec ordre les feuilles cueillies sur des liens de paille, les lier en bottes et les porter sur la lisière du champ, où elles peuvent être reprises pour les charger sur les chariots, et tout cela ne laisse pas, en faisant un bon fourrage, de faire aussi un fourrage cher.

Lorsqu'on tient compte, en outre, de la perte en diminution de volume des têtes, qui est la conséquence de l'effeuillage, on reconnaît que, dans une grande exploitation surtout, il ne faut y recourir qu'en cas de nécessité; et c'est encore une question de savoir si, dans ce cas même, il ne vaudrait pas mieux enlever les choux tout entiers, au fur et à mesure des besoins. — Supposons, par exemple, qu'en commençant l'effeuillage de bonne heure, l'étendue de la culture, soumise tout entière à cette opération, ait suffi pour maintenir pendant un mois de plus le bétail au fourrage vert; en enlevant, au fur et à mesure, les têtes entières, le quart, ou tout au plus le tiers de la même étendue, suffirait pour donner la même quantité de fourrage. Pendant le même temps les têtes continueraient à grossir sur les trois quarts ou les deux tiers de la culture et à augmenter d'autant plus de volume qu'elles ne seraient pas soumises à l'effeuillage, et il y aurait évidemment un rendement total plus considérable. En outre, on ne peut mettre en doute que les têtes entières ne vaillent mieux comme fourrage, ne soient plus agréables aux bestiaux et plus productives de lait, que le beurre qui en provient ne soit de meilleur goût, que tout cela ne peut être pour des feuilles extérieures, toujours en partie étiolées. Toujours est-il que la méthode de nourrir avec les têtes entières produit une grande économie de main-d'œuvre. Il ne faut plus d'allées et de venues pour porter des feuilles du milieu du champ à la lisière, les voitures pouvant prendre les têtes sur la place où on les coupe. Enfin, les parties de champ récoltées et devenues libres, les labours peuvent commencer d'autant plus tôt, ce qui est si important pour les céréales d'hiver, surtout dans l'agriculture triennale.

La récolte générale des têtes a lieu ordinairement, pour les plaines, au milieu d'octobre, et les paysans la marquent sur le calendrier à la Saint-Gall. On ne devance cette époque que lorsque les choux commencent à se rider, à crever, ou se montrent disposés à la pourriture; on coupe les tiges très-près de terre, avec le couperet. Dans l'Altenbourg, on retarde la récolte jusqu'à la fin d'octobre, ou au commencement de novembre; on continue même l'effeuillage jusqu'au mois de décembre, lorsque ce n'est pas une céréale d'hiver qui doit succéder aux choux.

On traite les choux récoltés de différentes maniéres, suivant qu'on les destine à la vente ou à la consommation. Dans le premier cas, on met aussitôt les têtes coupées en grands tas, et on les laisse ainsi pendant huit et même quinze jours, avant de leur enlever les feuilles extérieures. C'est ce qu'on appelle faire blanchir les choux, et cela leur donne, en effet, une apparence plus favorable à la vente. Ensuite on coupe les tronçons de tige et on enléve les feuilles extérieures qui, quoique jaunies, sont encore mangées très-volontiers par les bestiaux. Dans le second cas, on les enléve aussitôt du champ, on les dépouille des feuilles extérieures, et on les range les uns contre les autres dans un endroit aéré. Si on les traitait de la même manière que les choux destinés à la vente, ils ne pourraient pas se conserver jusque dans l'hiver, et ils seraient bientôt atteints et détériorés par la pourriture.

Une récolte de choux tant soit peu considérable ne s'enléve pas des champs à la fois, mais par portions, suivant la quantité de feuilles extérieures que l'on peut faire consommer par le bétail. Mais, lorsqu'on a retardé la récolte et lorsqu'on a des gelées à craindre, il faut bien enlever ce qui reste en une fois.

En Angleterre, où les hivers sont moins rudes, on ne commence la récolte et le pâturage des choux qu'en novembre et on les continue jusqu'au commencement de mars. Il faut alors que les choux évacuent le terrain, afin qu'il puisse être préparé

pour l'orge. Chez nous, il est beaucoup plus difficile de conserver longtemps les choux : dans les
champs, ils ne résistent pas à la température ; dans
les endroits clos, c'est la pourriture à laquelle ils
ne résistent pas davantage. Une bonne pratique
consiste à les ranger, après qu'on les a laissés ressuyer, en petites pyramides, dans un endroit
abrité, mais non clos; les tronçons à l'intérieur des
pyramides, parce que c'est la partie la plus sensible
à la gelée. Lorsque les froids deviennent plus intenses, on garantit les pyramides avec de la paille,
lorsque, toutefois, la neige n'a pas fourni déjà une
couverture suffisante.

Dans plusieurs localités on fait aigrir les choux,
non-seulement pour la nourriture de l'homme, mais
encore pour celle des animaux. Pour cette dernière destination, on coupe grossièrement, on entasse dans des tonnes, ou même dans des fosses imperméables, par couches, qu'on dame fortement,
sur lesquelles on répand, chaque fois, une certaine
quantité de sel, ou seulement de cendre; puis on
couvre de planches, qu'on charge pesamment avec
des pierres. Pourvu qu'on ait soin de maintenir
toujours la couverture immergée de saumure, la
conserve se maintient pendant tout l'hiver, et, malgré son odeur peu agréable, elle allèche beaucoup
le bétail, qui la trouve excellente, comme addition
aux fourrages hachés, ou comme base de potage.

§ 10. *Rendement et valeur.*

Le rendement des choux est très-considérable : Burger l'élève à vingt-cinq mille têtes par hectare, en prenant pour base le nombre de replants espacés à 65 centimètres. En réduisant ce chiffre à vingt-deux mille cinq cents, pour tenir plus largement compte des plants non réussis, et en ne comptant, en moyenne, que sur 2 kilogrammes pour trois têtes, on trouve encore une masse de 450 quintaux métriques de fourrage vert, dont 6 quintaux peuvent être regardés comme équivalents à 1 quintal métrique de foin. Le fourrage rendu par 1 hectare de choux équivaudrait ainsi à 75 quintaux métriques de foin. Thaër porte beaucoup plus haut le rendement des choux et le considère comme égal à 110 quintaux métriques de foin pour 1 hectare ; mais il considère aussi le rendement d'un hectare de trèfle comme égal à 47 1/2, et celui d'un hectare de pommes de terre comme égal à 73 quintaux métriques de foin.

Dans les plaines, comme en Alsace, où l'on ne cultive guère que pour les têtes, on n'en compte en rendement que dix mille par hectare et on déduit 10 pour 100 pour les feuilles extérieures, sans valeur; il reste ainsi neuf mille têtes, qui valent, telle année, 2 fr., telle autre 10 fr., en moyenne 5 fr. le cent ; la récolte d'un hect., 450 fr. Pour le même prix, dans le Wurtemberg du moins, on achète toujours 122 quintaux métriques de foin. Si nous ajoutons un cinquième pour la valeur des accessoires, la valeur totale du rendement par hectare s'élève à 560 fr., ou à celle de 150 quintaux métriques de foin *. Mais, si nous faisons abstraction de la valeur vénale, nous devons mettre, suivant les observations locales, le poids moyen d'un plant, y compris son effeuillage et tous ses accessoires, à 8 livres, et le poids total des dix mille têtes, à 80,000 livres ou l'équivalent de 362 quintaux métriques de fourrage vert. Comme 6 quintaux de ce fourrage équivalent à 1 quintal de foin, le rendement d'un hectare de choux équivaut, comme fourrage, à 60 quintaux métriques de foin, d'où il ressort que, les choux étant au prix de 5 fr. le cent, il y aurait faux calcul et perte à les employer comme fourrage, tandis qu'il y aurait bénéfice, le cent de têtes ne valant que 2 fr. 50.

Dans le Suffolk, on regarde le rendement fourrager d'une acre de choux, comme égal à celui d'une acre et demie de navets; plusieurs cultivateurs même le portent à la valeur de 2 acres de navets. L'un d'entre eux soutint, devant Arthur Young, qu'il

* Dans la description de l'économie rurale de l'Alsace, que j'ai publiée il y a déjà longtemps, il s'est glissé une erreur de calcul. J'ai indiqué 400 fr. au lieu de 200 pour la valeur de l'arpent, 1/5 d'hectare, et, par suite, 2000 au lieu de 1000 pour la valeur du produit d'un hectare.

avait reconnu plus de valeur fourragère à 1 acre de
ses choux qu'à 2 acres des plus beaux navets qu'il
eût jamais pu produire.

§ 11. *Emploi.*

Il n'est aucune espèce de bétail pour laquelle la
nourriture des choux ne soit très-saine et très-profi-
table. Cette nourriture est surtout très-utile pour
les bêtes à cornes et pour les porcs. Dans certaines
localités du Wurtemberg, on trouve avantage à en
nourrir aussi les chevaux, et depuis longtemps cette
nourriture est en usage. On coupe les choux et on les
mêle avec de la paille ou du fourrage sec hachés.

Les cochons, qui ont une prédilection pour les
substances tendres et juteuses, mangent les feuilles
de choux avec avidité et ne touchent jamais aux navets et aux pommes de terre aussi longtemps qu'on
leur donne des choux.

C'est un fait depuis longtemps reconnu, qu'en
Angleterre grand nombre de bœufs s'engraissent
avec des choux. M. Green rapporte qu'avec le rendement moyen de 3/4 d'acre de choux il a engraissé
deux bœufs de 700 livres, qui avaient passé l'été
au pâturage; à ce compte, le rendement d'un hectare
donnerait l'engraissement de 6 2/3 bœufs.

Suivant le calendrier du fermier d'Arthur Young,
un bœuf de moyenne taille, étant à l'engrais, consomme, par vingt-quatre heures, 81 kilogrammes

de choux ; un bœuf de forte taille, destiné à peser,
gras, 500 kilogrammes, consomme par vingt-quatre
heures 89 kilogrammes de choux, plus 3 kilogr.
de foin, ou l'équivalent de 18 kilogrammes de choux.
L'engraissement dure également, pour les deux,
quatre mois. Ainsi, 1 hectare de choux, sans foin,
suffit pour engraisser quatre bœufs pesant ensemble
2,000 kilogrammes. De jeunes vaches, mangeant par
jour 57 kilogrammes de choux, plus 2 1/4 kilogr.
de foin, équivalent à 14 kilogrammes de choux, s'engraissent en trois mois. 1 hectare de choux suffit
ainsi, sans foin, à l'engraissement de huit jeunes
vaches. Les veaux d'un an mangent, par jour,
32 kilogrammes de choux mêlés avec de la paille.

M. Green regarde les choux comme une excellente
nourriture pour les veaux sevrés. « Souvent, dit-il,
« les navets donnent à ces animaux une maladie
« presque toujours mortelle, et, dans six années,
« pendant lesquelles je les ai nourris avec des choux,
« je n'ai perdu qu'un seul veau sur quarante. Je
« ne connais aucune nourriture avec laquelle ils se
« portent et profitent mieux. »

C'est surtout, et sur ce point les fermiers de tous
les pays où ils se cultivent sont unanimes, c'est surtout à la nourriture des vaches que les choux sont
employés avec le plus d'avantage. Les fermières de
l'Altenbourg mettent les choux au-dessus de tous
les fourrages, même au-dessus du trèfle, pour les
vaches laitières. On convient cependant, dans ce

pays, comme ailleurs, qu'une voiture de feuilles de choux vaut moins qu'une voiture de trèfle, et je dis des feuilles de choux et non des têtes ; mais il faut remarquer aussi qu'on n'est pas ordinairement pourvu d'une provision suffisante de trèfle dans la saison où l'on commence à nourrir aux choux. D'un autre côté, l'hectare de trèfle ne donne que 250 quintaux métriques de fourrage vert, tandis que l'hectare de choux en donne 400. Il s'ensuit que le rendement d'un hectare de choux est à celui d'un hectare de trèfle comme 60 est à 55. Il ne faudrait cependant pas conclure de ce rapport que l'un doit être, en économie rurale et pour son utilité dans une exploitation, d'une plus grande valeur que l'autre : car il y a une grande différence économique entre deux fourrages dont l'un dure quatre mois et l'autre n'en dure que deux ; dont l'un, le trèfle, peut se faner et durer six mois encore, après en avoir duré quatre, tandis que l'autre a besoin d'être consommé promptement pour n'être pas perdu.

D'après de nombreuses observations faites par les Anglais, les choux donnent du lait et du beurre en plus grande quantité et de meilleure qualité que les navets. « Tous les fermiers que j'ai interrogés « sur ce point, dit Arthur Young, sont d'accord « que les choux mêlés à la paille sont un meilleur « fourrage, pour les vaches laitières, que le foin, « en quelque quantité qu'on puisse le donner. Ce « qui témoigne d'une manière décisive dans ce sens,

« c'est que le beurre des vaches nourries aux choux
« est aussi recherché et se vend le même prix, à
« Londres, que celui des vaches nourries au foin,
« ce qui n'a pas lieu pour le beurre des vaches
« nourries aux navets : seulement, il ne faut pas
« que les choux soient atteints d'un commencement
« de pourriture. »

Il n'est pas facile, toutefois, d'accorder ce passage avec le passage suivant d'Arthur Young, dans
son Calendrier du cultivateur. « Les choux sont un
« excellent fourrage pour toutes les bêtes à l'engrais
« et pour les brebis au temps de la mise-bas; pour
« les vaches à lait et pour les porcs, les nombreux
« essais que j'ai faits de cette nourriture ne m'ont
« pas donné la même opinion. L'expérience m'a
« appris que les vaches nourries au foin donnent
« plus de lait que celles auxquelles on donne
« moitié foin et moitié choux. Les choux mêlés à la
« paille ont toujours fait un mauvais effet sur les
« vaches laitières. »

Pour s'expliquer cette contradiction d'Arthur
Young, il faut dire que, comme il y a foin et foin, il
y a aussi choux et choux.

En Saxe, comme à Londres, le beurre des vaches
nourries aux choux est recherché pour son bon
goût et renommé pour sa propriété de se conserver.
La prédilection pour les choux, comme fourrage,
pour les vaches laitières, est si grande dans l'Altenbourg, que la culture des pommes de terre n'y a

pas encore resserré l'espace consacré à celle des choux qui, à bon droit, suivant Schmalz, ont conservé leur domaine tout entier. — Un grand bonheur, s'il avait pu en être de même partout !

Il n'est pas rare en Saxe que la nourriture aux choux se prolonge jusqu'au nouvel an, et après les têtes on donne encore, pendant assez longtemps, les tronçons. Les feuilles et les têtes, ces dernières de moindre volume, parce qu'elles subissent l'effeuillage, se donnent d'abord. Lorsqu'on manque d'un local propre à la conservation des tronçons, qui sont la partie la plus délicate et la plus difficile à garantir contre la gelée, on les donne en même temps que les têtes ; autrement, on les réserve pour la fin de l'hiver et on ne commence guère à en donner que dans la dernière quinzaine de décembre.

Les tronçons sont un fourrage précieux et valent mieux encore que les têtes ; leur emploi exige seulement un peu plus de soin, et il faut les fendre en quatre.

FIN.

TABLE DES MATIÈRES.

DEUXIÈME SUBDIVISION.

RACINES ET TUBERCULES.